高等职业教育“十三五”公共基础课规划教材

应用数学基础

下册

主　编　李琼琳　冉庆鹏
副主编　王安平　陈　帆　秦　川
参　编　范臣君　赵　伟　都俊杰

机械工业出版社

本教材是在充分调研了高职高专院校培养应用型技术人才的教育现状，认真研究高职高专各专业对高等数学教学内容的需求而编写的. 全教材分上、下两册，本书是下册，共六章，主要内容包括常微分方程、空间解析几何与向量代数、多元函数微分学与应用、二重积分与应用、线性代数、概率论.

本教材注意坚持“数学为体，适度够用”的原则，力求淡化理论，突出数学概念的直观性，强化知识的应用性，注重培养学生用数学概念、数学思想和方法解决实际问题的能力.

本教材可作为高职高专以及成人高等教育工科类，经济类各专业的高等数学通用教材，也可以作为在职经济管理人员和数学爱好者的自学教材.

图书在版编目（CIP）数据

应用数学基础. 下册 / 李琼琳，冉庆鹏主编. —北京：机械工业出版社，2019. 2

高等职业教育“十三五”公共基础课规划教材

ISBN 978 - 7 - 111 - 61627 - 6

Ⅰ. ①应… Ⅱ. ①李… ②冉… Ⅲ. ①应用数学 - 高等职业教育 - 教材 Ⅳ. ①O29

中国版本图书馆 CIP 数据核字（2019）第 012213 号

机械工业出版社（北京市百万庄大街 22 号 邮政编码 100037）

策划编辑：王玉鑫　　　责任编辑：赵志鹏

责任校对：陈　越　　　封面设计：张　静

责任印制：郜　敏

北京圣夫亚美印刷有限公司印刷

2019 年 2 月第 1 版 · 第 1 次印刷

184mm × 260mm · 11.5 印张 · 278 千字

0 001—3 000 册

标准书号：ISBN 978 - 7 - 111 - 61627 - 6

定价：29.80 元

凡购本书，如有缺页、倒页、脱页，由本社发行部调换

电话服务

服务咨询热线：010 - 88379833

读者购书热线：010 - 88379649

网络服务

机 工 官 网：www.cmpbook.com

机 工 官 博：weibo.com/cmp1952

教育服务网：www.cmpedu.com

金 书 网：www.golden-book.com

前　　言

根据教育部制定的《三年制高等职业教育教学大纲和教学基本要求》，在总结多年教学改革经验的基础上，结合高职高专院校工科类，经济类各专业的特点，以培养学生创新意识和实践能力为目标，并兼顾学科体系的特点，编写了本教材.

本套教材分上、下两册，其中下册共 6 章，依次为第 7 章常微分方程、第 8 章空间解析几何与向量代数、第 9 章多元函数微分学与应用、第 10 章二重积分与应用、第 11 章线性代数、第 12 章概率论. 为了便于读者进行阶段复习，每章末安排有复习题.

本教材是在使用多年的讲义的基础上修改而成的，在选材和叙述上尽量联系实际，注重数学思想的介绍，力求用通俗的语言及直观形象的方式引出数学概念，在叙述中尽量采用几何解释、数表、实例等形式，避免理论推导，以便于读者对概念、方法的理解. 在例题和习题的配置上，注重贴近实际，尽量做到兼具启发性和应用性.

本套教材下册内容由长江大学工程技术学院李琼琳老师全面负责筹划、撰写. 编写完成后，长江大学工程技术学院基础教学部数学教研室全体数学教师对本书进行了审阅，并提出了许多宝贵的修改意见，在此表示衷心的感谢！

本教材在编写过程中，借鉴和吸收了其他同行的研究成果，在此一并表示衷心感谢！

由于时间仓促，加之作者水平有限，教材中不妥之处难免，恳请广大专家、教师和读者提出宝贵意见，以便修订和完善.

编　者

目　录

第 7 章　常微分方程

函数是客观事物的内部联系在数量方面的反映，利用函数关系又可以对客观事物的规律进行研究. 因此，如何寻求函数关系，具有重要意义. 有许多问题往往不能直接找出所需要的函数关系，但是根据问题所提供的资料，有时可以建立起含有未知函数及其导数或微分的方程，即微分方程. 通过求解微分方程便可以得到所求的函数关系. 本章主要介绍微分方程的一些基本概念和几种常见的微分方程的解法.

7.1　微分方程的基本概念

为了便于叙述微分方程的基本概念，先看两个实例.

例 1　某曲线通过点(1, 2)，且该曲线上任意点处的切线斜率均为 $2x$，求该曲线的方程.

解　设所求的曲线方程为 $y=f(x)$. 根据导数的几何意义，可知曲线的方程 $y=f(x)$ 应该满足关系式

$$\frac{\mathrm{d}y}{\mathrm{d}x}=2x. \tag{7-1}$$

此外，曲线的方程 $y=f(x)$ 还应该满足条件：

$$x=1 \text{ 时}，y=2. \tag{7-2}$$

将式(7-1)两端积分，得

$$y=\int 2x\mathrm{d}x，\text{即}$$

$$y=x^2+C, \tag{7-3}$$

其中 C 为任意常数.

将式(7-2)代入式(7-3)解得 $C=1$，因此所求的曲线方程为

$$y=x^2+1. \tag{7-4}$$

例 2　列车在直线轨道上以 40m/s 的速度行驶，制动后列车的加速度为 $-0.8\ \mathrm{m/s^2}$，求开始制动后列车继续向前行驶的路程 s 关于时间 t 的函数.

解　根据题意，可知制动阶段火车运动规律的函数 $s=s(t)$ 应满足关系式

$$\frac{\mathrm{d}^2s}{\mathrm{d}t^2}=-0.8. \tag{7-5}$$

此外，运动规律函数 $s=s(t)$ 还应满足条件

$$t=0 \text{ 时}，s=0，v=\frac{\mathrm{d}s}{\mathrm{d}t}=40. \tag{7-6}$$

将式(7-5)两端积分一次，得

$$v=\frac{\mathrm{d}s}{\mathrm{d}t}=-0.8t+C_1, \tag{7-7}$$

再积分一次，得

$$s=-0.4t^2+C_1t+C_2, \tag{7-8}$$

其中 C_1，C_2 为任意常数.

将条件(7-6)分别代入式(7-7)、式(7-8)解得

$$C_1=40,\ C_2=0,$$

于是

$$v=-0.8t+40. \tag{7-9}$$

路程 s 关于时间 t 的函数为

$$s=-0.4t^2+40t. \tag{7-10}$$

上述实例中，方程(7-1)$\frac{\mathrm{d}y}{\mathrm{d}x}=2x$，方程(7-5)$\frac{\mathrm{d}^2s}{\mathrm{d}t^2}=-0.8$ 中都含有未知函数的导数，由此我们引入微分方程的一些基本概念.

凡含有未知函数的导数(或微分)的方程，称为**微分方程**，有时也简称为**方程**.

注意 微分方程中可以不含有自变量及自变量的未知函数，但必须含有未知函数的导数(或微分).

如

$$\frac{\mathrm{d}^2y}{\mathrm{d}x^2}=3, \tag{7-11}$$

$$y'''-2xy'+3x=0, \tag{7-12}$$

$$\frac{\mathrm{d}^2y}{\mathrm{d}x^2}+\left(\frac{\mathrm{d}y}{\mathrm{d}x}\right)^2=2x, \tag{7-13}$$

$$y'''-xyy'+2y^2=0 \tag{7-14}$$

都是微分方程.

微分方程中所出现的未知函数的最高阶导数的阶数称为**微分方程的阶**. 如方程(7-1)是一阶微分方程，方程(7-5)和方程(7-11)是二阶微分方程，方程(7-12)和方程(7-14)是三阶微分方程.

微分方程中所含的未知函数是一元函数的微分方程称为**常微分方程**(本章后面所提到的方程，如无特别说明，指的都是常微分方程).

当微分方程中所含未知函数及其各阶导数都是一次幂时，称为**线性微分方程**. 方程(7-1)、(7-5)、(7-11)、(7-12)都是线性微分方程，方程(7-13)和方程(7-14)不是线性微分方程.

在线性微分方程中，若未知函数及其各阶导数的系数都是常数，则称为**常系数线性微分方程**.

方程(7-1)、(7-5)、(7-11)是常系数线性微分方程，方程(7-12)不是常系数线性微分方程.

如果把一个已知函数及其导数代入微分方程，能使方程成为恒等式，则称该函数为这个**微分方程的解**. 求出微分方程解的过程就是**解微分方程**.

如果微分方程的解中含有任意常数，且独立的任意常数的个数与微分方程的阶数相同，则这样的解称为**微分方程的通解**. 如关系式(7-3)是方程(7-1)的通解. 什么是独立的任意常数？函数 $y=C_1\mathrm{e}^x+3C_2\mathrm{e}^x$ 显然也是方程 $y''-3y'+2y=0$ 的解，但这时的 C_1，C_2 就不是两个

独立的任意常数，因为该函数能写成 $y=(C_1+3C_2)e^x=Ce^x$，这种能合并成一个任意的常数，只能算一个独立的常数. 由于通解中含有任意常数，还不能完全反映某一客观事物的规律性，要解决这一问题，就必须确定这些常数的具体值.

确定了通解中的常数后所得到的解称为微分方程的**特解**. 如关系式(7-4)是方程(7-1)的特解.

用未知函数及其各阶导数在某个特定点的值作为确定通解中任意常数的条件，称为**初始条件**，如关系式(7-2)和(7-6). 求微分方程满足初始条件的解的问题，称为**初值问题**.

一阶微分方程的初始条件为 $y(x_0)=y_0$，其中 x_0 和 y_0 是两个已知数.

二阶微分方程的初始条件为

$$\begin{cases} y(x_0)=y_0, \\ y'(x_0)=y'_0, \end{cases} \text{其中 } x_0,\ y_0 \text{ 和 } y'_0 \text{ 是三个已知数.}$$

例 3　求微分方程 $y''=x-1$ 的通解及满足初始条件 $y|_{x=1}=-\frac{1}{3}$，$y'|_{x=1}=\frac{1}{2}$的特解.

解　因为

$$y'=\int(x-1)\mathrm{d}x=\frac{1}{2}x^2-x+C_1,$$

所以

$$y=\int\left(\frac{1}{2}x^2-x+C_1\right)\mathrm{d}x=\frac{1}{6}x^3-\frac{1}{2}x^2+C_1x+C_2$$

是微分方程的通解.

分别将 $y|_{x=1}=-\frac{1}{3}$，$y'|_{x=1}=\frac{1}{2}$代入上面两式得

$$C_1=1,\ C_2=-1,$$

所以特解为 $y=\frac{1}{6}x^3-\frac{1}{2}x^2+x-1$.

例 4　验证 $y=C_1e^x+C_2e^{2x}$(C_1，C_2 为任意常数)为二阶微分方程 $y''-3y'+2y=0$ 的通解，并求方程满足初始条件 $y|_{x=0}=0$，$y'|_{x=0}=1$ 的特解.

解　因为

$$y=C_1e^x+C_2e^{2x},$$

所以

$$y'=C_1e^x+2C_2e^{2x},\ y''=C_1e^x+4C_2e^{2x},$$

将 y，y'，y''代入方程 $y''-3y'+2y=0$ 左端，得

$$\begin{aligned}&C_1e^x+4C_2e^{2x}-3(C_1e^x+2C_2e^{2x})+2(C_1e^x+C_2e^{2x})\\&=(C_1-3C_1+2C_1)e^x+(4C_2-6C_2+2C_2)e^{2x}=0.\end{aligned}$$

所以 $y=C_1e^x+C_2e^{2x}$是所给方程的解. 又因为这个解中有两个独立的任意常数，与方程的阶数相同，所以它是方程的通解.

由 $y|_{x=0}=0$，$y'|_{x=0}=1$，可得

$$\begin{cases} C_1+C_2=0, \\ C_1+2C_2=1, \end{cases}$$

解得 $C_1=-1$，$C_2=1$，于是，满足所给初始条件的特解为

$$y=-e^x+e^{2x}.$$

习题 7.1

1. 指出下列微分方程的阶数，并说明是否为线性微分方程.

(1) $x(y')^2+2y'+y=0$；　(2) $x^2y''+2xy'+y=0$；

(3) $(xy')^2-2y'+y=0$；　(4) $y''-2y'+y=x^3$；

(5) $x^2y'''-2xy''+y'=0$；　(6) $y^{(4)}-2y'+3y^3=x^2$.

2. 验证下列题目中各函数是否是所给微分方程的解.

(1) $xy'=2y$，$y=5x^2$；　(2) $y''-2y'+y=0$，$y=e^x$；

(3) $y''-2y'+y=0$，$y=xe^x$；　(4) $y''+y=0$，$y=3\sin x-4\cos x$；

(5) $y''-9y=x+\frac{1}{2}$，$y=5\cos 3x+\frac{x}{9}+\frac{1}{8}$.

3. 求解下列微分方程.

(1) $\frac{dy}{dx}=3x$；(2) $\frac{d^2y}{dx^2}=\cos x$；(3) $\frac{dy}{dt}=\sin\omega t$（$\omega$ 为常数），初始条件为$y|_{t=0}=0$；

(4) $y'=\frac{1}{x}$，初始条件为$y|_{x=e}=0$；(5) $\frac{d^2y}{dx^2}=6x$，初始条件为$y|_{x=0}=0$，$y'|_{x=0}=2$.

4. 某曲线在任意点处的切线斜率均为 $2x-1$，且该曲线经过点(2，1)，求该曲线的方程.

7.2　一阶微分方程

在掌握了微分方程的基本概念以后，求一个微分方程的通解或特解便是我们所要讨论的主要问题. 微分方程的类型是多种多样的，它们的解法也各不相同. 从本节开始我们将根据微分方程的不同类型，给出相应的解法.

一阶微分方程的一般形式为 $F(x,y,y')=0$，本节将介绍两种一阶微分方程的解法.

7.2.1　可分离变量的微分方程

形如

$$\frac{dy}{dx}=f(x)g(y)$$

的一阶微分方程，称为**可分离变量的微分方程**.

可分离变量微分方程的特点是能把方程写成一端只含 y 的函数和 dy，另一端只含 x 的函数和 dx.

若 $g(y)=0$，即$\frac{dy}{dx}=0$，则 $y=y_0$ 为微分方程$\frac{dy}{dx}=f(x)g(y)$的一个特解.

若 $g(y)\neq 0$，微分方程$\frac{dy}{dx}=f(x)g(y)$的求解步骤为

1) 分离变量

$$\frac{dy}{g(y)}=f(x)\,dx;$$

2) 两边积分，假设$f(x)$与$g(y)$连续，得

$$\int \frac{dy}{g(y)} = \int f(x)\,dx;$$

3）求积分，得通解

$$G(y) = F(x) + C,$$

其中 $G(y)$，$F(x)$分别是 $g(y)$，$f(x)$的原函数.

例 1　求方程$\frac{dy}{dx} = \frac{x}{y}$的通解.

解　分离变量得

$$y\,dy = x\,dx,$$

两边积分得

$$\int y\,dy = \int x\,dx,$$

因此

$$\frac{1}{2}y^2 = \frac{1}{2}x^2 + C_1,$$

所以原方程的通解为

$$y^2 = x^2 + C\ (C \text{ 为任意常数}).$$

例 2　求 $y' - 2xy = 0$ 的通解.

解　方程变形为

$$\frac{dy}{dx} = 2xy,$$

分离变量得

$$\frac{dy}{y} = 2x\,dx\ (y \neq 0),$$

两边积分得

$$\int \frac{dy}{y} = 2\int x\,dx,$$

因此

$$\ln|y| = x^2 + C_1,$$

于是

$$|y| = e^{x^2 + C_1} = e^{C_1}e^{x^2},$$

即

$$y = \pm e^{C_1}e^{x^2} = Ce^{x^2}\ (C = \pm e^{C_1}),$$

所以原方程的通解为

$$y = Ce^{x^2}\ (C \text{ 为任意常数}).$$

以后为了方便起见，可把式中的 $\ln|y|$ 写成 $\ln y$，又因为 $y = 0$ 也是方程的解，所以方程通解中的 C 为任意常数.

例 3　求微分方程 $y' = e^{2x-y}$满足初始条件$y|_{x=0} = 0$ 的特解.

解　分离变量得

$$e^y\,dy = e^{2x}\,dx,$$

两边积分得

$$\int e^y\,dy = \int e^{2x}\,dx,$$

所以原方程的通解

$$e^y = \frac{1}{2}e^{2x} + C\ (C \text{ 为任意常数}).$$

将初始条件$y|_{x=0} = 0$ 代入上面的通解，

有

$$e^0 = \frac{1}{2}e^0 + C,$$

解得

$$C = \frac{1}{2},$$

所以原方程的特解为

$$e^y = \frac{1}{2}e^{2x} + \frac{1}{2}.$$

例 4　求微分方程 $y(1+x^2)\mathrm{d}y+x(1+y^2)\mathrm{d}x=0$ 满足条件 $y|_{x=1}=1$ 的特解.

解　分离变量得
$$\frac{y}{1+y^2}\mathrm{d}y=-\frac{x}{1+x^2}\mathrm{d}x,$$
两边积分得
$$\int\frac{y}{1+y^2}\mathrm{d}y=-\int\frac{x}{1+x^2}\mathrm{d}x,$$
即
$$\frac{1}{2}\ln(1+y^2)=-\frac{1}{2}\ln(1+x^2)+\frac{1}{2}C_1.$$
令 $C_1=\ln C(C>0)$,
所以原方程的通解为　$(1+x^2)(1+y^2)=C$（其中 C 为任意常数）.
将 $y|_{x=1}=1$ 代入上式，得 $C=4$,
所以原微分方程的特解为
$$(1+x^2)(1+y^2)=4.$$

7.2.2　齐次微分方程

若一阶微分方程 $\frac{\mathrm{d}y}{\mathrm{d}x}=f(x,y)$ 中的函数 $f(x,y)=\varphi\left(\frac{y}{x}\right)$，则称为**齐次微分方程**.
例如：

1) $\frac{\mathrm{d}y}{\mathrm{d}x}=\frac{xy-y^2}{x^2-2xy}$，其中 $f(x,y)=\frac{\frac{y}{x}-\frac{y^2}{x^2}}{1-2\frac{y}{x}}=\varphi\left(\frac{y}{x}\right)$;

2) $x\frac{\mathrm{d}y}{\mathrm{d}x}-y-2\sqrt{xy}$，可写成：$\frac{\mathrm{d}y}{\mathrm{d}x}=\frac{y}{x}+2\sqrt{\frac{y}{x}}=f(x,y)=\varphi\left(\frac{y}{x}\right)$

都是齐次微分方程.

下面来求齐次微分方程 $\frac{\mathrm{d}y}{\mathrm{d}x}=\varphi\left(\frac{y}{x}\right)$ 的解.

设 $\frac{y}{x}=u$，则 $y=ux$，两边对 x 求导得
$$\frac{\mathrm{d}y}{\mathrm{d}x}=u+x\frac{\mathrm{d}u}{\mathrm{d}x},$$
代入得
$$u+x\frac{\mathrm{d}u}{\mathrm{d}x}=\varphi(u),$$
即
$$x\frac{\mathrm{d}u}{\mathrm{d}x}=\varphi(u)-u,$$
分离变量得
$$\frac{\mathrm{d}u}{\varphi(u)-u}=\frac{\mathrm{d}x}{x},$$
两边积分，即得齐次微分方程的通解.

例 5　求下列微分方程的通解.

(1) $\frac{\mathrm{d}y}{\mathrm{d}x}=2\sqrt{\frac{y}{x}}+\frac{y}{x}$;　　(2) $(xy-y^2)\mathrm{d}x-(x^2-2xy)\mathrm{d}y=0$.

解　(1)设$\frac{y}{x}=u$，则 $y=ux$，

有
$$\frac{\mathrm{d}y}{\mathrm{d}x}=u+x\frac{\mathrm{d}u}{\mathrm{d}x},$$

代入原方程得
$$u+x\frac{\mathrm{d}u}{\mathrm{d}x}=2\sqrt{u}+u,$$

即
$$\frac{\mathrm{d}u}{2\sqrt{u}}=\frac{\mathrm{d}x}{x},$$

两边积分
$$\int\frac{\mathrm{d}u}{2\sqrt{u}}=\int\frac{\mathrm{d}x}{x},$$

得
$$\sqrt{u}=\ln x+C.$$

将$\frac{y}{x}=u$回代得
$$\frac{y}{x}=(\ln x+C)^2,$$

则
$$y=x(\ln x+C)^2,$$

所以原方程的通解为

$y=x(\ln x+C)^2$，其中 C 为任意常数.

(2)将原方程化为
$$\frac{\mathrm{d}y}{\mathrm{d}x}=\frac{xy-y^2}{x^2-2xy}=\frac{\frac{y}{x}-\frac{y^2}{x^2}}{1-2\frac{y}{x}}.$$

设$\frac{y}{x}=u$，则 $y=ux$，

有
$$\frac{\mathrm{d}y}{\mathrm{d}x}=u+x\frac{\mathrm{d}u}{\mathrm{d}x},$$

代入原方程得
$$u+x\frac{\mathrm{d}u}{\mathrm{d}x}=\frac{u-u^2}{1-2u},$$

即
$$x\frac{\mathrm{d}u}{\mathrm{d}x}=\frac{u^2}{1-2u},$$

分离变量得
$$\frac{1-2u}{u^2}\mathrm{d}u=\frac{\mathrm{d}x}{x},$$

两边积分
$$\int\left(\frac{1}{u^2}-\frac{2}{u}\right)\mathrm{d}u=\int\frac{\mathrm{d}x}{x},$$

得
$$-\frac{1}{u}-2\ln u=\ln x+\ln C_1,$$

即
$$-\frac{1}{u}=\ln(C_1xu^2),\ C_1xu^2=\mathrm{e}^{-\frac{1}{u}}.$$

将$\frac{y}{x}=u$回代得
$$C_1x\left(\frac{y}{x}\right)^2=\mathrm{e}^{-\frac{x}{y}},\ 则\ y^2=\frac{1}{C_1}x\mathrm{e}^{-\frac{x}{y}}.$$

所以原方程的通解为

$$y^2 = Cxe^{-\frac{x}{y}}\left(C=\frac{1}{C_1}\right)，其中 C 为任意常数.$$

7.2.3　一阶线性微分方程

形如

$$\frac{dy}{dx}+P(x)y=Q(x) \tag{7-15}$$

的方程，称为**一阶线性微分方程**，其中 $P(x)$，$Q(x)$ 为 x 的已知函数.

当 $Q(x)\equiv 0$ 时，方程

$$\frac{dy}{dx}+P(x)y=0 \tag{7-16}$$

称为方程(7－15)的**一阶齐次线性微分方程**.

当 $Q(x)\neq 0$ 时，方程(7－15)称为**一阶非齐次线性微分方程**.

例如，下列一阶微分方程

$$3y'+2y=x^2,$$

$$y'+\frac{1}{x}y=\frac{\sin x}{x},$$

$$y'+(\sin x)y=0$$

所含的 y'和 y 都是一次的，且不含有 $y'\cdot y$ 项，所以它们都是一阶线性微分方程. 这三个方程中，前两个是非齐次的，而最后一个是齐次的.

为了求方程(7－15)的解，先讨论对应的齐次方程 $\frac{dy}{dx}+P(x)y=0$ 的解.

显然该方程是可分离变量的微分方程.

分离变量得

$$\frac{dy}{y}=-P(x)dx,$$

两边积分得

$$\ln|y|=-\int P(x)dx+C_1,$$

在上式中，不定积分 $\int P(x)dx$ 内包含了积分常数，写出积分常数 C_1 只是为了方便写出齐次方程(7－16)的求解公式. 因此，用上式进行具体运算时，其中的不定积分 $\int P(x)dx$ 只表示 $P(x)$的一个原函数. 在以下的推导过程中也做这样的规定.

在上式中，令 $C_1=\ln C(C>0)$，于是

$$y=Ce^{-\int P(x)dx}, \tag{7-17}$$

这就是齐次微分方程(7－16)的**通解**.

在通解公式(7－17)中当 $C=0$ 时，得到 $y=0$，它仍是方程(7－16)的一个解，因此公式(7－17)中的任意常数 C 可以取零值，即不受 $C\neq 0$ 的限制.

下面再来讨论非齐次线性方程(7－15)的解法.

显然，当 C 为常数时，$y=Ce^{-\int P(x)dx}$ 不是 $\frac{dy}{dx}+P(x)y=Q(x)$ 的解. 由于非齐次线性方程

(7 - 15)右边是 x 的函数 $Q(x)$，因此，可设想将 $y = Ce^{-\int P(x)dx}$ 中的常数 C 换成待定函数 $C(x)$ 后，式子 $y = C(x)e^{-\int P(x)dx}$ 有可能是 $\frac{dy}{dx} + P(x)y = Q(x)$ 的解.

令 $y = C(x)e^{-\int P(x)dx}$ 为非齐次线性方程 $\frac{dy}{dx} + P(x)y = Q(x)$ 的解，

将 $\frac{dy}{dx} = C'(x)e^{-\int P(x)dx} - C(x)P(x)e^{-\int P(x)dx}$ 代入方程(7 - 15) 后得

$$C'(x)e^{-\int P(x)dx} = Q(x)，即 \quad C'(x) = Q(x)e^{\int P(x)dx},$$

两边积分得

$$C(x) = \int Q(x)e^{\int P(x)dx}dx + C.$$

将 $C(x)$ 代入 $y = C(x)e^{-\int P(x)dx}$ 即得非齐次线性方程的通解为

$$y = \left[\int Q(x)e^{\int P(x)dx}dx + C\right]e^{-\int P(x)dx}. \tag{7-18}$$

上式称为**一阶非齐次线性微分方程的通解公式**. 其中各个不定积分都只表示对应的被积函数的一个原函数.

这种求解方法称为**常数变易法**.

用常数变易法求解一阶非齐次线性微分方程的通解的步骤为：

1)先求出与一阶非齐次线性微分方程所对应的一阶齐次线性微分方程的通解；

2)将一阶齐次线性微分方程通解中的任意常数 C，变易为待定函数 $C(x)$，设为一阶非齐次线性微分方程的解，将含有待定函数 $C(x)$ 的解代入原方程，解出 $C(x)$；

3)写出所求微分方程的通解.

例 6　求微分方程 $y' + xy = xe^{-x^2}$ 的通解.

解　分离变量得

$$\frac{dy}{y} = -xdx,$$

两边积分

$$\int \frac{dy}{y} = -\int xdx,$$

得

$$\ln y = -\frac{1}{2}x^2 + C_1,$$

所以齐次线性微分方程 $y' + xy = 0$ 的通解为 $y = Ce^{-\frac{1}{2}x^2}(C = e^{C_1})$.

将上式中的任意常数 C 换成函数 $C(x)$，即设原方程的通解为

$$y = C(x)e^{-\frac{1}{2}x^2},$$

于是

$$y' = C'(x)e^{-\frac{1}{2}x^2} - xC(x)e^{-\frac{1}{2}x^2}.$$

将 y 和 y' 代入方程 $y' + xy = xe^{-x^2}$ 有

$$C'(x)e^{-\frac{1}{2}x^2} - xC(x)e^{-\frac{1}{2}x^2} + xC(x)e^{-\frac{1}{2}x^2} = xe^{-x^2},$$

整理，得

$$C'(x) = xe^{-\frac{1}{2}x^2},$$

两边积分，得

$$C(x) = -e^{-\frac{1}{2}x^2} + C,$$

所以原微分方程的通解为

$$y = (-e^{-\frac{1}{2}x^2} + C)e^{-\frac{1}{2}x^2} = Ce^{-\frac{1}{2}x^2} - e^{-x^2}，其中 C 为任意常数.$$

例 7 求方程 $(1+x^2)y'-2xy=(1+x^2)^2$ 的通解.

解 将原方程改写成 $y'-\frac{2x}{1+x^2}y=1+x^2$，这是一阶非齐次线性方程，

此时
$$P(x)=-\frac{2x}{1+x^2},\ Q(x)=1+x^2.$$

因为
$$e^{\int P(x)dx}=e^{\int -\frac{2x}{1+x^2}dx}=e^{-\int \frac{1}{1+x^2}d(1+x^2)}=e^{-\ln(1+x^2)}=\frac{1}{1+x^2},$$

所以
$$e^{-\int P(x)dx}=1+x^2,$$

则
$$C(x)=\int Q(x)e^{\int P(x)dx}dx=\int (1+x^2)\frac{1}{1+x^2}dx=x+C,$$

由通解公式可得原方程的通解为
$$y=(1+x^2)(x+C)\text{，其中 } C \text{ 为任意常数.}$$

例 8 求方程 $x^2dy+(2xy-x+1)dx=0$ 的特解，初始条件 $y|_{x=1}=0$.

解 原方程可改写为 $\frac{dy}{dx}+\frac{2}{x}y=\frac{x-1}{x^2}$，这是一阶非齐次线性方程.

将 $P(x)=\frac{2}{x}$，$Q(x)=\frac{x-1}{x^2}$ 代入通解公式可得方程的通解为
$$\begin{aligned}y&=e^{-\int \frac{2}{x}dx}\left(\int \frac{x-1}{x^2}e^{\int \frac{2}{x}dx}dx+C\right)=e^{-2\ln x}\left(\int \frac{x-1}{x^2}e^{2\ln x}dx+C\right)\\&=\frac{1}{x^2}\left(\int (x-1)dx+C\right)\\&=\frac{1}{x^2}\left(\frac{1}{2}x^2-x+C\right)=\frac{1}{2}-\frac{1}{x}+\frac{C}{x^2}.\end{aligned}$$

将 $y|_{x=1}=0$ 代入，求得特解为
$$y=\frac{1}{2}-\frac{1}{x}+\frac{1}{2x^2}.$$

现将一阶微分方程的几种类型和解法归纳如下表 7-2-1：

表 7-2-1

类型		方程	解法
可分离变量		$\frac{dy}{dx}=f(x)g(y)$	分离变量，两边积分
一阶线性	齐次	$\frac{dy}{dx}+P(x)y=0$	分离变量、两边积分或用公式 $y=Ce^{-\int P(x)dx}$
	非齐次	$\frac{dy}{dx}+P(x)y=Q(x)$	常数变易法或用公式 $y=e^{-\int P(x)dx}\left[\int Q(x)e^{\int P(x)dx}dx+C\right]$

习题 7.2

1. 用分离变量法求下列一阶微分方程的通解.

(1) $y'+xy=0$；(2) $xy'=y\ln y$；(3) $y'=e^y\sin x$；(4) $\cos x\mathrm{d}x=2y\mathrm{d}y$；

(5) $y'=\dfrac{x^2}{\cos 2y}$；(6) $3x^2-2x-3y'=0$；(7) $y'=\dfrac{y}{x}+\tan\dfrac{y}{x}$；(8) $y'=\dfrac{y^2}{xy-2x^2}$.

2. 求下列一阶微分方程的特解.

(1) $\dfrac{\mathrm{d}y}{\mathrm{d}x}=2xy$，$y|_{x=0}=2$；(2) $y'\sin x=y\ln y$，$y|_{x=\frac{\pi}{2}}=e$；

(3) $x\mathrm{d}y+2y\mathrm{d}x=0$，$y|_{x=2}=1$；　(4) $\cos x\sin y\mathrm{d}y=\cos y\sin x\mathrm{d}x$，$y|_{x=0}=\dfrac{\pi}{4}$.

3. 求下列一阶微分方程的通解.

(1) $\dfrac{\mathrm{d}y}{\mathrm{d}x}+y=e^{-x}$；(2) $y'+y\cos x=e^{-\sin x}$；(3) $y'\cos x+y\sin x=1$.

7.3　一阶微分方程的应用举例

用微分方程求解实际问题的关键是建立实际问题的数学模型——微分方程. 这首先要根据实际问题所提供的条件选择和确定模型的变量，再根据有关学科，如物理学、化学、生物学、几何学、经济学等学科理论，找到这些变量所遵循的定律，用微分方程将其表示出来. 为此，必须了解相关学科的一些基本概念、原理和定律，要会用导数或微分表示几何量和物理量.

利用微分方程寻求实际问题中未知函数的一般步骤是：

1) 分析问题，设所求未知函数，建立微分方程，确定初始条件；

2) 求出微分方程的通解；

3) 根据初始条件确定通解中的任意常数，求出微分方程相应的特解.

上述步骤中，第 1) 步是关键.

注：①有些问题需要建立坐标系时，应以方便、习惯为原则. 坐标系建立之后，一切以此为准.

②需将题中涉及的几何量、物理量"翻译"成数学式子.

③抓住题中建立等式的题设，或物理学上的相关定律，或根据"常识"，列出方程.

本节将通过一些实例说明一阶微分方程在物理学、力学、电学等方面的应用.

例 1　如图 7－3－1 所示，电路在换路前已处于稳态，电感 L 的电流为 I_0，$t=0$ 时开关 S 闭合，它将 RL 串联电路短路，求短路后的 RL 电路中的零输入响应电流.

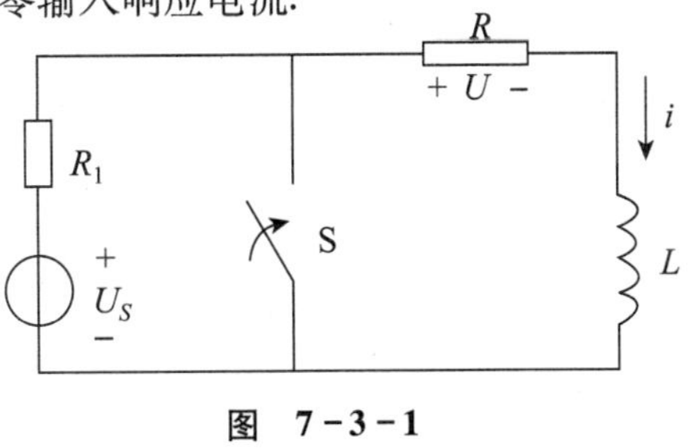

图　7－3－1

解　由电学知道，电流在电阻 R 上产生一个电压降 $U_R=Ri$，在电感 L 上产生的电压降是 $U_L=L\dfrac{\mathrm{d}i}{\mathrm{d}t}$，

在所选参考方向下，由 KVL 定律得换路后的电路方程为

$$U_L+U_R=0,$$

元件的电压电流关系为 $U_L = L\dfrac{\mathrm{d}i}{\mathrm{d}t}$，$U_R = Ri$，

代入方程，得

$$L\frac{\mathrm{d}i}{\mathrm{d}t} + Ri = 0(t>0),$$

它是一阶常系数线性齐次微分方程，

分离变量得

$$\frac{\mathrm{d}i}{i} = -\frac{R}{L}\mathrm{d}t,$$

两边积分得

$$\int\frac{\mathrm{d}i}{i} = -\frac{R}{L}\int\mathrm{d}t,\ \ln i = -\frac{R}{L}t + A_1,$$

其通解为

$$i = A\mathrm{e}^{-\frac{R}{L}t}(A = \mathrm{e}^{A_1}),$$

由 $i|_{t=0} = I_0$，得 $A = I_0$.

解得电感的零输入响应电流为

$$i = I_0\mathrm{e}^{-\frac{R}{L}t}(t \geqslant 0).$$

例 2 设物体的温度为100°C，将其放置在空气的温度是20°C 的环境中冷却. 根据冷却定律：物体在空气中冷却的速率与该物体和当时空气温度之差成正比，试求物体温度随时间 t 的变化规律.

解 (1)建立微分方程.

设物体的温度 T 与时间 t 的函数关系为 $T = T(t)$，则物体的冷却速率为$\dfrac{\mathrm{d}T}{\mathrm{d}t}$，可以认为在物体的冷却过程中，空气的温度是不变的.

依题意，有

$$\frac{\mathrm{d}T}{\mathrm{d}t} = -k(T-20),$$

其中 k 是比例系数($k>0$). 由于 $T(t)$是单调减少的，即$\dfrac{\mathrm{d}T}{\mathrm{d}t}<0$，而 $T-20>0$，所以上式右端前面应加“负号”. 初始条件为$T|_{t=0} = 100$.

(2)求上述微分方程的通解.

分离变量得

$$\frac{\mathrm{d}T}{T-20} = -k\mathrm{d}t,$$

两边积分得

$$\int\frac{\mathrm{d}T}{T-20} = -k\int\mathrm{d}t,$$

$$\ln(T-20) = -kt + C_1(\text{其中 } C_1 \text{ 为任意常数}),$$

$$T - 20 = \mathrm{e}^{(-kt+C_1)} = \mathrm{e}^{C_1}\cdot\mathrm{e}^{-kt} = C\mathrm{e}^{-kt}(\text{其中 } C = \mathrm{e}^{C_1}),$$

即

$$T = C\mathrm{e}^{-kt} + 20.$$

(3)把初始条件 $T|_{t=0} = 100$ 代入上式，求得 $C = 80$，于是方程的特解

$$T = 80\mathrm{e}^{-kt} + 20,$$

即为物体温度随时间 t 的变化规律.

物体冷却的数学模型在多个领域中有着广泛的应用. 例如，警方破案时，法医在根据尸体当时的温度推断这个人的死亡时间时，就可以利用这个模型来计算解决.

例 3　如图 7－3－2 所示的 RC 电路，已知在开关 K 合上前电容 C 上没有电荷，电容 C 两端的电压为零，电源电压为 E. 把开关合上，电源对电容 C 充电，电容 C 上的电压 U_C 逐渐升高，求电压 U_C 随时间 t 变化的规律.

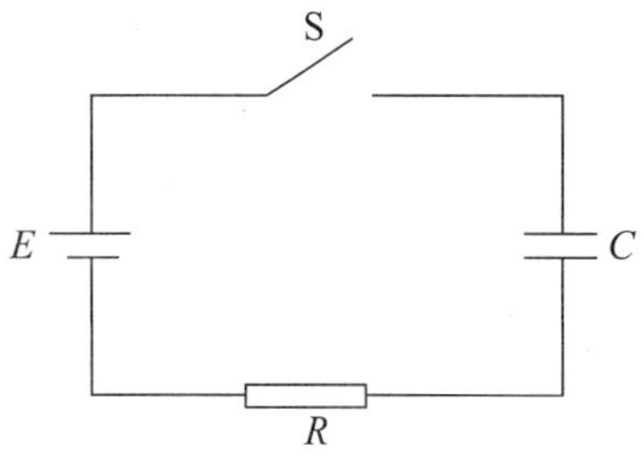

图　7－3－2

解　(1)建立方程.

根据回路电压定律，电容 C 上的电压 U_C 与电阻 R 上的电压 U_R 之和等于电源电压 E，即

$U_C+U_R=E$，又知 $U_R=Ri$，所以有

$$U_C+Ri=E$$

电容充电时，电容上的电量 Q 逐渐增加，按电容性质，Q 与 U_C 有关系式

$$Q=CU_C$$

于是

$$i=\frac{\mathrm{d}Q}{\mathrm{d}t}=\frac{\mathrm{d}}{\mathrm{d}t}(CU_C)=C\frac{\mathrm{d}U_C}{\mathrm{d}t}$$

把 i 代入 $U_C+Ri=E$，得到 U_C 所满足的微分方程为

$$RC\frac{\mathrm{d}U_C}{\mathrm{d}t}+U_C=E$$

且有初始条件$U_C\big|_{t=0}=0$

(2)求微分方程的通解.

这是可分离变量的微分方程，其中 R、C、E 都是常数. 分离变量，得

$$\frac{\mathrm{d}U_C}{E-U_C}=\frac{\mathrm{d}t}{RC}$$

两边积分，得

$$-\ln(E-U_C)=\frac{t}{RC}+\ln\frac{1}{A}\text{（}A\text{ 为任意常数）}$$

或

$$\ln\left[\frac{1}{A}(E-U_C)\right]=-\frac{t}{RC}$$

$$\frac{1}{A}(E-U_C)=\mathrm{e}^{-\frac{t}{RC}}$$

于是

$$U_C=E-A\mathrm{e}^{-\frac{t}{RC}}$$

就是所列微分方程的通解，即为电压 U_C 随时间 t 变化的规律.

(3)求微分方程的特解.

把初始条件$U_C\big|_{t=0}=0$ 代入通解，得

$$0=E-A\mathrm{e}^0\text{，即 }A=E$$

于是

$$U_C=E(1-\mathrm{e}^{-\frac{t}{RC}})$$

这就是电压 U_C 随时间 t 的变化规律，即电容器的充电规律.

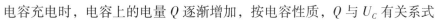

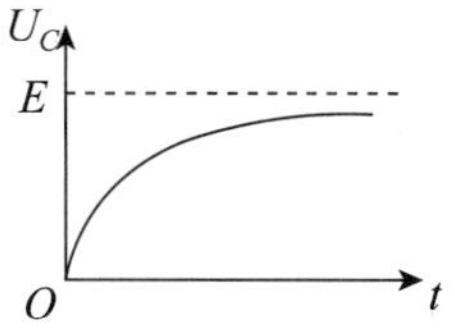

图　7－3－3

由图 7－3－3 可以看出，充电时 U_C 随时间 t 的增加越来越接近于电源电压 E.

例 4　设有一桶，内盛盐水 100L，其中含盐 50g，现在以浓度为 2g/L 的盐水流入水中，其流速为 3L/min，假使流入桶中的新盐水和原有盐水因为搅拌而能在顷刻间成为均匀的溶液，此溶液又以 2L/min 的流速流出，求 30 分钟时桶内所存盐水的含盐量.

解　(1)建立微分方程.

设在 t 分钟时，桶内盐水的存盐度为 $y=y(t)$g. 因为每分钟流入 3L 溶液，且每升溶液含盐 2g，所以在任一时刻 t 流入盐的速率为

$$v_1(t)=3\times2=6(\mathrm{g/min}).$$

同时，又以每分钟 2L 的速率流出溶液，故 t 分钟后溶液总量为 $[100+(3-2)t]=(100+t)$L，每升溶液的含盐量为 $\frac{y}{100+t}$g，因此，排出盐的速率为

$$v_2(t)=2\times\frac{y}{100+t}=\frac{2y}{100+t}(\mathrm{g/min}),$$

从而，桶内盐的变化率为

$$\frac{\mathrm{d}y}{\mathrm{d}t}=v_1(t)-v_2(t)=6-\frac{2y}{100+t},$$

即

$$\frac{\mathrm{d}y}{\mathrm{d}t}+\frac{2y}{100+t}=6,$$

且有初始条件为

$$y\big|_{t=0}=50.$$

(2)求微分方程的通解.

这是一阶线性微分方程，其中

$$P(t)=\frac{2}{100+t},\quad Q(t)=6,$$

$$\mathrm{e}^{\int P(t)\mathrm{d}t}=\mathrm{e}^{\int\frac{2}{100+t}\mathrm{d}t}=\mathrm{e}^{2\ln(100+t)}=(100+t)^2,$$

$$\int Q(t)\mathrm{e}^{\int P(t)\mathrm{d}t}\mathrm{d}t=\int6(100+t)^2\mathrm{d}t=2(100+t)^3+C.$$

利用公式　$y=\mathrm{e}^{-\int P(t)\mathrm{d}t}\left[\int Q(t)\mathrm{e}^{\int P(t)\mathrm{d}t}\mathrm{d}t+C\right]$,得

$$y=\frac{1}{(100+t)^2}[2(100+t)^3+C]=2(100+t)+\frac{C}{(100+t)^2}.$$

(3)求微分方程的特解.

把初始条件 $y\big|_{t=0}=50$ 代入通解，得

$$50=2\times100+\frac{C}{100^2},$$

因此

$$C=-100^2\times150,$$

所以，特解为

$$y=2(100+t)-\frac{1500000}{(100+t)^2}.$$

以 $t=30$ 代入这个特解，即可求出在 30 分钟时桶内所存盐水的含盐量为

$$y\big|_{t=30}=260-\frac{1500000}{130^2}\approx171(\mathrm{g}).$$

习题 7.3

1. 一曲线通过点$(-1, 1)$，并且曲线上任意一点$M(x, y)$处的切线斜率为$2x+1$，求曲线方程.

2. 质量为m的汽车在力$F=A+Bt$的作用下运动(A，B为常数). 已知$t=0$时，$x_0=0$，$v_0=0$，求在任一时刻的速度是多少.

3. 已知物体在空气中冷却的速率与该物体及空气两者温度的差成正比. 假设室温是20°C，一瓶热水由100°C，经过20小时以后，瓶内水温降到60°C，问经过多长时间可使热水的温度从100°C降低到30°C?（可以直接使用例2的结论）

4. 已知汽艇在静水中运动的速度与水的阻力成正比，若一汽艇以10km/h的速度在静水中运动时关闭了发动机，经过$t=20$s后汽艇的速度减至$v_1=6$km/h，试确定发动机停止40s后汽艇的速度.

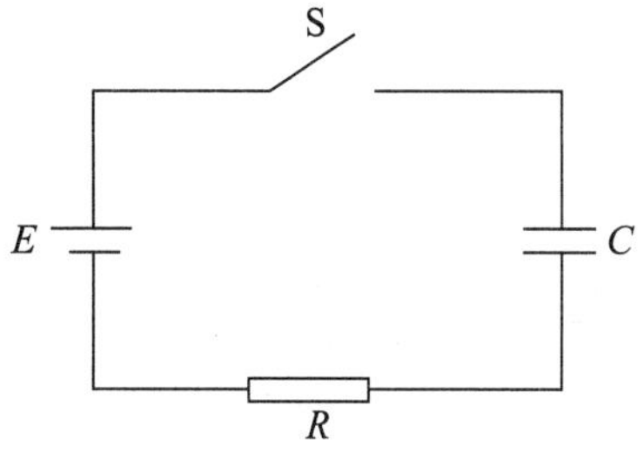

图　7-3-4

5. 如图7-3-4所示，已知在RC电路中，电容C的初始电压为U_0. 当开关S闭合时电容就开始放电，求开关S闭合后电路中电压U_C的变化规律.

7.4　二阶常系数齐次线性微分方程

前面我们讨论了几种一阶微分方程的求解问题，但在科学和工程技术中，有许多实际问题归结为高阶微分方程，其中，二阶常系数线性微分方程有着广泛的应用，本节及下一节将着重讨论这类方程的解法.

形如

$$y''+py'+qy=0(\text{其中 } p,\ q \text{ 为常数}) \tag{7-19}$$

的微分方程，称为**二阶常系数齐次线性微分方程**.

7.4.1　二阶常系数齐次线性微分方程解的结构

定理 1　如果y_1与y_2是方程(7-19)的两个解，那么$y=C_1y_1+C_2y_2$也是方程(7-19)的解（其中C_1，C_2是任意常数).

证明　将$y=C_1y_1+C_2y_2$直接代入方程(7-19)的左端，得

$$(C_1y_1''+C_2y_2'')+p(C_1y_1'+C_2y_2')+q(C_1y_1+C_2y_2)$$
$$=C_1(y_1''+py_1'+qy_1)+C_2(y_2''+py_2'+qy_2)=C_10+C_20=0.$$

所以，$y=C_1y_1+C_2y_2$是方程(7-19)的解.

这个定理表明了线性微分方程的解具有叠加性.

叠加起来的解$y=C_1y_1+C_2y_2$从形式上看含有C_1，C_2两个任意常数，但不一定是方程(7-19)的通解.

如$y_1=\mathrm{e}^x$，$y_2=5\mathrm{e}^x$都是方程$y''-y=0$的解，但

$$y=C_1y_1+C_2y_2=C_1\mathrm{e}^x+5C_2\mathrm{e}^x=(C_1+5C_2)\mathrm{e}^x=C\mathrm{e}^x(C=C_1+5C_2\text{ 仍是常数}),$$

y中只含有一个常数，显然不是方程$y''-y=0$的通解.

那么，y_1，y_2 满足什么条件才能组合成方程的通解？为了解决这个问题，引进两个函数线性相关和线性无关的概念.

定义 设 y_1，y_2 是定义在某区间的两个函数，如果存在不为零的常数 k，使得$\frac{y_2}{y_1}=k$ 成立，则称 y_1，y_2 在该区间内线性相关，否则称 y_1，y_2 在该区间内线性无关.

如 $y_1=e^x$，$y_2=5e^x$，$\frac{y_1}{y_2}=\frac{1}{5}$，则 y_1 与 y_2 线性相关；

$y_1=\sin x$，$y_2=\cos x$，$\frac{y_1}{y_2}=\tan x\neq$常数，$y_1$ 与 y_2 线性无关.

有了两个函数的线性相关与线性无关的概念后，就有下面关于二阶齐次线性微分方程的通解的结构定理.

定理2 如果 y_1 与 y_2 是方程(7－19)的两个线性无关的特解，那么 $y=C_1y_1+C_2y_2$ 就是方程(7－19)的通解(其中 C_1 和 C_2 是任意常数).

由定理1知 $y=C_1y_1+C_2y_2$ 是方程(7－19)的解，又知 y_1 与 y_2 线性无关，即$\frac{y_2}{y_1}\neq$常数，所以 C_1，C_2 是两个独立的任意常数，即解 $y=C_1y_1+C_2y_2$ 中所含独立的任意常数的个数与方程(7－19)的阶数相同，它又是方程(7－19)的解，所以它是方程(7－19)的通解.

由定理2可知，要求方程(7－19)的通解，可以先求出它的两个特解 y_1 与 y_2，如果 y_1 与 y_2 线性无关，那么 $y=C_1y_1+C_2y_2$ 就是方程(7－19)的通解.

7.4.2 二阶常系数齐次线性微分方程的求解方法

为了求方程(7－19)的两个线性无关的特解，根据方程(7－19)的特点，便知 y，y'，y''必须是同类函数才有可能使方程左边为零，不难验证，当 r 为常数时，只有指数函数 $y=e^{rx}$具有和它的各阶导数相差一个常数的特点，因此不妨选取 $y=e^{rx}$来尝试作为方程(7－19)的解.

将 $y=e^{rx}$，$y'=re^{rx}$，$y''=r^2e^{rx}$代入方程(7－19)，得

$$e^{rx}(r^2+pr+q)=0.$$

由于 $e^{rx}\neq0$，所以只要 r 满足

$$r^2+pr+q=0, \tag{7-20}$$

$y=e^{rx}$就是方程(7－19)的解了.

将方程(7－20)称为方程(7－19)的**特征方程**，特征方程的解称为**特征根**.

相对于特征根 $r_{1,2}=\frac{-p\pm\sqrt{p^2-4q}}{2}$的三种不同的情形，微分方程(7－19)的通解也有相应的三种情形.

1）当 $p^2-4q>0$ 时，方程(7－20)有两个不相等的实数根，$r_1\neq r_2$，所以 $y_1=e^{r_1x}$，$y_2=e^{r_2x}$是方程(7－19)的两个特解，且$\frac{y_1}{y_2}=e^{(r_1-r_2)x}\neq$常数，即它们线性无关，此时方程(7－19)的通解形式为

$$y=C_1e^{r_1x}+C_2e^{r_2x}，其中 C_1，C_2 为任意常数.$$

2）当 $p^2-4q=0$ 时，方程(7－20)有两个相等的实数根，$r_1=r_2=r$，则方程(7－19)只有一个特解 $y_1=e^{rx}$，这时直接可以验证 $y_2=xe^{rx}$是方程(7－19)的另一个与 $y_1=e^{rx}$线性无关的特

解，此时方程(7－19)的通解形式为

$$y=(C_1+C_2x)e^{rx}，其中 C_1，C_2 为任意常数.$$

3）当 $p^2-4q<0$ 时，方程(7－20)有一对共轭复数根，$r_1=\alpha+\beta i$，$r_2=\alpha-\beta i$(其中 α，β 均为实数且 $\beta\neq 0$)，$y_1=e^{\alpha x}\cos\beta x$ 和 $y_2=e^{\alpha x}\sin\beta x$ 是方程(7－19)的两个线性无关的特解，此时方程(7－19)的通解形式为

$$y=e^{\alpha x}(C_1\cos\beta x+C_2\sin\beta x)，其中 C_1，C_2 为任意常数.$$

综合上面的讨论可知，解二阶常系数齐次线性微分方程的步骤如下：

1)先写出微分方程(7－19)的特征方程 $r^2+pr+q=0$；

2)求出特征方程的两个特征根 r_1，r_2；

3)根据特征根的不同情形，按照表7－4－1写出微分方程(7－19)的通解.

列表如下：

表　7－4－1

特征方程 $r^2+pr+q=0$ 的两个根 r_1，r_2	微分方程 $y''+py'+qy=0$ 的通解
两个不相等的实数根，$r_1\neq r_2$	$y=C_1e^{r_1x}+C_2e^{r_2x}$，其中 C_1，C_2 为任意常数
两个相等的实数根，$r_1=r_2=r$	$y=(C_1+C_2x)e^{rx}$，其中 C_1，C_2 为任意常数
一对共轭复数根，$r_{1,2}=\alpha\pm\beta i(\beta\neq 0)$	$y=e^{\alpha x}(C_1\cos\beta x+C_2\sin\beta x)$，其中 C_1，C_2 为任意常数

例1　求下列微分方程的通解.

(1)$y''+5y'+6y=0$；　(2)$y''+2y'+y=0$；　(3)$y''+2y'+5y=0$.

解　所给方程都是二阶常系数齐次线性微分方程.

(1)微分方程 $y''+5y'+6y=0$ 所对应的特征方程为 $r^2+5r+6=0$，

解得特征根为
$$r_1=-2，r_2=-3，$$
所以，微分方程 $y''+5y'+6y=0$ 的通解为 $y=C_1e^{-2x}+C_2e^{-3x}$，其中 C_1，C_2 为任意常数.

(2)微分方程 $y''+2y'+y=0$ 所对应的特征方程为 $r^2+2r+1=0$，

解得特征根为
$$r_1=r_2=r=-1，$$
所以，微分方程 $y''+2y'+y=0$ 的通解为 $y=(C_1+C_2x)e^{-x}$.

(3)微分方程 $y''+2y'+5y=0$ 所对应的特征方程为 $r^2+2r+5=0$，

解得特征根为
$$r_1=-1-2i，r_2=-1+2i，$$
所以，微分方程 $y''+2y'+5y=0$ 的通解为 $y=e^{-x}(C_1\cos2x+C_2\sin2x)$.

例2　求微分方程 $y''=4y$ 满足初始条件 $y|_{x=0}=1$，$y'|_{x=0}=2$ 的特解.

解　特征方程为 $r^2-4=0$，其特征根为 $r_1=-2$，$r_2=2$，

所以，微分方程的通解为 $y=C_1e^{-2x}+C_2e^{2x}$，

$$y'=-2C_1e^{-2x}+2C_2e^{2x}，其中 C_1，C_2 为任意常数.$$

将初始条件 $y|_{x=0}=1$，$y'|_{x=0}=2$ 代入通解及其导数求得 $C_1=0$，$C_2=1$，

因此，所求特解为
$$y=e^{2x}.$$

例3　已知二阶常系数齐次线性微分方程的两个特解为 $y_1=1$ 与 $y_2=e^x$，求相应的微分方程.

解　由于 $y_1=1$ 与 $y_2=e^x$ 为二阶常系数齐次线性微分方程的两个特解，

由 $$y_1=1=e^0,\ y_2=e^x,$$
可知原方程有两个特征根 $$r_1=0,\ r_2=1,$$
因此，相应的特征方程为$(r-1)(r-0)=0$，即$r^2-r=0$，
所以，相应的微分方程为 $$y''-y'=0.$$

例 4　在如图 7－4－1 所示的电路中，先将开关拨向 A，使电容充电，当达到稳定状态后再将开关拨向 B. 设开关拨向 B 的时间 $t=0$，求 $t>0$ 时回路中的电流 $i(t)$. 已知 $E=20\text{V}$，$C=0.5\text{F}$，$L=1.6\text{H}$，$R=4.8\Omega$；且$i\big|_{t=0}=0$，$\left.\dfrac{\mathrm{d}i}{\mathrm{d}t}\right|_{t=0}=\dfrac{25}{2}$.

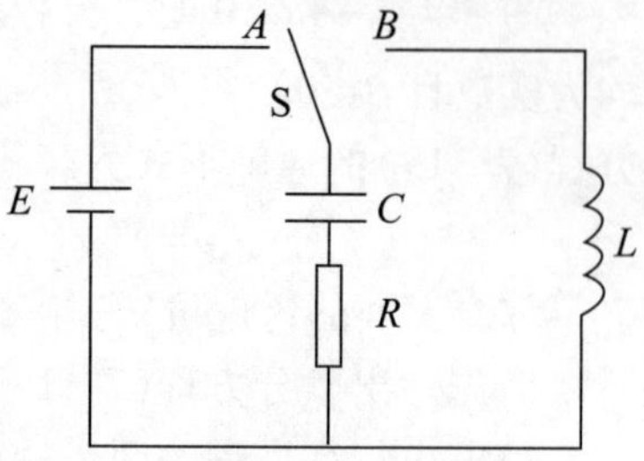

图　7－4－1

解　在 RLC 电路中各元件的电压降分别为
$$U_R=Ri,\ U_C=\frac{1}{C}Q,\ U_L=L\frac{\mathrm{d}i}{\mathrm{d}t},$$
根据回路电压定律，得
$$U_L+U_R+U_C=0,$$
将上述各式代入，得
$$L\frac{\mathrm{d}i}{\mathrm{d}t}+Ri+\frac{1}{C}Q=0,$$
上式两边对 t 求导，因为$\dfrac{\mathrm{d}Q}{\mathrm{d}t}=i$，因此得
$$L\frac{\mathrm{d}^2i}{\mathrm{d}t^2}+R\frac{\mathrm{d}i}{\mathrm{d}t}+\frac{1}{C}i=0,$$
即
$$\frac{\mathrm{d}^2i}{\mathrm{d}t^2}+\frac{R}{L}\frac{\mathrm{d}i}{\mathrm{d}t}+\frac{1}{LC}i=0,$$
将 $R=4.8$，$L=1.6$，$C=0.5$ 代入，得
$$\frac{\mathrm{d}^2i}{\mathrm{d}t^2}+3\frac{\mathrm{d}i}{\mathrm{d}t}+\frac{5}{4}i=0,$$
特征方程为
$$r^2+3r+\frac{5}{4}=0,$$
特征根为
$$r_1=-\frac{5}{2},\ r_2=-\frac{1}{2},$$
所以，通解为
$$i=C_1\mathrm{e}^{-\frac{5}{2}t}+C_2\mathrm{e}^{-\frac{1}{2}t}，其中\ C_1,\ C_2\ 为任意常数.$$

为求得满足初始条件的特解，求导数得
$$i'=-\frac{5}{2}C_1\mathrm{e}^{-\frac{5}{2}t}-\frac{1}{2}C_2\mathrm{e}^{-\frac{1}{2}t},$$
将初始条件$i\big|_{t=0}=0$，$\left.\dfrac{\mathrm{d}i}{\mathrm{d}t}\right|_{t=0}=\dfrac{25}{2}$代入，得
$$\begin{cases}C_1+C_2=0,\\ \dfrac{5}{2}C_1+\dfrac{1}{2}C_2=-\dfrac{25}{2},\end{cases}$$

解得
$$C_1=-\frac{25}{4},\ C_2=\frac{25}{4},$$
所以回路电流为
$$i=-\frac{25}{4}\mathrm{e}^{-\frac{5}{2}t}+\frac{25}{4}\mathrm{e}^{-\frac{1}{2}t}.$$

习题 7.4

1. 求出下列微分方程的通解.

(1) $y''+9y'=0$;　(2) $y''+6y'+9y=0$;　(3) $y''+y'-2y=0$;

(4) $y''+4=0$;　(5) $y''-2y'+2y=0$;　(6) $y''+6y'+13y=0$.

2. 求出下列微分方程满足初始条件的特解.

(1) $y''-4y'+3y=0,\ y\big|_{x=0}=6,\ y'\big|_{x=0}=10$;

(2) $y''-3y'-4y=0,\ y\big|_{x=0}=0,\ y'\big|_{x=0}=-5$;

(3) $4y''+4y'+y=0,\ y\big|_{x=0}=2,\ y'\big|_{x=0}=0$.

7.5　二阶常系数非齐次线性微分方程

上一节我们讨论了二阶常系数齐次线性微分方程的求解问题，本节我们将着重讨论二阶常系数非齐次线性微分方程的解法.

形如
$$y''+py'+qy=f(x)\ (\text{其中 } p,\ q \text{ 是常数}, f(x)\neq 0) \tag{7-21}$$
的微分方程称为**二阶常系数非齐次线性微分方程**.

和它对应的二阶常系数齐次线性微分方程为
$$y''+py'+qy=0. \tag{7-22}$$

对于二阶常系数非齐次线性微分方程解的结构，我们有如下定理.

定理　设 y_p 是非齐次线性微分方程(7-21)的一个特解，y_c 是对应的齐次方程(7-22)的通解，则
$$y=y_c+y_p$$
是非齐次线性微分方程(7-21)的通解.（证明略）

由定理可知，求非齐次线性微分方程(7-21)的通解，可先求出对应的齐次线性微分方程(7-22)的通解，再设法求出非齐次线性微分方程(7-21)的某个特解，二者之和就是方程(7-21)的通解.

上一节我们已经讨论了齐次方程(7-22)通解的求法，本节讨论求非齐次方程(7-21)的一个特解 y_p 的方法. 显然 y_p 与方程(7-21)右端的 $f(x)$ 有关，在实际问题中，$f(x)$ 的常见形式有两种，下面分别进行讨论.

1) $f(x)=P_n(x)\mathrm{e}^{\lambda x}$，其中 λ 是常数，$P_n(x)$ 是 x 的一个 n 次多项式，

即
$$P_n(x)=a_nx^n+a_{n-1}x^{n-1}+\cdots+a_2x^2+a_1x+a_0\ (a_n\neq 0),$$
此时方程(7-21)成为

$$y''+py'+qy=P_n(x)\mathrm{e}^{\lambda x}. \tag{7-23}$$

我们知道，方程(7－23)的特解 y_p 是使(7－23)成为恒等式的函数. 怎样的函数能使式(7－23)成为恒等式呢？因为式(7－23)右端是多项式与指数函数的乘积，而多项式与指数函数的乘积的导数仍然是多项式与指数函数的乘积，所以，我们推测 $y_p=Q(x)\mathrm{e}^{\lambda x}$(其中 $Q(x)$ 是某个多项式)可能是方程(7－23)的特解.

再进一步考虑如何选取多项式 $Q(x)$，使 $y_p=Q(x)\mathrm{e}^{\lambda x}$满足方程(7－23)，为此，将

$$y_p=Q(x)\mathrm{e}^{\lambda x},$$

$$y_p'=\mathrm{e}^{\lambda x}[\lambda Q(x)+Q'(x)],$$

$$y_p''=\mathrm{e}^{\lambda x}[\lambda^2Q(x)+2\lambda Q'(x)+Q''(x)]$$

代入方程(7－23)并消去 $\mathrm{e}^{\lambda x}$，得

$$Q''(x)+(2\lambda+p)Q'(x)+(\lambda^2+p\lambda+q)Q(x)=P_n(x). \tag{7-24}$$

为使上式成立，要求它的左端是一个与 $P_n(x)$相同的多项式，即要求 $Q(x)$与 $P_n(x)$的次数相同且同次项的系数也相同. 这里需要分三种情况进行讨论.

① 如果 λ 不是齐次方程(7－22)对应的特征方程 $r^2+pr+q=0$ 的根，即 $\lambda^2+p\lambda+q\neq0$.

这时，式(7－24)左端 $Q(x)$的次数应等于右端 $P_n(x)$的次数，所以 $Q(x)$应是一个次数为 n 次，系数待定的多项式，可设

$Q(x)=Q_n(x)=b_nx^n+b_{n-1}x^{n-1}+\cdots+b_2x^2+b_1x+b_0$(其中 b_n，b_{n-1}，…，b_0 为 $n+1$ 个待定系数)，将 $Q_n(x)$代入式(7－24)，比较两端 x 的同次幂的系数，就得到以 b_n，b_{n-1}，…，b_0 为未知数的 n 个方程联立的方程组，从而可求出待定系数 $b_i(i=0, 1, 2, \cdots, n)$，并得所求特解

$$y_p=Q_n(x)\mathrm{e}^{\lambda x}.$$

② 如果 λ 是特征方程 $r^2+pr+q=0$ 的单根，即 $\lambda^2+p\lambda+q=0$，且 $2\lambda+p\neq0$，那么式(7－24)变为 $Q''(x)+(2\lambda+p)Q'(x)=P_n(x)$，要使两端恒等，则 $Q'(x)$必为 n 次多项式. 此时可设 $Q(x)=xQ_n(x)$，并可用同样的方法来确定 $Q_n(x)$的系数 $b_i(i=0, 1, 2, \cdots, n)$. 于是所求特解为

$$y_p=xQ_n(x)\mathrm{e}^{\lambda x}.$$

③ 如果 λ 是特征方程 $r^2+pr+q=0$ 的重根，即 $\lambda^2+p\lambda+q=0$，且 $2\lambda+p=0$，那么式(7－24)变为 $Q''(x)=P_n(x)$，要使两端恒等，则 $Q''(x)$必为 n 次多项式. 此时可设 $Q(x)=x^2Q_n(x)$，并可用同样的方法来确定 $Q_n(x)$的系数 $b_i(i=0, 1, 2, \cdots, n)$. 于是所求特解为

$$y_p=x^2Q_n(x)\mathrm{e}^{\lambda x}.$$

综上所述，当$f(x)=P_n(x)\mathrm{e}^{\lambda x}$时，二阶常系数非齐次线性微分方程(7－21)具有形如

$$y_p=x^kQ_n(x)\mathrm{e}^{\lambda x}$$

的特解，其中 $Q_n(x)$是与 $P_n(x)$同次(n 次)、系数待定的多项式，而 k 按 λ 不是特征方程 $r^2+pr+q=0$ 的根、是特征方程的单根或是特征方程的重根，依次分别取 0，1 或 2. 如表 7－5－1 所示.

表 7-5-1

$f(x)$的形式	条件	特解 y_p 的形式
$f(x)=P_n(x)e^{\lambda x}$ (λ 为实数)	λ 不是特征根	$y_p=Q_n(x)e^{\lambda x}$
	λ 是特征单根	$y_p=xQ_n(x)e^{\lambda x}$
	λ 是特征重根	$y_p=x^2Q_n(x)e^{\lambda x}$

在实际解题中，$Q_n(x)$主要讨论 $n=0$，1，2 的情形，即，可设

$Q_0(x)=A$，$Q_1(x)=Ax+B$，$Q_2(x)=Ax^2+Bx+C$.

例1 求方程 $y''-5y'+6y=e^x$ 的一个特解.

解 $f(x)=e^x$，$P_n(x)=1$，$n=0$，$\lambda=1$，而 $\lambda=1$ 不是特征方程 $r^2-5r+6=0$ 的根，

所以，可设其特解为 $y_p=Q_0(x)e^x=Ae^x$，

求导得 $y_p'=y_p''=Ae^x$，

代入方程得 $Ae^x-5Ae^x+6Ae^x=e^x$，解得 $A=\frac{1}{2}$，

则原方程的特解为

$$y_p=\frac{1}{2}e^x.$$

例2 求微分方程 $y''+y'=2x^2-3$ 的一个特解.

解 $f(x)=P_n(x)=2x^2-3$，$n=2$，$\lambda=0$，而 $\lambda=0$ 是特征方程 $r^2+r=0$ 的单根，

所以，可设特解为 $y_p=xQ_2(x)=x(Ax^2+Bx+C)=Ax^3+Bx^2+Cx$，

求导得 $y_p'=3Ax^2+2Bx+C$，$y_p''=6Ax+2B$，

代入原方程得 $3Ax^2+(6A+2B)x+2B+C=2x^2-3$，

比较系数 $\begin{cases}3A=2,\\6A+2B=0,\\2B+C=-3,\end{cases}$ 解得 $\begin{cases}A=\frac{2}{3},\\B=-2,\\C=1,\end{cases}$

则原方程的一个特解为

$$y_p=\frac{2}{3}x^3-2x^2+x.$$

例3 求微分方程 $y''-2y'-3y=x+1$ 的通解.

解 所给方程对应的齐次方程为 $y''-2y'-3y=0$，

其特征方程 $r^2-2r-3=0$ 的根为 $r_1=3$，$r_2=-1$，

所以，对应的齐次方程的通解为 $y_c=C_1e^{3x}+C_2e^{-x}$，其中 C_1，C_2 为任意常数.

这里 $f(x)=P_n(x)=x+1$，$n=1$，$\lambda=0$，而 $\lambda=0$ 不是特征根，

所以，可设原方程的特解为 $y_p=Ax+B$，

将 $y_p=Ax+B$，$y_p'=A$，$y_p''=0$ 代入所给方程，得

$$-3Ax-2A-3B=x+1,$$

比较系数 $\begin{cases}-3A=1,\\-2A-3B=1,\end{cases}$ 解得 $\begin{cases}A=-\frac{1}{3},\\B=-\frac{1}{9},\end{cases}$

则原方程的一个特解为
$$y_p=-\frac{1}{3}x-\frac{1}{9},$$
所以，原方程的通解为
$$y=y_c+y_p=C_1e^{3x}+C_2e^{-x}-\frac{1}{3}x-\frac{1}{9}，其中 C_1，C_2 为任意常数.$$

例 4 求方程 $y''-2y'-3y=3xe^{2x}$ 的通解.

解 所给方程对应的齐次方程为 $y''-2y'-3y=0$，
其特征方程 $r^2-2r-3=0$ 的根为 $r_1=-1$，$r_2=3$，
所以，对应的齐次方程的通解为 $y_c=C_1e^{-x}+C_2e^{3x}$，其中 C_1，C_2 为任意常数.

这里 $f(x)=3xe^{2x}$，$n=1$，$\lambda=2$，而 $\lambda=2$ 不是特征根，
所以，可设原方程的特解为 $y_p=(Ax+B)e^{2x}$，
对其求导得 $y_p'=Ae^{2x}+2(Ax+B)e^{2x}=(2Ax+A+2B)e^{2x}$，
$$y_p''=2Ae^{2x}+(2Ax+A+2B)e^{2x}\cdot 2=(4Ax+4A+4B)e^{2x},$$
代入方程整理得
$$-3Ax+2A-3B=3x,$$
比较系数
$$\begin{cases}-3A=3,\\2A-3B=0,\end{cases}\quad 解得\quad \begin{cases}A=-1,\\B=-\dfrac{2}{3},\end{cases}$$
则原方程的特解为
$$y_p=\left(-x-\frac{2}{3}\right)e^{2x},$$
所以，原方程的通解为
$$y=C_1e^{-x}+C_2e^{3x}-\left(x+\frac{2}{3}\right)e^{2x}，其中 C_1，C_2 为任意常数.$$

例 5 求微分方程 $y''-5y'+6y=xe^{2x}$ 的通解.

解 所给方程对应的齐次方程为 $y''-5y'+6y=0$，
其特征方程 $r^2-5r+6=0$ 的根为 $r_1=2$，$r_2=3$，
所以，对应的齐次方程的通解为 $y_c=C_1e^{2x}+C_2e^{3x}$，其中 C_1，C_2 为任意常数.

这里 $f(x)=xe^{2x}$，$n=1$，$\lambda=2$，由于 $\lambda=2$ 是特征方程的单根，
所以，特解应设为
$$y_p=x(Ax+B)e^{2x},$$
对其求导得
$$y_p'=[2Ax^2+2(A+B)x+B]e^{2x},$$
$$y_p''=[4Ax^2+4(2A+B)x+2(A+2B)]e^{2x},$$
代入所给方程，整理得 $-2Ax+2A-B=x$，
比较系数
$$\begin{cases}-2A=1,\\2A-B=0,\end{cases}\quad 解得\begin{cases}A=-\dfrac{1}{2},\\B=-1,\end{cases}$$
则原方程的特解为
$$y_p=x\left(-\frac{1}{2}x-1\right)e^{2x},$$
所以，原方程的通解为
$$y=C_1e^{2x}+C_2e^{3x}-\left(\frac{1}{2}x^2+x\right)e^{2x}，其中 C_1，C_2 为任意常数.$$

2) $f(x)=e^{\lambda x}(a\cos\omega x+b\sin\omega x)$（其中 λ，ω，a，b 都是实数）.

这时方程(7－21)成为

$$y''+py'+qy=e^{\lambda x}(a\cos\omega x+b\sin\omega x).\tag{7-25}$$

由于指数函数的各阶导数仍是指数函数，正弦函数和余弦函数的各阶导数也总是正弦函数或余弦函数，所以方程(7－25)应有三角函数与指数函数乘积形式的特解.

可以证明，方程(7－25)具有下列形式的特解

$$y_p=x^k e^{\lambda x}(A\cos\omega x+B\sin\omega x),$$

其中 A，B 是待定系数，k 是一个整数，且按下述方式取值：

① 当 $\lambda\pm\omega i$ 不是特征方程的根时，$k=0$.

② 当 $\lambda\pm\omega i$ 是特征方程的根时，$k=1$.

因为当二阶微分方程的特征方程有复数根时，一定不会出现重根，所以 k 不能取 2.

特解如表 7－5－2 所示.

表　7－5－2

$f(x)$ 的形式	条件	特解 y_p 的形式
$f(x)=e^{\lambda x}(a\cos\omega x+b\sin\omega x)$ (λ，a，b，ω 均为实数)	$\lambda\pm\omega i$ 不是特征根	$y_p=e^{\lambda x}(A\cos\omega x+B\sin\omega x)$
	$\lambda\pm\omega i$ 是特征根	$y_p=xe^{\lambda x}(A\cos\omega x+B\sin\omega x)$

例 6　求方程 $y''+2y'+5y=3e^{-x}\sin x$ 的一个特解.

解　所给方程对应的齐次方程为 $y''+2y'+5y=0$，

其特征方程 $r^2+2r+5=0$ 的根为 $r=-1\pm2i$，

这里 $$f(x)=3e^{-x}\sin x,\ \lambda=-1,\ \omega=1,$$

由于 $\lambda\pm\omega i$ 不是特征方程的根，所以，特解应设为

$$y_p=e^{-x}(A\cos x+B\sin x),$$

对其求导得 $$y_p'=e^{-x}[(B-A)\cos x-(B+A)\sin x],$$

$$y_p''=e^{-x}(2A\sin x-2B\cos x),$$

代入原方程，整理得 $$3A\cos x+3B\sin x=3\sin x,$$

比较系数，得 $$A=0,\ B=1.$$

所以，原方程的一个特解为

$$y_p=e^{-x}\sin x.$$

例 7　求微分方程 $y''-y=10\cos2x-10\sin2x$ 的通解.

解　所给方程对应的齐次方程为 $y''-y=0$，

其特征方程 $r^2-1=0$ 的根为 $r_1=1$，$r_2=-1$，

所以，对应的齐次方程的通解为 $y_c=C_1e^x+C_2e^{-x}$，其中 C_1，C_2 为任意常数，

这里 $$f(x)=10\cos2x-10\sin2x,\ \lambda=0,\ \omega=2,$$

由于 $\lambda\pm\omega i=\pm2i$ 不是特征方程的根，所以，特解应设为

$$y_p=A\cos2x+B\sin2x,$$

对其求导得 $$y_p'=-2A\sin2x+2B\cos2x,$$

$$y_p''=-4A\cos2x-4B\sin2x,$$

代入原方程，整理得 $-5A\cos2x-5B\sin2x=10\cos2x-10\sin2x$，

比较系数，得 $$A=-2,\ B=2.$$

所以，原方程的一个特解为 $y_p=-2\cos2x+2\sin2x$.

于是，原方程的通解为

$$y=C_1e^x+C_2e^{-x}-2(\cos2x-\sin2x)\text{，其中 }C_1\text{，}C_2\text{ 为任意常数.}$$

例 8　求方程 $y''+y=4\sin x$ 满足初始条件 $y|_{x=0}=1$，$y'|_{x=0}=0$ 的一个特解.

解　所给方程对应的齐次方程为 $y''+y=0$，

其特征方程为 $r^2+1=0$ 的根为 $r_{1,2}=\pm i$，

所以，对应的齐次方程的通解为 $y_c=C_1\cos x+C_2\sin x$，其中 G，G_2 为任意常数，

这里 $f(x)=4\sin x$，$\lambda=0$，$\omega=1$，而 $\lambda\pm\omega i=\pm i$ 是特征根，因此 k 取 1，

所以，特解应设为 $y_p=xe^{0x}(A\cos x+B\sin x)=x(A\cos x+B\sin x)$，

对其求导得

$$y_p'=(A\cos x+B\sin x)+x(-A\sin x+B\cos x),$$

$$y_p''=-2A\sin x+2B\cos x-x(A\cos x+B\sin x),$$

代入原方程，整理得

$$-2A\sin x+2B\cos x=4\sin x,$$

比较系数，得

$$A=-2,\ B=0,$$

所以，原方程的一个特解为 $y_p=-2x\cos x$.

于是，原方程的通解为 $y=C_1\cos x+C_2\sin x-2x\cos x$，其中 C_1，C_2 为任意常数，

对其求导得

$$y'=-C_1\sin x+C_2\cos x-2\cos x+2x\sin x.$$

由 $y|_{x=0}=1$，得 $C_1=1$；由 $y'|_{x=0}=0$，得 $C_2=2$.

所以，原方程满足初始条件的特解为

$$y=\cos x+2\sin x-2x\cos x.$$

习题 7.5

1. 求下列微分方程的一个特解.

(1) $y''+y=2x^2-3$；　　(2) $y''-2y'=3x+1$；

(3) $y''+2y'-3y=2e^{-x}$；　　(4) $y''+y'-2y=(6x+2)e^x$.

2. 求下列微分方程的通解.

(1) $y''-4y=2x+1$；　　(2) $y''+2y'-3y=2e^x$；

(3) $y''-6y'+9y=e^{3x}$；　　(4) $y''+2y'-3y=4\sin x$.

本 章 小 结

一、基本概念

1) 含有未知函数的导数(或微分)的方程称为微分方程.

2) 微分方程中所出现的未知函数的最高阶导数的阶数称为微分方程的阶.

3) 微分方程中所含的未知函数是一元函数的微分方程称为常微分方程.

4) 微分方程中所含未知函数及其各阶导数全是一次幂的方程称为线性微分方程.

5) 在线性微分方程中，若未知函数及其各阶导数的系数全是常数，则称为常系数线性微分方程.

6) 代入微分方程中，使其成为恒等式的函数称为该方程的解.

7) 如果微分方程的解中含有任意常数，且独立的任意常数的个数与微分方程的阶数相

同，这样的解称为微分方程的通解.

确定了通解中的常数后所得到的解称为微分方程的特解.

二、几种常见的微分方程

求解常微分方程的基本思想是，通过整理或变换把所要求解的方程归结为某种标准的方程，然后按照该方程的固有求解模式进行求解.

1. 可分离变量的微分方程

形如 $g(y)\mathrm{d}y=f(x)\mathrm{d}x$ 的方程叫可分离变量的微分方程.

可分离变量微分方程的特点是能把方程写成一端只含 y 的函数和 $\mathrm{d}y$，另一端只含 x 的函数和 $\mathrm{d}x$. 求解可分离变量微分方程的方法是将方程两端分别积分.

2. 一阶线性微分方程

形如$\dfrac{\mathrm{d}y}{\mathrm{d}x}+P(x)y=Q(x)$的方程叫一阶线性微分方程.

如果 $Q(x)\equiv 0$，就叫齐次线性方程（它是可分离变量的微分方程）. 如果 $Q(x)$不恒等于零，就叫非齐次线性方程.

求解非齐次线性方程，一般采用常数变易法. 具体步骤如下：

1）求解非齐次线性方程所对应的齐次线性方程的通解；

2）将齐次线性方程通解中的任意常数 C，变易为待定函数 $C(x)$，设为非齐次线性方程的解，将含有待定函数 $C(x)$的解代入原方程，解出 $C(x)$；

3）写出所求方程的通解.

3. 二阶常系数齐次线性微分方程

形如 $y''+py'+qy=0$（其中 p，q 是常数）的方程叫二阶常系数齐次线性微分方程.

求解二阶常系数齐次线性微分方程的步骤如下：

1）写出二阶常系数齐次线性微分方程的特征方程；

2）求出特征方程的两个特征根；

3）根据特征根的不同情形，写出二阶常系数齐次线性微分方程的通解.

二阶常系数齐次线性微分方程 $y''+py'+qy=0$ 的通解形式列表如下

特征方程 $r^2+pr+q=0$ 的两个根 r_1，r_2	微分方程 $y''+py'+qy=0$ 的通解
两个不相等的实数根，$r_1\neq r_2$	$y=C_1\mathrm{e}^{r_1x}+C_2\mathrm{e}^{r_2x}$，其中 C_1，C_2 为任意常数
两个相等的实数根，$r_1=r_2=r$	$y=(C_1+C_2x)\mathrm{e}^{rx}$，其中 C_1，C_2 为任意常数
一对共轭复数根，$r_{1,2}=\alpha\pm\beta\mathrm{i}(\beta\neq0)$	$y=\mathrm{e}^{\alpha x}(C_1\cos\beta x+C_2\sin\beta x)$，其中 C_1，C_2 为任意常数

4. 二阶常系数非齐次线性微分方程

形如 $y''+py'+qy=f(x)$（其中 p，q 是常数）的方程叫二阶常系数非齐次线性微分方程.

二阶常系数非齐次线性微分方程通解结构定理：

$$y''+py'+qy=0 \tag{1}$$

$$y''+py'+qy=f(x) \tag{2}$$

设 y_c 为齐次方程(1)的通解，y_p 是非齐次方程(2)的一个特解，那么 $y=y_c+y_p$ 为非齐次方程(2)的通解.

求解二阶常系数非齐次线性微分方程的步骤如下：

1）求出所对应的二阶常系数齐次线性微分方程的通解 y_c；

2）根据二阶常系数齐次线性微分方程中 $f(x)$ 的不同情形，写出方程的一个特解 y_p；

3）写出二阶常系数非齐次线性微分方程的通解.

二阶常系数非齐次线性微分方程 $y''+py'+qy=f(x)$ 的特解形式列表如下

$f(x)$ 的形式	条件	特解 y_p 的形式
$f(x)=P_n(x)e^{\lambda x}$（λ 为实数）	λ 不是特征根	$y_p=Q_n(x)e^{\lambda x}$
	λ 是特征单根	$y_p=xQ_n(x)e^{\lambda x}$
	λ 是特征重根	$y_p=x^2Q_n(x)e^{\lambda x}$
$f(x)=e^{\lambda x}(a\cos\omega x+b\sin\omega x)$（$\lambda$，$a$，$b$，$\omega$ 均为实数）	$\lambda\pm\omega i$ 不是特征根	$y_p=e^{\lambda x}(A\cos\omega x+B\sin\omega x)$
	$\lambda\pm\omega i$ 是特征根	$y_p=xe^{\lambda x}(A\cos\omega x+B\sin\omega x)$

复习题 7

1. 填空题.

（1）微分方程 $\dfrac{dx}{dy}=2y$ 的通解是________.

（2）微分方程 $y'+yx^2=0$ 满足初始条件 $y|_{x=0}=1$ 的特解是________.

（3）微分方程 $x\dfrac{dy}{dx}-y\ln y=0$ 的通解是________.

（4）微分方程 $y''+2y'+y=0$ 的通解是________.

（5）方程 $y''+6y'+9y=5e^{-3x}$ 的特解应设为________.

（6）通过点(0，1)，且切线斜率为 $2x$ 的曲线方程为________.

2. 选择题.

（1）微分方程 $3y^2dy+2x^2dx=0$ 的阶是(　　).

A. 1　　B. 2　　C. 3　　D. 0

（2）下列方程中是一阶线性微分方程的是(　　).

A. $xy'+y^2=x$　　B. $y'-3xy=0$　　C. $yy'=x$　　D. $y'-\dfrac{1}{x}y=x^2y^2$

（3）下列函数中，满足方程 $dy-2xdx=0$ 的解是(　　).

A. $y=2x$　　B. $y=-2x$　　C. $y=-x^2$　　D. $y=x^2$

（4）$y=C_1e^x+C_2e^{-x}$ 是方程 $y''-y=0$ 的(　　).

A. 通解　　B. 特解

C. 不是所给方程的解　　D. 都不对

3. 求下列微分方程的通解.

（1）$y'y+x=0$；　（2）$y'=3y^{\frac{2}{3}}$；　（3）$xy'+y=3$；

（4）$y'-6y=e^{3x}$；　（5）$y''+y=0$；　（6）$y''+2y'+3y=0$；

（7）$y''-y=1$；　（8）$y''+y=4-2x$；（9）$2y''+y'-y=2e^x$；

（10）$y''-2y'+3y=(x+1)e^x$；　（11）$y''-2y'+y=2xe^x$；

(12) $y''+3y'+2y=10\cos 2x$.

4. 求下列微分方程满足初始条件的特解.

(1) $x\mathrm{d}y+2y\mathrm{d}x=0$，$y|_{x=2}=1$；　　(2) $\frac{\mathrm{d}x}{\mathrm{d}y}-2xy=x$，$y|_{x=0}=1$；

(3) $xy'+y=\mathrm{e}^{x}$，$y|_{x=1}=\mathrm{e}$；　　(4) $y'-y\tan x=\sec x$，$y|_{x=0}=0$；

(5) $y''+2y'+y=0$，$y|_{x=0}=4$，$y'|_{x=0}=-2$；

(6) $y''+3y'=0$，$y|_{x=0}=1$，$y'|_{x=0}=3$；

(7) $y''-4y'=5$，$y|_{x=0}=1$，$y'|_{x=0}=0$；

(8) $y''+y'-2y=2x$，$y|_{x=0}=0$，$y'|_{x=0}=3$.

5. 设物体运动的速度与物体到质点的距离成正比，已知物体在 10s 时与原点距离 100m，在 15s 时与原点相距 200m，求物体的运动规律.

6. 当一个人被杀害后，尸体的温度从原来的 37℃ 按牛顿定律开始变凉，设 3h 后尸体温度为31℃，且周围气温保持20℃不变. 求尸体温度 T 与时间 t(h) 的函数关系.

第 8 章　空间解析几何与向量代数

空间解析几何是运用代数工具研究几何问题的一种方法，它把数学的两个基本对象——形与数有机地联系起来，重点是传授坐标的基本思想. 本章在建立空间直角坐标系的基础上引入向量的概念及其运算，然后以向量为工具来讨论空间的平面和直线及介绍空间曲面的部分内容.

8.1　空间直角坐标系与向量代数

8.1.1　空间直角坐标系

1. 空间直角坐标系

以空间一定点为共同原点，作三条互相垂直的数轴，分别叫 x 轴(横轴)、y 轴(纵轴)、z 轴(竖轴)，统称为坐标轴. 按右手规则确定他们的正方向，以右手握住 x 轴，当右手的四个手指从 x 轴的正向以 $\frac{\pi}{2}$ 角度转向 y 轴正向时，大拇指的指向就是 z 轴的正向，它们构成一个空间直角坐标系，称为 $Oxyz$ 坐标系，如图 8-1-1 所示.

在空间直角坐标系中，任意两个坐标轴可以确定一个平面，这种平面称为坐标面. x 轴及 y 轴所确定的坐标面叫作 xOy 面，另两个坐标面是 yOz 面和 xOz 面.

三个坐标面把空间分成八个部分，每一部分叫作**卦限**，含有三个正半轴的卦限叫作第一卦限，它位于 xOy 面的上方. 在 xOy 面的上方，按逆时针方向排列着第二卦限、第三卦限和第四卦限. 在 xOy 面的下方，与第一卦限对应的是第五卦限，按逆时针方向还排列着第六卦限、第七卦限和第八卦限. 八个卦限分别用字母Ⅰ、Ⅱ、Ⅲ、Ⅳ、Ⅴ、Ⅵ、Ⅶ、Ⅷ表示，如图 8-1-2 所示.

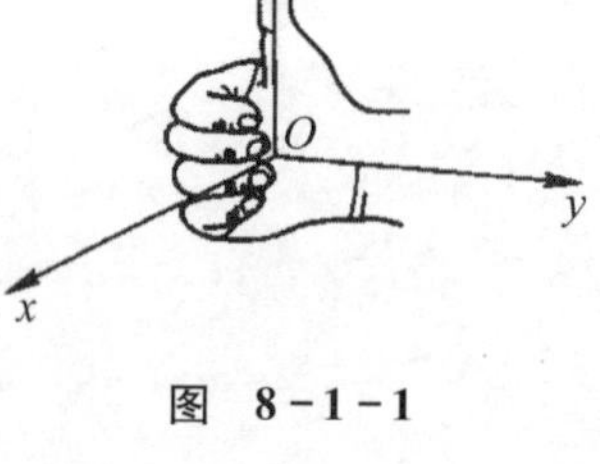

图　8-1-1

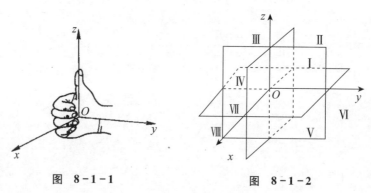

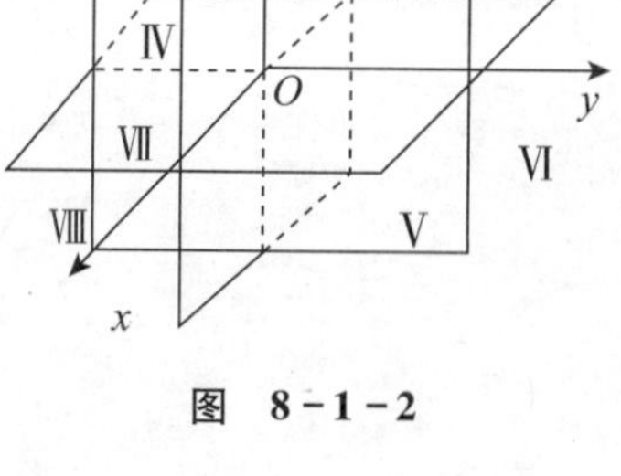

图　8-1-2

2. 空间两点间的距离

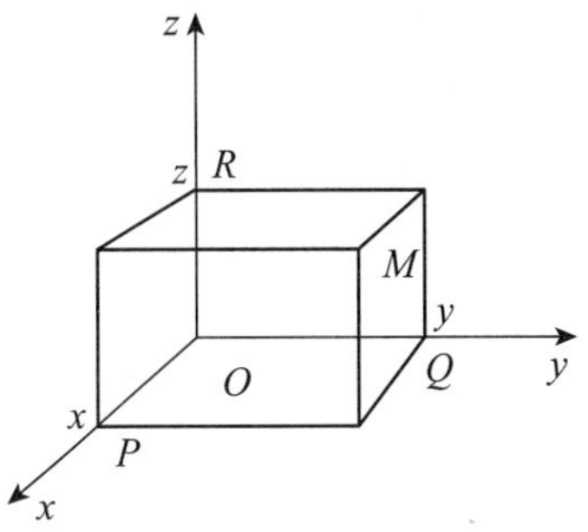

图 8-1-3

过点 M 作三个平面分别垂直于 x 轴、y 轴、z 轴，它们与各轴的交点依次为 P、Q、R，这三点在轴上的坐标依次 x、y、z，于是空间一点 M 就唯一地确定了有序数组 x、y、z，反之，已知有序数组 x、y、z，依次在轴上找出坐标是 x、y、z 的三点，分别过这三点作垂直于三个坐标轴的平面，必然相交于空间一点，则有序三数组又唯一对应空间一点，由此可见，空间任意一点与有序三数组之间存在着一一对应关系. 这三个数 x、y、z 分别称为点 M 的**横坐标**、**纵坐标**、**竖坐标**，记作 $M(x, y, z)$或(x, y, z)，如图 8-1-3 所示.

设空间直角坐标系中有两点 $M_1(x_1, y_1, z_1)$、$M_2(x_2, y_2, z_2)$，则点 M_1 与点 M_2 间的距离为

$$|M_1M_2| = \sqrt{(x_2-x_1)^2+(y_2-y_1)^2+(z_2-z_1)^2}.$$

例 1　求点$(1, -1, 2)$与各坐标轴间的距离.

解　过点 $A(1, -1, 2)$作三个平面分别垂直于 x 轴、y 轴、z 轴，它们与各轴的交点依次为 $P(1, 0, 0)$、$Q(0, -1, 0)$、$R(0, 0, 2)$，则点 $A(1, -1, 2)$与各坐标轴间的距离分别为

$$d_x = |AP| = \sqrt{(1-1)^2+(-1-0)^2+(2-0)^2} = \sqrt{5},$$

$$d_y = |AQ| = \sqrt{(1-0)^2+(-1+1)^2+(2-0)^2} = \sqrt{5},$$

$$d_z = |AR| = \sqrt{(1-0)^2+(-1-0)^2+(2-2)^2} = \sqrt{2}.$$

例 2　求证：以 $M_1(4, 3, 1)$、$M_2(7, 1, 2)$、$M_3(5, 2, 3)$三点为顶点的三角形是一个等腰三角形.

证明　因为　$|M_1M_2|^2 = (7-4)^2+(1-3)^2+(2-1)^2 = 14$,

$|M_2M_3|^2 = (5-7)^2+(2-1)^2+(3-2)^2 = 6$,

$|M_1M_3|^2 = (5-4)^2+(2-3)^2+(3-1)^2 = 6$,

所以 $|M_2M_3| = |M_1M_3|$，即$\triangle M_1M_2M_3$ 为等腰三角形.

例 3　在 z 轴上求与两点 $A(-4, 1, 7)$和 $B(3, 5, -2)$等距离的点.

解　设所求的点为 $M(0, 0, z)$，依题意有 $|MA|^2 = |MB|^2$,

即$(0+4)^2+(0-1)^2+(z-7)^2 = (3-0)^2+(5-0)^2+(-2-z)^2$.

解之得 $z = \frac{14}{9}$，所以，所求的点为 $M\left(0, 0, \frac{14}{9}\right)$.

8.1.2　向量

1. 向量的概念

有些量只用数值就可以表示，如年龄、时间、身高和体温，这种量称为数量(标量). 而另外一些量就必须用数值和方向才能表示，如力、力矩、位移、速度、加速度等，这种既有大小又有方向的量称为**向量(矢量)**. 那么，我们如何表示和处理向量的问题呢?

在几何上，用一条有向线段来表示向量. 有向线段的长度表示向量的大小，有向线段的

方向表示向量的方向. 以 A 为起点、B 为终点的有向线段所表示的向量记作$\overrightarrow{AB}$. 向量可用粗体字母表示，也可用上加箭头书写体字母表示，例如，$\boldsymbol{a}$、$\boldsymbol{r}$、$\boldsymbol{v}$、$\boldsymbol{F}$ 或 $\vec{a}$、$\vec{r}$、$\vec{v}$、$\vec{F}$.

下面给出与向量有关的一些基本概念：

由于一切向量的共性是它们都有大小和方向，所以在数学上我们只研究与起点无关的向量，并称这种向量为自由向量，简称向量. 因此，如果向量 $\boldsymbol{a}$ 和 $\boldsymbol{b}$ 的大小相等，且方向相同，就说向量 $\boldsymbol{a}$ 和 $\boldsymbol{b}$ 是相等的，记为 $\boldsymbol{a}=\boldsymbol{b}$. 相等的向量经过平移后可以完全重合.

向量的大小称为**向量的模**. 向量 a、$\vec{a}$、$\overrightarrow{AB}$的模分别记为 $|\boldsymbol{a}|$、$|\vec{a}|$、$|\overrightarrow{AB}|$. 模等于 1 的向量称为**单位向量**. 模等于 0 的向量称为**零向量**，记作 $\boldsymbol{0}$ 或 $\vec{0}$. 零向量的起点与终点重合，它的方向可以看作是任意的.

若两个非零向量的方向相同或相反，则称这两个向量**平行**. 向量 $\boldsymbol{a}$ 与 $\boldsymbol{b}$ 平行，记作 $\boldsymbol{a}//\boldsymbol{b}$. 零向量被认为与任何向量都平行.

与向量 $\boldsymbol{a}$ 大小相等而方向相反的向量 $\boldsymbol{b}$，称为向量 $\boldsymbol{a}$ 的**负向量**，记作 $\boldsymbol{b}=-\boldsymbol{a}$.

2. 向量的线性运算

(1) 向量的加法

由力学知道，如果力 F_1 与 F_2 作用在某物体的同一点上，那么合力 F 的方向是以 F_1、F_2 为邻边的平行四边形的对角线方向，大小等于对角线的长度. 合力 F 记作 F_1+F_2，称为力 F_1、F_2 的和. 而 F_1 与 F_2 称为合力 F 的分力. 向量的加法就是这类运算的抽象.

设有两个向量 $\boldsymbol{a}$ 与 $\boldsymbol{b}$，平移向量使 $\boldsymbol{b}$ 的起点与 $\boldsymbol{a}$ 的终点重合，此时从 $\boldsymbol{a}$ 的起点到 $\boldsymbol{b}$ 的终点的向量 $\boldsymbol{c}$ 称为向量 $\boldsymbol{a}$ 与 $\boldsymbol{b}$ 的和，记作 $\boldsymbol{a}+\boldsymbol{b}$，即 $\boldsymbol{c}=\boldsymbol{a}+\boldsymbol{b}$. 如图 8-1-4 所示.

上述作出两向量之和的方法称为**向量加法的三角形法则**.

当向量 $\boldsymbol{a}$ 与 $\boldsymbol{b}$ 不平行时，平移向量使 $\boldsymbol{a}$ 与 $\boldsymbol{b}$ 的起点重合，以 $\boldsymbol{a}$、$\boldsymbol{b}$ 为邻边作一平行四边形，从公共起点到对角的向量称为向量 $\boldsymbol{a}$ 与 $\boldsymbol{b}$ 的和 $\boldsymbol{a}+\boldsymbol{b}$. 如图 8-1-5 所示.

上述作出两向量之和的方法称为**向量加法的平行四边形法则**.

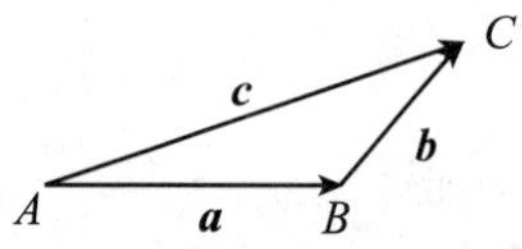

图　8-1-4

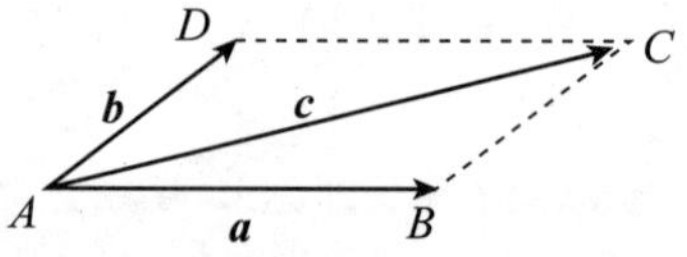

图　8-1-5

向量的加法满足：

1）交换律　$\boldsymbol{a}+\boldsymbol{b}=\boldsymbol{b}+\boldsymbol{a}$；

2）结合律　$(\boldsymbol{a}+\boldsymbol{b})+\boldsymbol{c}=\boldsymbol{a}+(\boldsymbol{b}+\boldsymbol{c})$.

(2) 向量的减法

我们规定两个向量 $\boldsymbol{b}$ 与 $\boldsymbol{a}$ 的差为

$$\boldsymbol{b}-\boldsymbol{a}=\boldsymbol{b}+(-\boldsymbol{a}).$$

即把向量 $-\boldsymbol{a}$ 加到向量 $\boldsymbol{b}$ 上，便得 $\boldsymbol{b}$ 与 $\boldsymbol{a}$ 的差 $\boldsymbol{b}-\boldsymbol{a}$. 如图 8-1-6 所示.

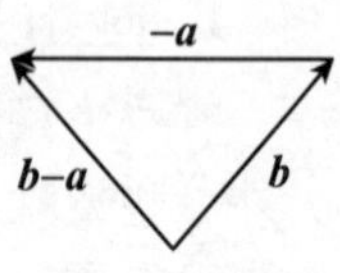

图　8-1-6

特别的，当 $\boldsymbol{b}=\boldsymbol{a}$ 时，有 $\boldsymbol{a}-\boldsymbol{a}=\boldsymbol{a}+(-\boldsymbol{a})=0$.

显然，任给向量$\overrightarrow{AB}$及点 O，有

$$\overrightarrow{AB}=\overrightarrow{AO}+\overrightarrow{OB}=\overrightarrow{OB}-\overrightarrow{OA}.$$

因此，若把向量 $\boldsymbol{a}$ 与 $\boldsymbol{b}$ 移到同一起点 O，则从 $\boldsymbol{a}$ 的终点 A 向 $\boldsymbol{b}$ 的终点 B 所引向量 $\overrightarrow{AB}$ 便是向量 $\boldsymbol{b}$ 与 $\boldsymbol{a}$ 的差 $\boldsymbol{b}-\boldsymbol{a}$. 如图 8-1-7 所示.

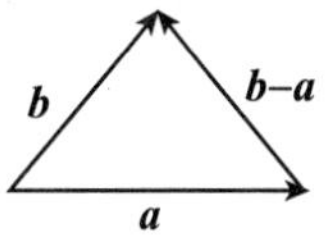

图　8-1-7

(3) 数与向量的乘积

向量 $\boldsymbol{a}$ 与实数 λ 的乘积记作 $\lambda\boldsymbol{a}$，$\lambda\boldsymbol{a}$ 是一个向量，规定它的模 $|\lambda\boldsymbol{a}|=|\lambda||\boldsymbol{a}|$，它的方向当 $\lambda>0$ 时与 $\boldsymbol{a}$ 相同，当 $\lambda<0$ 时与 $\boldsymbol{a}$ 相反. 当 $\lambda=0$ 时，$|\lambda\boldsymbol{a}|=0$，即 $\lambda\boldsymbol{a}$ 为零向量，这时它的方向可以是任意的.

特别的，当 $\lambda=\pm1$ 时，有 $1\boldsymbol{a}=\boldsymbol{a}$，$(-1)\boldsymbol{a}=-\boldsymbol{a}$.

向量与数的乘积满足：

1) 结合律　$\lambda(\mu\boldsymbol{a})=\mu(\lambda\boldsymbol{a})=(\lambda\mu)\boldsymbol{a}$；

2) 分配律　$(\lambda+\mu)\boldsymbol{a}=\lambda\boldsymbol{a}+\mu\boldsymbol{a}$；$\lambda(\boldsymbol{a}+\boldsymbol{b})=\lambda\boldsymbol{a}+\lambda\boldsymbol{b}$；

3) 对于两个非零向量 $\boldsymbol{a}$ 与 $\boldsymbol{b}$，$\boldsymbol{a}//\boldsymbol{b}$ 的充分必要条件是，存在一非零实数 λ，使 $\boldsymbol{a}=\lambda\boldsymbol{b}$.

向量的加减法及数与向量的乘积统称为向量的线性运算.

例 4　在平行四边形 $ABCD$ 中，设 $\overrightarrow{AB}=\boldsymbol{a}$，$\overrightarrow{AD}=\boldsymbol{b}$. 试用 $\boldsymbol{a}$ 和 $\boldsymbol{b}$ 表示向量 $\overrightarrow{MA}$、$\overrightarrow{MB}$、$\overrightarrow{MC}$、$\overrightarrow{MD}$，其中 M 是平行四边形对角线的交点.

解　由于平行四边形的对角线互相平分，所以

$\boldsymbol{a}+\boldsymbol{b}=\overrightarrow{AC}=2\overrightarrow{AM}$，即 $-(\boldsymbol{a}+\boldsymbol{b})=2\overrightarrow{MA}$，

于是 $\overrightarrow{MA}=-\dfrac{1}{2}(\boldsymbol{a}+\boldsymbol{b})$. 如图 8-1-8 所示.

因为 $\overrightarrow{MC}=-\overrightarrow{MA}$，所以 $\overrightarrow{MC}=\dfrac{1}{2}(\boldsymbol{a}+\boldsymbol{b})$.

又因 $-\boldsymbol{a}+\boldsymbol{b}=\overrightarrow{BD}=2\overrightarrow{MD}$，所以 $\overrightarrow{MD}=\dfrac{1}{2}(\boldsymbol{b}-\boldsymbol{a})$.

由于 $\overrightarrow{MB}=-\overrightarrow{MD}$，所以 $\overrightarrow{MB}=\dfrac{1}{2}(\boldsymbol{a}-\boldsymbol{b})$.

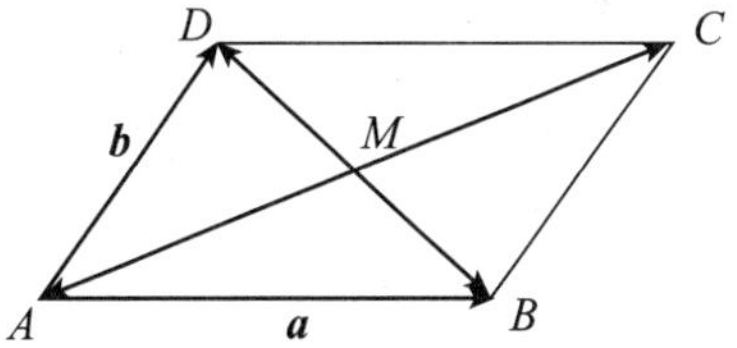

图　8-1-8

3. 向量及其运算的坐标表示

(1) 向量的坐标表示

在空间直角坐标系的 x，y，z 轴上，以 O 为起点分别取三个单位向量，其方向与坐标轴方向相同，并分别以 $\boldsymbol{i}$、$\boldsymbol{j}$、$\boldsymbol{k}$ 表示，这三个单位向量称为**基本单位向量**. 若点 M 的坐标为 (x, y, z)，则向量 $\overrightarrow{OA}=x\boldsymbol{i}$，$\overrightarrow{OB}=y\boldsymbol{j}$，$\overrightarrow{OC}=z\boldsymbol{k}$，如图 8-1-9 所示，由向量的加法可得，

$\overrightarrow{OM}=\overrightarrow{OD}+\overrightarrow{DM}=(\overrightarrow{OA}+\overrightarrow{OB})+\overrightarrow{OC}=x\boldsymbol{i}+y\boldsymbol{j}+z\boldsymbol{k}$，即 $\overrightarrow{OM}$ 的坐标表达式为 $\overrightarrow{OM}=x\boldsymbol{i}+y\boldsymbol{j}+z\boldsymbol{k}$，简记为 $\{x, y, z\}$，即

$\overrightarrow{OM}=\{x, y, z\}$.

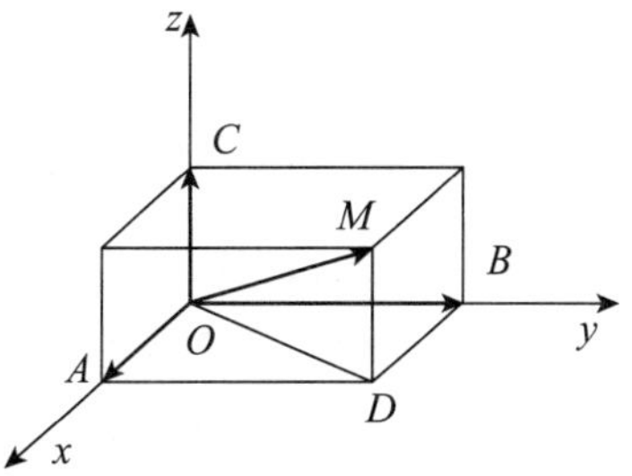

图　8-1-9

(2) 向量加法、减法、数乘的坐标表示

设两向量 $\overrightarrow{OM_1}=x_1\boldsymbol{i}+y_1\boldsymbol{j}+z_1\boldsymbol{k}=\{x_1, y_1, z_1\}$，$\overrightarrow{OM_2}=x_2\boldsymbol{i}+y_2\boldsymbol{j}+z_2\boldsymbol{k}=\{x_2, y_2, z_2\}$，

则　$\overrightarrow{OM_1}+\overrightarrow{OM_2}=(x_1\boldsymbol{i}+y_1\boldsymbol{j}+z_1\boldsymbol{k})+(x_2\boldsymbol{i}+y_2\boldsymbol{j}+z_2\boldsymbol{k})$

$=(x_1+x_2)\boldsymbol{i}+(y_1+y_2)\boldsymbol{j}+(z_1+z_2)\boldsymbol{k}$

$=\{(x_1+x_2), (y_1+y_2), (z_1+z_2)\}$.

$\overrightarrow{OM_1}-\overrightarrow{OM_2}=(x_1\boldsymbol{i}+y_1\boldsymbol{j}+z_1\boldsymbol{k})-(x_2\boldsymbol{i}+y_2\boldsymbol{j}+z_2\boldsymbol{k})$
$=(x_1-x_2)\boldsymbol{i}+(y_1-y_2)\boldsymbol{j}+(z_1-z_2)\boldsymbol{k}$
$=\{(x_1-x_2),(y_1-y_2),(z_1-z_2)\}.$

$\lambda\overrightarrow{OM_1}=\lambda(x_1\boldsymbol{i}+y_1\boldsymbol{j}+z_1\boldsymbol{k})=(\lambda x_1)\boldsymbol{i}+(\lambda y_1)\boldsymbol{j}+(\lambda z_1)\boldsymbol{k}=\{\lambda x_1,\lambda y_1,\lambda z_1\}.$

特别的，有

$\overrightarrow{OM_2}=\overrightarrow{OM_1}+\overrightarrow{M_1M_2}$，如图 8-1-10 所示，则

$\overrightarrow{M_1M_2}=\overrightarrow{OM_2}-\overrightarrow{OM_1}$
$=(x_2\boldsymbol{i}+y_2\boldsymbol{j}+z_2\boldsymbol{k})-(x_1\boldsymbol{i}+y_1\boldsymbol{j}+z_1\boldsymbol{k})$
$=(x_2-x_1)\boldsymbol{i}+(y_2-y_1)\boldsymbol{j}+(z_2-z_1)\boldsymbol{k}$
$=\{x_2-x_1,y_2-y_1,z_2-z_1\}.$

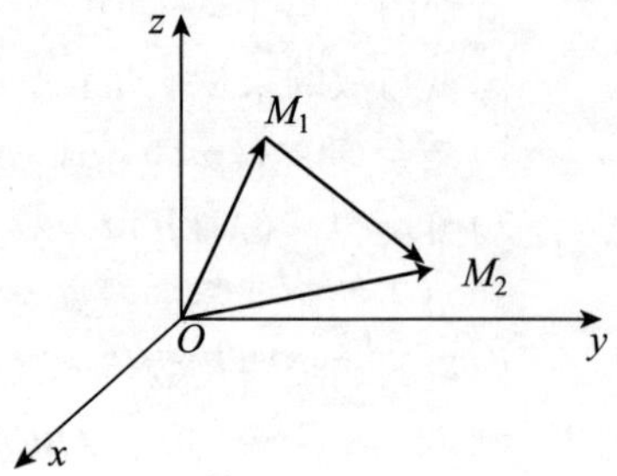

图 8-1-10

所以，如果 $M_1(x_1,y_1,z_1)$，$M_2(x_2,y_2,z_2)$，则

$\overrightarrow{M_1M_2}=\{x_2-x_1,y_2-y_1,z_2-z_1\}.$

说明：设 $\boldsymbol{a}=(a_x,a_y,a_z)\neq\boldsymbol{0}$，$\boldsymbol{b}=(b_x,b_y,b_z)$，因为 $\boldsymbol{a}//\boldsymbol{b}\Leftrightarrow\boldsymbol{a}=\lambda\boldsymbol{b}$，所以 $\boldsymbol{a}//\boldsymbol{b}\Leftrightarrow(a_x,a_y,a_z)=\lambda(b_x,b_y,b_z)$，即 $\boldsymbol{a}//\boldsymbol{b}\Leftrightarrow\frac{b_x}{a_x}=\frac{b_y}{a_y}=\frac{b_z}{a_z}$.

(3) 向量的模、方向余弦、单位向量的坐标表示

由于任一以坐标原点 O 为起点，以 $M(x,y,z)$ 为终点的向量都可表示为 $\boldsymbol{a}=x\boldsymbol{i}+y\boldsymbol{j}+z\boldsymbol{k}$，而 $|\overrightarrow{OM}|^2=|\overrightarrow{OA}|^2+|\overrightarrow{OB}|^2+|\overrightarrow{OC}|^2$，即 $|\boldsymbol{a}|^2=x^2+y^2+z^2$，于是向量 $\boldsymbol{a}=x\boldsymbol{i}+y\boldsymbol{j}+z\boldsymbol{k}$ 的模 $|\boldsymbol{a}|=\sqrt{x^2+y^2+z^2}$.

设 $M_1=(x_1,y_1,z_1)$，$M_2=(x_2,y_2,z_2)$，则 $\overrightarrow{M_1M_2}=\{x_2-x_1,y_2-y_1,z_2-z_1\}$. 于是点 M_1 与点 M_2 间的距离或 $\overrightarrow{M_1M_2}$ 的模为

$$|\overrightarrow{M_1M_2}|=|\overrightarrow{M_1M_2}|=\sqrt{(x_2-x_1)^2+(y_2-y_1)^2+(z_2-z_1)^2}.$$

向量 $\boldsymbol{a}$ 的单位向量记作 $\boldsymbol{a}^0$，则

$$\boldsymbol{a}^0=\frac{\boldsymbol{a}}{|\boldsymbol{a}|}=\left\{\frac{x}{\sqrt{x^2+y^2+z^2}},\frac{y}{\sqrt{x^2+y^2+z^2}},\frac{z}{\sqrt{x^2+y^2+z^2}}\right\}.$$

当把两个非零向量 $\boldsymbol{a}$ 与 $\boldsymbol{b}$ 的起点放到同一点时，两个向量之间的不超过 π 的夹角称为向量 $\boldsymbol{a}$ 与 $\boldsymbol{b}$ 的**夹角**，记作 $(\widehat{\boldsymbol{a},\boldsymbol{b}})$ 或 $(\widehat{\boldsymbol{b},\boldsymbol{a}})$. 如果向量 $\boldsymbol{a}$ 与 $\boldsymbol{b}$ 中有一个是零向量，规定它们的夹角可以在 0 与 π 之间任意取值.

非零向量 $\boldsymbol{a}$ 与三条坐标轴的夹角 α、β、γ 称为向量 $\boldsymbol{a}$ 的**方向角**，如图 8-1-11 所示. 方向角的余弦 $\cos\alpha$、$\cos\beta$、$\cos\gamma$ 称为向量的**方向余弦**.

设向量 $\boldsymbol{a}=x\boldsymbol{i}+y\boldsymbol{j}+z\boldsymbol{k}=\{x,y,z\}$，则

$$\cos\alpha=\frac{x}{\sqrt{x^2+y^2+z^2}},\ \cos\beta=\frac{y}{\sqrt{x^2+y^2+z^2}},\ \cos\gamma=\frac{z}{\sqrt{x^2+y^2+z^2}},$$

其中 $\sqrt{x^2+y^2+z^2}=|\boldsymbol{a}|$.

上述公式的几何意义如图 8-1-12 所示.

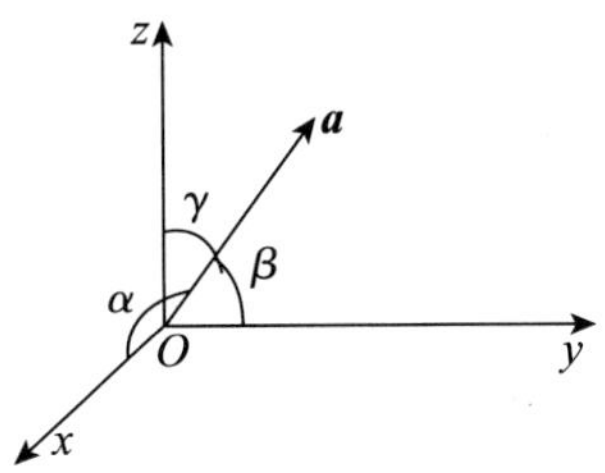

图 8-1-11

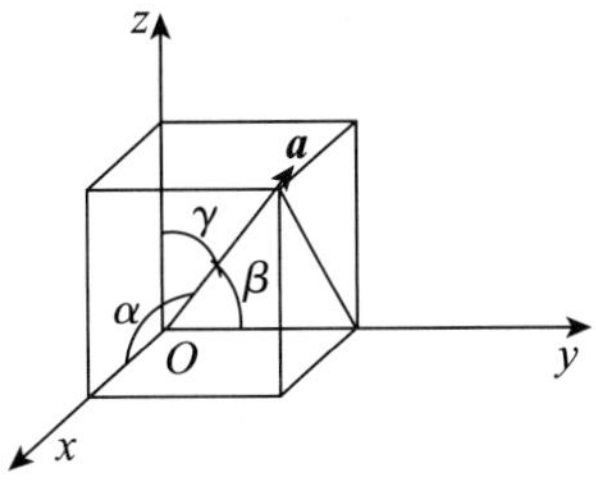

图 8-1-12

显然，$\boldsymbol{a}^0=\{\cos\alpha, \cos\beta, \cos\gamma\}$，且有$\cos^2\alpha+\cos^2\beta+\cos^2\gamma=1$.

例 5　已知两点 $A(4, 0, 5)$ 和 $B(7, 1, 3)$，求与$\overrightarrow{AB}$方向相同的单位向量 $\boldsymbol{e}$.

解　因为$\overrightarrow{AB}=\{7, 1, 3\}-\{4, 0, 5\}=\{3, 1, -2\}$,

$|\overrightarrow{AB}|=\sqrt{3^2+1^2+(-2)^2}=\sqrt{14}$，所以 $\boldsymbol{e}=\dfrac{\overrightarrow{AB}}{|\overrightarrow{AB}|}=\dfrac{1}{\sqrt{14}}\{3, 1, -2\}$.

例 6　已知两点 $A(x_1, y_1, z_1)$ 和 $B(x_2, y_2, z_2)$ 以及实数 $\lambda\neq-1$，在直线 AB 上求一点 M，使$\overrightarrow{AM}=\lambda\overrightarrow{MB}$.

解　设所求点为 $M(x, y, z)$，则$\overrightarrow{AM}=\{x-x_1, y-y_1, z-z_1\}$,

$\overrightarrow{MB}=\{x_2-x, y_2-y, z_2-z\}$. 依题意有 $\overrightarrow{AM}=\lambda\overrightarrow{MB}$，即,

$\{x-x_1, y-y_1, z-z_1\}=\lambda\{x_2-x, y_2-y, z_2-z\}$,

$\{x, y, z\}-\{x_1, y_1, z_1\}=\lambda\{x_2, y_2, z_2\}-\lambda\{x, y, z\}$,

$\{x, y, z\}=\dfrac{1}{1+\lambda}\{x_1+\lambda x_2, y_1+\lambda y_2, z_1+\lambda z_2\}$,

$x=\dfrac{x_1+\lambda x_2}{1+\lambda}$，$y=\dfrac{y_1+\lambda y_2}{1+\lambda}$，$z=\dfrac{z_1+\lambda z_2}{1+\lambda}$.

点 M 称为有向线段$\overrightarrow{AB}$的定比分点. 当 $\lambda=1$，点 M 为有向线段$\overrightarrow{AB}$的中点，其坐标为

$$x=\frac{x_1+x_2}{2},\quad y=\frac{y_1+y_2}{2},\quad z=\frac{z_1+z_2}{2}.$$

例 7　设已知两点 $A(2, 2, \sqrt{2})$ 和 $B(1, 3, 0)$，计算向量$\overrightarrow{AB}$的模、方向余弦和方向角.

解　$\overrightarrow{AB}=(1-2, 3-2, 0-\sqrt{2})=(-1, 1, -\sqrt{2})$，$|\overrightarrow{AB}|=\sqrt{(-1)^2+1^2+(-\sqrt{2})^2}=2$;

$$\cos\alpha=-\frac{1}{2},\quad \cos\beta=\frac{1}{2},\quad \cos\gamma=-\frac{\sqrt{2}}{2};$$

$$\alpha=\frac{2\pi}{3},\quad \beta=\frac{\pi}{3},\quad \gamma=\frac{3\pi}{4}.$$

8.1.3　向量的数量积与向量积

1. 向量的数量积

设一物体在常力 F 作用下沿直线从点 M_1 移动到点 M_2. 以 s 表示位移$\overrightarrow{M_1M_2}$. 由物理学知道，力 F 所做的功为

$$W=|F|\cdot|s|\cos\theta,$$

其中 θ 为 F 与 s 的夹角.

这种由两个向量的长度及其夹角余弦的乘积组成的算式在计算中经常遇到，据此给出向

量数量积的定义.

对于两个向量 $\boldsymbol{a}$ 和 $\boldsymbol{b}$，它们的模 $|\boldsymbol{a}|$、$|\boldsymbol{b}|$ 及它们的夹角 θ 的余弦的乘积称为向量 $\boldsymbol{a}$ 和 $\boldsymbol{b}$ 的**数量积**，记作 $\boldsymbol{a}\cdot\boldsymbol{b}$，即

$$\boldsymbol{a}\cdot\boldsymbol{b}=|\boldsymbol{a}|\,|\boldsymbol{b}|\cos\theta.$$

向量的数量积满足：

1）$\boldsymbol{a}\cdot\boldsymbol{a}=|\boldsymbol{a}|^2$.

2）对于两个非零向量 $\boldsymbol{a}$ 和 $\boldsymbol{b}$，如果 $\boldsymbol{a}\cdot\boldsymbol{b}=\boldsymbol{0}$，则 $\boldsymbol{a}\perp\boldsymbol{b}$. 反之，如果 $\boldsymbol{a}\perp\boldsymbol{b}$，则 $\boldsymbol{a}\cdot\boldsymbol{b}=\boldsymbol{0}$.

如果认为零向量与任何向量都垂直，则 $\boldsymbol{a}\perp\boldsymbol{b}\Leftrightarrow\boldsymbol{a}\cdot\boldsymbol{b}=\boldsymbol{0}$.

3）交换律　$\boldsymbol{a}\cdot\boldsymbol{b}=\boldsymbol{b}\cdot\boldsymbol{a}$.

4）分配律　$(\boldsymbol{a}+\boldsymbol{b})\cdot\boldsymbol{c}=\boldsymbol{a}\cdot\boldsymbol{c}+\boldsymbol{b}\cdot\boldsymbol{c}$.

5）对数乘向量的结合律　$(\lambda\boldsymbol{a})\cdot\boldsymbol{b}=\boldsymbol{a}\cdot(\lambda\boldsymbol{b})=\lambda(\boldsymbol{a}\cdot\boldsymbol{b})$，$(\lambda\boldsymbol{a})\cdot(\mu\boldsymbol{b})=\lambda\mu(\boldsymbol{a}\cdot\boldsymbol{b})$，$\lambda$，$\mu$ 为任意常数.

6）坐标表示　设 $a=x_1\boldsymbol{i}+y_1\boldsymbol{j}+z_1\boldsymbol{k}$，$\boldsymbol{b}=x_2\boldsymbol{i}+y_2\boldsymbol{j}+z_2\boldsymbol{k}$，则 $\boldsymbol{a}\cdot\boldsymbol{b}=x_1x_2+y_1y_2+z_1z_2$.

说明：1）因为 $\boldsymbol{a}\cdot\boldsymbol{b}=(x_1\boldsymbol{i}+y_1\boldsymbol{j}+z_1\boldsymbol{k})\cdot(x_2\boldsymbol{i}+y_2\boldsymbol{j}+z_2\boldsymbol{k})$

$=x_1x_2\,\boldsymbol{i}^2+y_1x_2\boldsymbol{j}\cdot\boldsymbol{i}+z_1x_2\boldsymbol{k}\cdot\boldsymbol{i}+x_1y_2\boldsymbol{i}\cdot\boldsymbol{j}+y_1y_2\,\boldsymbol{j}^2+z_1y_2\boldsymbol{k}\cdot\boldsymbol{j}+x_1z_2\boldsymbol{i}\cdot\boldsymbol{k}+y_1z_2\boldsymbol{j}\cdot\boldsymbol{k}+z_1z_2\,\boldsymbol{k}^2$

$=x_1x_2+y_1y_2+z_1z_2$.

2）设 $\theta=(\boldsymbol{a},\hat{\ }\boldsymbol{b})$，则当 $\boldsymbol{a}\neq0$，$\boldsymbol{b}\neq0$ 时，有

$$\cos\theta=\frac{\boldsymbol{a}\cdot\boldsymbol{b}}{|\boldsymbol{a}|\,|\boldsymbol{b}|}=\frac{x_1x_2+y_1y_1+z_1z_2}{\sqrt{x_1^2+y_1^2+z_1^2}\sqrt{x_2^2+y_2^2+z_2^2}}.$$

例 8　已知三点 $M(1,1,1)$、$A(2,2,1)$ 和 $B(2,1,2)$，求 $\angle AMB$.

解　从 M 到 A 的向量记为 $\boldsymbol{a}$，从 M 到 B 的向量记为 $\boldsymbol{b}$，则 $\angle AMB$ 就是向量 $\boldsymbol{a}$ 与 $\boldsymbol{b}$ 的夹角.

$$\boldsymbol{a}=\{1,1,0\},\ \boldsymbol{b}=\{1,0,1\}.$$

因为 $\boldsymbol{a}\cdot\boldsymbol{b}=1\times1+1\times0+0\times1=1$，$|\boldsymbol{a}|=\sqrt{1^2+1^2+0^2}=\sqrt{2}$，$|\boldsymbol{b}|=\sqrt{1^2+0^2+1^2}=\sqrt{2}$.

所以 $\cos\angle AMB=\dfrac{\boldsymbol{a}\cdot\boldsymbol{b}}{|\boldsymbol{a}|\,|\boldsymbol{b}|}=\dfrac{1}{\sqrt{2}\cdot\sqrt{2}}=\dfrac{1}{2}$，从而 $\angle AMB=\dfrac{\pi}{3}$.

2. 向量的向量积

在研究物体转动问题时，不但要考虑这物体所受的力，还要分析这些力所产生的力矩.

如图 8－1－13 所示，设 O 为一根杠杆 L 的支点. 有一个力 F 作用于这杠杆上 P 点处. F 与 $\overrightarrow{OP}$ 的夹角为 θ. 由力学规定，力 F 对支点 O 的力矩是一向量 $\boldsymbol{m}$，它的模

$$|\boldsymbol{m}|=|\overrightarrow{OP}|\,|F|\sin\theta,$$

而 $\boldsymbol{m}$ 的方向垂直于 $\overrightarrow{OP}$ 与 F 所决定的平面，$\boldsymbol{m}$ 的指向是按右手规则从 $\overrightarrow{OP}$ 以不超过 π 的角转向 F 来确定的.

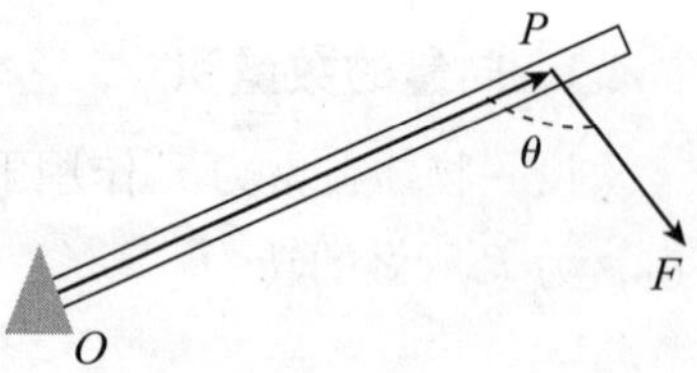

图　8－1－13

设有向量 $\boldsymbol{a}$，$\boldsymbol{b}$，$\boldsymbol{c}$，如果 $\boldsymbol{c}$ 的模 $|\boldsymbol{c}|=|\boldsymbol{a}|\,|\boldsymbol{b}|\cos\theta$，其中 θ 为 $\boldsymbol{a}$ 与 $\boldsymbol{b}$ 间的夹角；$\boldsymbol{c}$ 的方向垂直于 $\boldsymbol{a}$ 与 $\boldsymbol{b}$ 所决定的平面，$\boldsymbol{c}$ 的指向按右手规则从 $\boldsymbol{a}$ 转向 $\boldsymbol{b}$ 来确定. 那么，向量 $\boldsymbol{c}$ 称为向量 $\boldsymbol{a}$ 与 $\boldsymbol{b}$ 的**向量积**，记作 $\boldsymbol{a}\times\boldsymbol{b}$，即

$$\boldsymbol{c}=\boldsymbol{a}\times\boldsymbol{b}.$$

根据向量积的定义，力矩 $\boldsymbol{m}$ 等于$\overrightarrow{OP}$与 $\boldsymbol{F}$ 的向量积，即

$$\boldsymbol{m}=\overrightarrow{OP}\times\boldsymbol{F}.$$

向量的向量积满足：

1) $\boldsymbol{a}\times\boldsymbol{a}=\boldsymbol{0}$.

2) 对于两个非零向量 $\boldsymbol{a}$ 与 $\boldsymbol{b}$，如果 $\boldsymbol{a}\times\boldsymbol{b}=\boldsymbol{0}$，则 $\boldsymbol{a}//\boldsymbol{b}$；反之，如果 $\boldsymbol{a}//\boldsymbol{b}$，则 $\boldsymbol{a}\times\boldsymbol{b}=\boldsymbol{0}$. 如果认为零向量与任何向量都平行，则 $\boldsymbol{a}//\boldsymbol{b}\Leftrightarrow\boldsymbol{a}\times\boldsymbol{b}=\boldsymbol{0}$.

3) 反交换律　$\boldsymbol{a}\times\boldsymbol{b}=-\boldsymbol{b}\times\boldsymbol{a}$.

4) 分配律　$(\boldsymbol{a}+\boldsymbol{b})\times\boldsymbol{c}=\boldsymbol{a}\times\boldsymbol{c}+\boldsymbol{b}\times\boldsymbol{c}$.

5) 对数乘向量的结合律　$(\lambda\boldsymbol{a})\times\boldsymbol{b}=\boldsymbol{a}\times(\lambda\boldsymbol{b})=\lambda(\boldsymbol{a}\times\boldsymbol{b})$（$\lambda$ 为任意常数）.

6) 坐标表示　设 $\boldsymbol{a}=x_1\boldsymbol{i}+y_1\boldsymbol{j}+z_1\boldsymbol{k}$，$\boldsymbol{b}=x_2\boldsymbol{i}+y_2\boldsymbol{j}+z_2\boldsymbol{k}$，则

$$\boldsymbol{a}\times\boldsymbol{b}=(y_1z_2-z_1y_2)\boldsymbol{i}+(z_1x_2-x_1z_2)\boldsymbol{j}+(x_1y_2-y_1x_2)\boldsymbol{k}.$$

说明：1) 按向量积的运算规律可得

$$\begin{aligned}\boldsymbol{a}\times\boldsymbol{b}&=(x_1\boldsymbol{i}+y_1\boldsymbol{j}+z_1\boldsymbol{k})\times(x_2\boldsymbol{i}+y_2\boldsymbol{j}+z_2\boldsymbol{k})\\&=x_1x_2(\boldsymbol{i}\times\boldsymbol{i})+x_1y_2(\boldsymbol{i}\times\boldsymbol{j})+x_1z_2(\boldsymbol{i}\times\boldsymbol{k})+\\&\quad y_1x_2(\boldsymbol{j}\times\boldsymbol{i})+y_1y_2(\boldsymbol{j}\times\boldsymbol{j})+y_1z_2(\boldsymbol{j}\times\boldsymbol{k})+\\&\quad z_1x_2(\boldsymbol{k}\times\boldsymbol{i})+z_1y_2(\boldsymbol{k}\times\boldsymbol{j})+z_1z_2(\boldsymbol{k}\times\boldsymbol{k})\end{aligned}$$

由于 $\boldsymbol{i}\times\boldsymbol{i}=\boldsymbol{j}\times\boldsymbol{j}=\boldsymbol{k}\times\boldsymbol{k}=\boldsymbol{0}$，$\boldsymbol{i}\times\boldsymbol{j}=\boldsymbol{k}$，$\boldsymbol{j}\times\boldsymbol{k}=\boldsymbol{i}$，$\boldsymbol{k}\times\boldsymbol{i}=\boldsymbol{j}$，所以

$$\boldsymbol{a}\times\boldsymbol{b}=(y_1z_2-z_1y_2)\boldsymbol{i}+(z_1x_2-x_1z_2)\boldsymbol{j}+(x_1y_2-y_1x_2)\boldsymbol{k}.$$

2) 为了帮助记忆，利用三阶行列式符号，上式可写成

$$\boldsymbol{a}\times\boldsymbol{b}=\begin{vmatrix}\boldsymbol{i}&\boldsymbol{j}&\boldsymbol{k}\\x_1&y_1&z_1\\x_2&y_2&z_2\end{vmatrix}.$$

附：简单行列式的计算

二阶行列式

$\begin{vmatrix}a_{11}&a_{12}\\a_{21}&a_{22}\end{vmatrix}=a_{11}a_{22}-a_{12}a_{21}$. 例如，$\begin{vmatrix}1&-1\\2&5\end{vmatrix}=1\times5-(-1)\times2=7$.

三阶行列式

$$\begin{vmatrix}a_{11}&a_{12}&a_{13}\\a_{21}&a_{22}&a_{23}\\a_{31}&a_{32}&a_{33}\end{vmatrix}=a_{11}\begin{vmatrix}a_{22}&a_{23}\\a_{32}&a_{33}\end{vmatrix}-a_{12}\begin{vmatrix}a_{21}&a_{23}\\a_{31}&a_{33}\end{vmatrix}+a_{13}\begin{vmatrix}a_{21}&a_{22}\\a_{31}&a_{32}\end{vmatrix}.$$

例如，$\begin{vmatrix}1&2&3\\1&-1&1\\2&0&-1\end{vmatrix}=1\times\begin{vmatrix}-1&1\\0&-1\end{vmatrix}-2\times\begin{vmatrix}1&1\\2&-1\end{vmatrix}+3\times\begin{vmatrix}1&-1\\2&0\end{vmatrix}$

$=1\times[(-1)\times(-1)-0]-2\times[1\times(-1)-1\times2]+3\times[1\times0-(-1)\times2]=13.$

例 9　设 $\boldsymbol{a}=\{2,1,-1\}$，$\boldsymbol{b}=\{1,-1,2\}$，计算 $\boldsymbol{a}\times\boldsymbol{b}$.

解　$\boldsymbol{a}\times\boldsymbol{b}=\begin{vmatrix}\boldsymbol{i}&\boldsymbol{j}&\boldsymbol{k}\\2&1&-1\\1&-1&2\end{vmatrix}=2\boldsymbol{i}-\boldsymbol{j}-2\boldsymbol{k}-\boldsymbol{i}-4\boldsymbol{j}-\boldsymbol{k}=\boldsymbol{i}-5\boldsymbol{j}-3\boldsymbol{k}$.

例 10　已知$\triangle ABC$的顶点分别是$A(1, 2, 3)$、$B(3, 4, 5)$、$C(2, 4, 7)$，求$\triangle ABC$的面积.

解　根据向量积的定义，可知$\triangle ABC$的面积

$$S_{\triangle ABC}=\frac{1}{2}|\overrightarrow{AB}|\,|\overrightarrow{AC}|\sin\angle A=\frac{1}{2}|\overrightarrow{AB}\times\overrightarrow{AC}|.$$

由于$\overrightarrow{AB}=\{2, 2, 2\}$，$\overrightarrow{AC}=\{1, 2, 4\}$，因此

$$\overrightarrow{AB}\times\overrightarrow{AC}=\begin{vmatrix}\boldsymbol{i} & \boldsymbol{j} & \boldsymbol{k}\\ 2 & 2 & 2\\ 1 & 2 & 4\end{vmatrix}=4\boldsymbol{i}-6\boldsymbol{j}+2\boldsymbol{k}.$$

于是$S_{\triangle ABC}=\frac{1}{2}|4\boldsymbol{i}-6\boldsymbol{j}+2\boldsymbol{k}|=\frac{1}{2}\sqrt{4^2+(-6)^2+2^2}=\sqrt{14}.$

习题 8.1

1. 在空间直角坐标系中，指出下列各点在哪个卦限？

$A(1, -2, 2)$，$B(2, 2, -4)$，$C(3, -1, -2)$，$D(-2, -2, 2)$，$E(-1, 1, -5)$，$F(-2, 3, 4)$.

2. 在坐标面上和在坐标轴上的点的坐标各有什么特征？指出下列点的位置.

$A(1, 0, 2)$，$B(2, 2, 0)$，$C(0, -1, -2)$，$D(-2, 0, 0)$，$E(0, 5, 0)$，$F(0, 0, 4)$.

3. 求点$(1, 2, 3)$关于(1)各坐标面；(2)各坐标轴；(3)坐标原点对称的点的坐标.

4. 过点$P_0(x_0, y_0, z_0)$分别作平行于y轴的直线和平行于xOz面的平面，问在它们上面的点的坐标各有什么特点？

5. 一边长为4的立方体放置在yOz面上，其底面的中心在坐标原点，底面的顶点在y轴和z轴上，求它各顶点的坐标.

6. 求下列两点间的距离.

(1)$(0, 0, 0)$与$(1, -2, 7)$；

(2)$(-2, 3, -4)$与$(1, 0, -1)$；

(3)$(1, -1, 2)$与$(2, 0, 4)$.

7. 求点$M(3, -2, 6)$到各坐标轴的距离.

8. 求下列点的坐标.

(1)在x轴上求与两点$A(-4, 1, 7)$和$B(3, 5, -2)$等距离的点的坐标；

(2)在xOy平面上，求与三点$A(2, 3, 1)$、$B(5, -3, -5)$和$C(0, 4, 2)$等距离的点的坐标.

9. 试证明以三点$A(4, 1, 9)$、$B(10, -1, 6)$、$C(2, 4, 3)$为顶点的三角形是等腰直角三角形.

10. 求满足下列条件的向量.

(1) 已知$M_1(1, 2, -3)$，$M_2(-2, 1, 5)$两点，求向量$\overrightarrow{M_1M_2}$及$-2\overrightarrow{M_1M_2}$；

(2) 已知$\boldsymbol{a}=2\boldsymbol{i}+\boldsymbol{j}-\boldsymbol{k}$，$\boldsymbol{b}=\boldsymbol{i}-2\boldsymbol{j}+\boldsymbol{k}$，$\boldsymbol{c}=-\boldsymbol{i}+2\boldsymbol{j}-2\boldsymbol{k}$，求$\boldsymbol{a}+2\boldsymbol{b}+3\boldsymbol{c}$；

(3) 设$\boldsymbol{u}=\boldsymbol{a}-\boldsymbol{b}+2\boldsymbol{c}$，$\boldsymbol{v}=-\boldsymbol{a}+3\boldsymbol{b}-\boldsymbol{c}$，求$2\boldsymbol{u}-3\boldsymbol{v}$；

(4) 求平行于向量 $\boldsymbol{a}=\{1,\ -3,\ 5\}$ 的单位向量；

(5) 已知两点 $A(4,\ 0,\ 5)$ 和 $B(7,\ 1,\ 3)$，求与 $\overrightarrow{AB}$ 方向相同的单位向量.

11. 求下列向量的模与方向角.

(1) $\boldsymbol{a}=\{1,\ -\sqrt{2},\ 1\}$；

(2) 已知两点 $M_1(3,\ 4,\ 2)$ 和 $M_2(5,\ 8,\ 0)$，求 $\overrightarrow{M_1M_2}$ 的模、方向余弦、方向角.

12. 求下列向量的乘法.

(1) 已知 $\boldsymbol{a}=\{2,\ 0,\ -1\}$，$\boldsymbol{b}=\{1,\ 3,\ 0\}$，求 $\boldsymbol{a}\cdot\boldsymbol{b}$，$\boldsymbol{a}\times\boldsymbol{b}$；

(2) 已知 $\boldsymbol{a}=\{5,\ 8,\ 0\}$，$\boldsymbol{b}=\{6,\ -3,\ 2\}$，求 $2\boldsymbol{a}\cdot(-\boldsymbol{b})$，$3\boldsymbol{a}\times5\boldsymbol{b}$；

(3) 已知 $\boldsymbol{a}=3\boldsymbol{i}-\boldsymbol{j}+2\boldsymbol{k}$，$\boldsymbol{b}=2\boldsymbol{i}-3\boldsymbol{j}+2\boldsymbol{k}$ 和 $\boldsymbol{c}=5\boldsymbol{i}-3\boldsymbol{j}+\boldsymbol{k}$，

求 $(\boldsymbol{a}\cdot\boldsymbol{b})\boldsymbol{c}-(\boldsymbol{a}\cdot\boldsymbol{c})\boldsymbol{b}$，$(\boldsymbol{a}+\boldsymbol{b})\times(\boldsymbol{b}+\boldsymbol{c})$.

13. 设质量为 100kg 的物体从点 $M_1(2,\ 5,\ 4)$ 沿直线移动到点 $M_2(7,\ 3,\ 1)$，计算重力所做的功(长度单位为 m，重力方向为 z 轴负方向).

14. 已知 $\overrightarrow{OA}=\boldsymbol{i}+2\boldsymbol{k}$，$\overrightarrow{OB}=2\boldsymbol{j}+\boldsymbol{k}$，求 $\triangle OAB$ 的面积.

15. 已知 $M_1(2,\ -2,\ 2)$、$M_2(1,\ 0,\ -1)$ 和 $M_3(-3,\ 1,\ 2)$. 求与 $\overrightarrow{M_1M_2}$、$\overrightarrow{M_2M_3}$ 同时垂直的单位向量.

16. 下列各组向量中，哪组的两个向量有平行、垂直关系？若既不平行又不垂直，求其夹角的余弦.

(1) $\boldsymbol{a}=-\boldsymbol{i}+2\boldsymbol{j}+\boldsymbol{k}$，$\boldsymbol{b}=2\boldsymbol{i}-3\boldsymbol{j}$；

(2) $\boldsymbol{c}=2\boldsymbol{i}-\boldsymbol{j}-\boldsymbol{k}$，$\boldsymbol{d}=-\boldsymbol{i}+8\boldsymbol{j}-10\boldsymbol{k}$；

(3) $\boldsymbol{e}=3\boldsymbol{i}+4\boldsymbol{j}-8\boldsymbol{k}$，$\boldsymbol{f}=\dfrac{3}{2}\boldsymbol{i}+2\boldsymbol{j}-4\boldsymbol{k}$.

8.2　空间的平面与直线

8.2.1　空间的平面及其方程

1. 平面的点法式方程

若一非零向量垂直于一平面，则称该向量为此平面的法向量. 容易知道，平面上的任一向量均与此平面的法向量垂直.

如图 8-2-1 所示，设 $M(x,\ y,\ z)$ 是平面 Π 上的任一点. 那么向量 $\overrightarrow{M_0M}$ 必与平面 Π 的法向量 $\boldsymbol{n}$ 垂直，则它们的数量积等于零，即

$$\boldsymbol{n}\cdot\overrightarrow{M_0M}=0.$$

由于

$$\boldsymbol{n}=\{A,\ B,\ C\},\ \overrightarrow{M_0M}=\{x-x_0,\ y-y_0,\ z-z_0\},$$

所以

$$A(x-x_0)+B(y-y_0)+C(z-z_0)=0$$

就是平面 Π 上任一点 M 的坐标 x，y，z 所满足的方程.

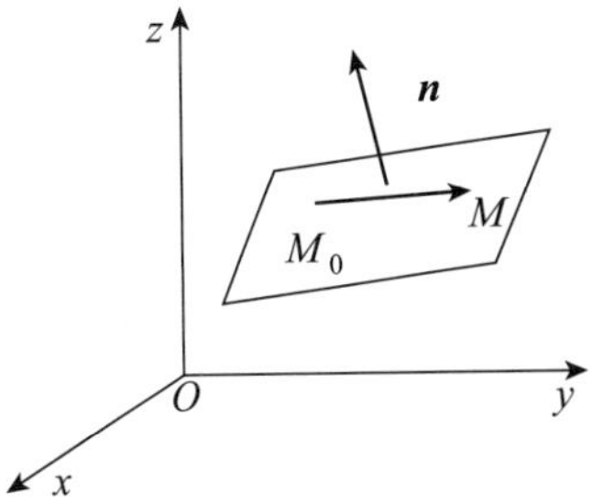

图　8-2-1

反过来，如果 $M(x,\ y,\ z)$ 不在平面上，那么向量 $\overrightarrow{M_0M}$ 与法线向量 $\boldsymbol{n}$ 不垂直，从而

$\boldsymbol{n}\cdot\overrightarrow{M_0M}\neq 0$，即不在平面 Π 上的点 M 的坐标 x，y，z 不满足此方程.

由此可知，方程 $A(x-x_0)+B(y-y_0)+C(z-z_0)=0$ 就是平面 Π 的方程，而平面 Π 就是平面方程的图形. 由于方程 $A(x-x_0)+B(y-y_0)+C(z-z_0)=0$ 是由平面 Π 上的一点 $M_0(x_0, y_0, z_0)$ 及它的一个法向量 $\boldsymbol{n}=\{A, B, C\}$ 确定的，所以此方程称为平面的**点法式方程**.

例 1 求过点 $(2, -3, 0)$ 且以 $n=\{1, -2, 3\}$ 为法向量的平面方程.

解 根据平面的点法式方程，得所求平面的方程为

$$(x-2)-2(y+3)+3z=0,$$

即 $x-2y+3z=8$.

例 2 求过三点 $M_1(2, -1, 4)$、$M_2(-1, 3, -2)$ 和 $M_3(0, 2, 3)$ 的平面方程.

解 如图 8-2-2 所示，可以用 $\overrightarrow{M_1M_2}\times\overrightarrow{M_1M_3}$ 作为平面的法向量 $\boldsymbol{n}$.

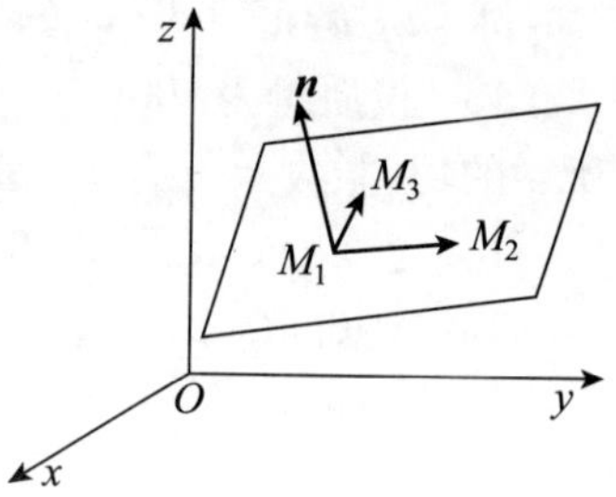

图 8-2-2

因为 $\overrightarrow{M_1M_2}=(-3, 4, -6)$，$\overrightarrow{M_1M_3}=(-2, 3, -1)$，所以

$$\boldsymbol{n}=\overrightarrow{M_1M_2}\times\overrightarrow{M_1M_3}=\begin{vmatrix}\boldsymbol{i} & \boldsymbol{j} & \boldsymbol{k}\\ -3 & 4 & -6\\ -2 & 3 & -1\end{vmatrix}=14\boldsymbol{i}+9\boldsymbol{j}-\boldsymbol{k}.$$

根据平面的点法式方程，得所求平面的方程为

$$14(x-2)+9(y+1)-(z-4)=0,$$

即

$$14x+9y-z-15=0.$$

2. 平面的一般式方程

由平面的点法式方程，容易得到任一平面都可以用三元一次方程来表示，所以平面的一般式方程为

$$Ax+By+Cz+D=0,$$

其中 x，y，z 的系数 A，B，C 不全为零，且是该平面的一个法向量 $\boldsymbol{n}$ 的坐标，即 $\boldsymbol{n}=\{A, B, C\}$.

例如，方程 $x-2y+5z+3=0$ 表示一个平面，$\boldsymbol{n}=\{1, -2, 5\}$ 是该平面的一个法向量.

在平面的一般式方程 $Ax+By+Cz+D=0$ 中，A，B，C 不全为零，但是如果 A，B，C，D 中有特殊值 0，则可得到特殊的平面方程.

1) 如果 $D=0$，那么此时平面方程为 $Ax+By+Cz=0$，所以平面过原点.

2) 如果 $A=0$，那么 $\boldsymbol{n}=\{0, B, C\}$，此时平面方程为 $By+Cz+D=0$，所以平面平行于 x 轴；特别的，$A=D=0$，平面方程为 $By+Cz=0$，所以平面过 x 轴.

类似的，如果 $B=0$，平面方程为 $Ax+Cz+D=0$，平面平行于 y 轴，$B=D=0$，平面方程为 $Ax+Cz=0$，平面过 y 轴；如果 $C=0$，平面方程为 $Ax+By+D=0$，平面平行于 z 轴，$C=D=0$，平面方程为 $Ax+By=0$，平面过 z 轴.

3) 如果 $A=B=0$，那么 $\boldsymbol{n}=\{0, 0, C\}$，此时平面方程为 $z=C$，所以平面平行于 xOy 平面，或垂直于 z 轴；特别的，$A=B=D=0$，平面方程为 $z=0$，是 xOy 平面.

类似的，$x=a$ 平行于 yOz 平面，或垂直于 x 轴，$x=0$ 是 yOz 平面；$y=b$ 平行于 xOz 平面，或垂直于 y 轴，$y=0$ 是 xOz 平面.

例 3 求通过 x 轴和点 $(4, -3, -1)$ 的平面方程.

解 平面通过 x 轴，则 $A=D=0$，因此可设平面的方程为 $By+Cz=0$.

又因为平面通过点$(4, -3, -1)$，所以 $-3B-C=0$，或 $C=-3B$. 将其代入所设方程并除以 $B(B\neq 0)$，便得所求的平面方程为 $y-3z=0$.

3. 平面的截距式方程

例 4　设一平面与 x 轴、y 轴、z 轴的交点依次为 $P(a, 0, 0)$、$Q(0, b, 0)$、$R(0, 0, c)$三点，求平面的方程（其中 $abc\neq 0$).

解　设所求平面的方程为 $Ax+By+Cz+D=0$.

因为点 $P(a, 0, 0)$、$Q(0, b, 0)$、$R(0, 0, c)$都在这个平面上，所以点 P、Q、R 的坐标都满足所设方程，即有

$$\begin{cases} aA+D=0, \\ bB+D=0, \\ cC+D=0, \end{cases}$$

由此得 $A=-\dfrac{D}{a}$，$B=-\dfrac{D}{b}$，$C=-\dfrac{D}{c}$.

将其代入所设方程，得

$$-\frac{D}{a}x-\frac{D}{b}y-\frac{D}{c}z+D=0,$$

即

$$\frac{x}{a}+\frac{y}{b}+\frac{z}{c}=1.$$

上述方程叫作平面的截距式方程，而 a、b、c 分别称为平面在 x 轴、y 轴、z 轴上的截距.

例 5　已知平面到三个坐标轴的截距相等，且过点$(1, 2, 3)$，求平面方程.

解　设平面方程为$\dfrac{x}{a}+\dfrac{y}{a}+\dfrac{z}{a}=1(a\neq 0)$，

因为平面过点$(1, 2, 3)$，所以$\dfrac{1}{a}+\dfrac{2}{a}+\dfrac{3}{a}=1$，$a=6$，

故所求平面方程为$\dfrac{x}{6}+\dfrac{y}{6}+\dfrac{z}{6}=1$，即

$$x+y+z-6=0.$$

4. 平面间的位置关系

设有两个平面 Π_1：$A_1x+B_1y+C_1z+D_1=0$ 和 Π_2：$A_2x+B_2y+C_2z+D_2=0$，那么这两个平面的位置关系可以由它们的法向量之间的位置关系来确定.

设平面 Π_1 和 Π_2 的法向量分别为 $\boldsymbol{n}_1=\{A_1, B_1, C_1\}$ 和 $\boldsymbol{n}_2=\{A_2, B_2, C_2\}$，则

1) $\Pi_1 // \Pi_2 \Leftrightarrow \boldsymbol{n}_1 // \boldsymbol{n}_2 \Leftrightarrow \dfrac{A_1}{A_2}=\dfrac{B_1}{B_2}=\dfrac{C_1}{C_2}$;

2) $\Pi_1\perp\Pi_2\Leftrightarrow\boldsymbol{n}_1\perp\boldsymbol{n}_2\Leftrightarrow A_1A_2+B_1B_2+C_1C_2=0$;

3) Π_1 和 Π_2 之间的夹角：设平面 Π_1 和 Π_2 之间的夹角为 θ，则

$$\cos\theta=\frac{A_1A_2+B_1B_2+C_1C_2}{\sqrt{A_1^2+B_1^2+C_1^2}\cdot\sqrt{A_2^2+B_2^2+C_2^2}}.$$

说明：Π_1 和 Π_2 之间的夹角是指这两个平面的法向量之间的夹角（通常指锐角），那么平面 Π_1 和 Π_2 的夹角 θ 应是$(\widehat{\boldsymbol{n}_1, \boldsymbol{n}_2})$和$(\widehat{-\boldsymbol{n}_1, \boldsymbol{n}_2})=\pi-(\widehat{\boldsymbol{n}_1, \boldsymbol{n}_2})$两者中的锐角，因此，$\cos\theta=$

$|\cos(\widehat{\boldsymbol{n}_1, \boldsymbol{n}_2})|$. 由两向量夹角余弦的坐标表示式，得

$$\cos\theta = \frac{A_1A_2 + B_1B_2 + C_1C_2}{\sqrt{A_1^2 + B_1^2 + C_1^2} \cdot \sqrt{A_2^2 + B_2^2 + C_2^2}}.$$

例 6 求两平面 $x - y + 2z - 6 = 0$ 和 $2x + y + z - 5 = 0$ 的夹角.

解 $\boldsymbol{n}_1 = \{A_1, B_1, C_1\} = \{1, -1, 2\}$, $\boldsymbol{n}_2 = \{A_2, B_2, C_2\} = \{2, 1, 1\}$,

$$\cos\theta = \frac{|A_1A_2 + B_1B_2 + C_1C_2|}{\sqrt{A_1^2 + B_1^2 + C_1^2} \cdot \sqrt{A_2^2 + B_2^2 + C_2^2}} = \frac{|1\times 2 + (-1)\times 1 + 2\times 1|}{\sqrt{1^2 + (-1)^2 + 2^2} \cdot \sqrt{2^2 + 1^2 + 1^2}} = \frac{1}{2},$$

所以，所求夹角为 $\theta = \frac{\pi}{3}$.

例 7 一平面通过两点 $M_1(1, 1, 1)$ 和 $M_2(0, 1, -1)$ 且垂直于平面 $x + y + z = 0$，求平面的方程.

解 **解法 1** 设所求平面的法向量为 $\boldsymbol{n} = \{A, B, C\}$.

因为点 $M_1(1, 1, 1)$ 和 $M_2(0, 1, -1)$，所以从点 M_1 到点 M_2 的向量为 $\boldsymbol{n}_1 = \{-1, 0, -2\}$，平面 $x + y + z = 0$ 的法向量为 $\boldsymbol{n}_2 = \{1, 1, 1\}$.

因为点 $M_1(1, 1, 1)$ 和 $M_2(0, 1, -1)$ 在所求平面上，所以 $\boldsymbol{n} \perp \boldsymbol{n}_1$，即 $\boldsymbol{n} \cdot \boldsymbol{n}_1 = 0$，所以 $-A - 2C = 0$，$A = -2C$.

又因为所求平面垂直于平面 $x + y + z = 0$，所以 $\boldsymbol{n} \perp \boldsymbol{n}_2$，即 $\boldsymbol{n} \cdot \boldsymbol{n}_2 = 0$，所以 $A + B + C = 0$，$B = C$.

于是由点法式方程得所求平面为

$$-2C(x-1) + C(y-1) + C(z-1) = 0,$$

消去 C，得到所求平面方程为

$$2x - y - z = 0.$$

解法 2 所求平面的法向量 $\boldsymbol{n}$ 可取为 $\boldsymbol{n}_1 \times \boldsymbol{n}_2$.

因为

$$\boldsymbol{n} = \boldsymbol{n}_1 \times \boldsymbol{n}_2 = \begin{vmatrix} \boldsymbol{i} & \boldsymbol{j} & \boldsymbol{k} \\ -1 & 0 & -2 \\ 1 & 1 & 1 \end{vmatrix} = 2\boldsymbol{i} - \boldsymbol{j} - \boldsymbol{k},$$

所以所求平面方程为

$$2(x-1) - (y-1) - (z-1) = 0,$$

即

$$2x - y - z = 0.$$

5. 点到平面的距离

例 8 设 $P_0(x_0, y_0, z_0)$ 是平面 $Ax + By + Cz + D = 0$ 外一点，求 P_0 到这个平面的距离.

解 设 $\boldsymbol{e}_n$ 是平面的单位法向量. 在平面上任取一点 $P_1(x_1, y_1, z_1)$，因为

$$\boldsymbol{e}_n = \frac{1}{\sqrt{A^2 + B^2 + C^2}}(A, B, C), \ \overrightarrow{P_1P_0} = (x_0 - x_1, y_0 - y_1, z_0 - z_1),$$

所以 P_0 到这个平面的距离为

$$d=|\overrightarrow{P_1P_0}\cdot \boldsymbol{e}_n|=\frac{|A(x_0-x_1)+B(y_0-y_1)+C(z_0-z_1)|}{\sqrt{A^2+B^2+C^2}}$$
$$=\frac{|Ax_0+By_0+Cz_0-(Ax_1+By_1+Cz_1)|}{\sqrt{A^2+B^2+C^2}}$$
$$=\frac{|Ax_0+By_0+Cz_0+D|}{\sqrt{A^2+B^2+C^2}}.$$

今后可以直接利用上式求一点到平面的距离.

例 9　求点(2, 1, 1)到平面 $x+y-z+1=0$ 的距离.

解　$d=\dfrac{|Ax_0+By_0+Cz_0+D|}{\sqrt{A^2+B^2+C^2}}=\dfrac{|1\times2+1\times1+(-1)\times1+1|}{\sqrt{1^2+1^2+(-1)^2}}=\dfrac{3}{\sqrt{3}}=\sqrt{3}.$

8.2.2　空间的直线及其方程

1. 直线的一般方程

空间直线 L 可以看作是两个平面的交线，如图 8-2-3 所示.

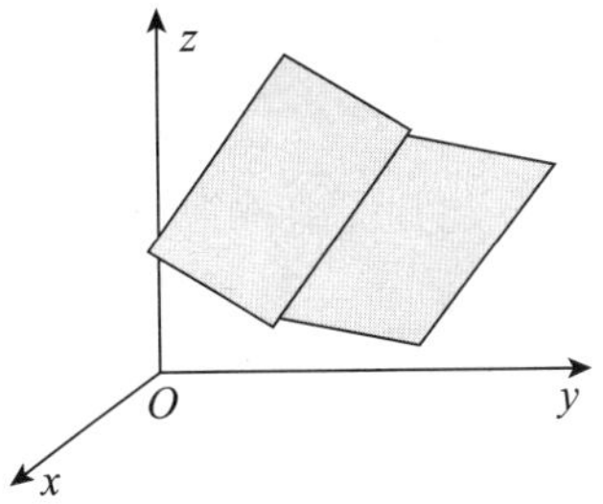

图　8-2-3

如果两个相交平面 Π_1 和 Π_2 的方程分别为

$A_1x+B_1y+C_1z+D_1=0$ 和 $A_2x+B_2y+C_2z+D_2=0$,

直线 L 是平面 Π_1 和 Π_2 的交线，那么点 M 在直线 L 上当且仅当它同时在这两个平面上，当且仅当它的坐标同时满足这两个平面方程，即满足方程组

$$\begin{cases}A_1x+B_1y+C_1z+D_1=0,\\ A_2x+B_2y+C_2z+D_2=0.\end{cases}$$

因此，直线 L 可以用上述方程组来表示，上述方程组称为**空间直线的一般方程**.

通过空间一直线 L 的平面有无限多个，只要在这无限多个平面中任意选取两个，把它们的方程联立起来，所得的方程组就表示空间直线 L.

2. 直线的点向式方程

如果一个非零向量平行于一条已知直线，这个向量就称为这条直线的**方向向量**. 容易知道，直线上任一向量都平行于该直线的方向向量. 直线的任一方向向量 $\boldsymbol{s}$ 的坐标 m, n, p 称为该直线的一组**方向数**.

已知直线 L 通过点 $M_0(x_0, y_0, z_0)$，且直线的方向向量为 $\boldsymbol{s}=\{m, n, p\}$，求直线 L 的方程.

设 $M(x, y, z)$ 是直线 L 上的任一点，那么

$\{x-x_0, y-y_0, z-z_0\}//\boldsymbol{s}$,

从而有

$$\frac{x-x_0}{m}=\frac{y-y_0}{n}=\frac{z-z_0}{p}.$$

这就是直线 L 的方程，称为直线的**对称式方程**或**点向式方程**.

注： 当 m, n, p 中有一个为零，例如 $m=0$，而 n, $p\neq0$ 时，上式应理解为方程组

$$\begin{cases} x = x_0, \\ \dfrac{y-y_0}{n} = \dfrac{z-z_0}{p}. \end{cases}$$

当 m，n，p 中有两个为零，例如 $m=n=0$，而 $p\neq 0$ 时，上式应理解为方程组

$$\begin{cases} x - x_0 = 0, \\ y - y_0 = 0. \end{cases}$$

3. 直线的参数方程

设$\dfrac{x-x_0}{m} = \dfrac{y-y_0}{n} = \dfrac{z-z_0}{p} = t$，得方程组

$$\begin{cases} x = x_0 + mt, \\ y = y_0 + nt, \\ z = z_0 + pt. \end{cases}$$

此方程组称为直线的**参数方程**.

例 10　用对称式方程及参数方程表示直线$\begin{cases} x+y+z=1, \\ 2x-y+3z=4. \end{cases}$

解　先求直线上的一点. 取 $x=1$，有

$$\begin{cases} y+z=0, \\ -y+3z=2. \end{cases}$$

解此方程组，得 $y=-\dfrac{1}{2}$，$z=\dfrac{1}{2}$，即$\left(1,\ -\dfrac{1}{2},\ \dfrac{1}{2}\right)$就是直线上的一点.

再求这条直线的方向向量 $\boldsymbol{s}$. 以平面 $x+y+z=1$ 和 $2x-y+3z=4$ 的法向量的向量积作为直线的方向向量 $\boldsymbol{s}$，则

$$\boldsymbol{s} = (\boldsymbol{i}+\boldsymbol{j}+\boldsymbol{k}) \times (2\boldsymbol{i}-\boldsymbol{j}+3\boldsymbol{k}) = \begin{vmatrix} \boldsymbol{i} & \boldsymbol{j} & \boldsymbol{k} \\ 1 & 1 & 1 \\ 2 & -1 & 3 \end{vmatrix} = 4\boldsymbol{i} - \boldsymbol{j} - 3\boldsymbol{k}.$$

因此，所给直线的对称式方程为

$$\frac{x-1}{4} = \frac{y+\dfrac{1}{2}}{-1} = \frac{z-\dfrac{1}{2}}{-3}.$$

令$\dfrac{x-1}{4} = \dfrac{y+\dfrac{1}{2}}{-1} = \dfrac{z-\dfrac{1}{2}}{-3} = t$，得所给直线的参数方程为

$$\begin{cases} x = 1 + 4t, \\ y = -\dfrac{1}{2} - t, \\ z = \dfrac{1}{2} - 3t. \end{cases}$$

4. 直线间的位置关系

设有两条直线 L_1：$\frac{x-x_1}{m_1}=\frac{y-y_1}{n_1}=\frac{z-z_1}{p_1}$和 L_2：$\frac{x-x_2}{m_2}=\frac{y-y_2}{n_2}=\frac{z-z_2}{p_2}$，那么这两条直线的位置关系可以由它们的方向向量之间的位置关系来确定.

设直线 L_1 和 L_2 的方向向量分别为 $\boldsymbol{s}_1=\{m_1, n_1, p_1\}$ 和 $\boldsymbol{s}_2=\{m_2, n_2, p_2\}$，则

1) $L_1//L_2 \Leftrightarrow \boldsymbol{s}_1//\boldsymbol{s}_2 \Leftrightarrow \frac{m_1}{m_2}=\frac{n_1}{n_2}=\frac{p_1}{p_2}$;

2) $L_1 \perp L_2 \Leftrightarrow \boldsymbol{s}_1 \perp \boldsymbol{s}_2 \Leftrightarrow m_1m_2+n_1n_2+p_1p_2=0$;

3) L_1 和 L_2 之间的夹角：设直线 L_1 和 L_2 之间的夹角为 φ，则

$$\cos\varphi=\frac{|m_1m_2+n_1n_2+p_1p_2|}{\sqrt{m_1^2+n_1^2+p_1^2}\cdot\sqrt{m_2^2+n_2^2+p_2^2}}.$$

说明： L_1 和 L_2 之间的夹角是指这两条直线的方向向量之间的夹角（通常指锐角），那么 L_1 和 L_2 的夹角 φ 就是 $(\boldsymbol{s}_1, \hat{}\ \boldsymbol{s}_2)$ 和 $(-\boldsymbol{s}_1, \hat{}\ \boldsymbol{s}_2)=\pi-(\boldsymbol{s}_1, \hat{}\ \boldsymbol{s}_2)$ 两者中的锐角，因此 $\cos\varphi=|\cos(\boldsymbol{s}_1, \hat{}\ \boldsymbol{s}_2)|$. 由两向量夹角余弦的坐标表示式，得

$$\cos\varphi=|\cos(\boldsymbol{s}_1, \hat{}\ \boldsymbol{s}_2)|=\frac{|m_1m_2+n_1n_2+p_1p_2|}{\sqrt{m_1^2+n_1^2+p_1^2}\cdot\sqrt{m_2^2+n_2^2+p_2^2}}.$$

例 11　求直线 L_1：$\frac{x-1}{1}=\frac{y}{-4}=\frac{z+3}{1}$和 L_2：$\frac{x}{2}=\frac{y+2}{-2}=\frac{z}{-1}$的夹角.

解　两直线的方向向量分别为 $\boldsymbol{s}_1=\{1, -4, 1\}$ 和 $\boldsymbol{s}_2=\{2, -2, -1\}$. 设两直线的夹角为 φ，则

$$\cos\varphi=\frac{|1\times2+(-4)\times(-2)+1\times(-1)|}{\sqrt{1^2+(-4)^2+1^2}\cdot\sqrt{2^2+(-2)^2+(-1)^2}}=\frac{1}{\sqrt{2}}=\frac{\sqrt{2}}{2},$$

所以 $\varphi=\frac{\pi}{4}$.

5. 直线和平面间的位置关系

设有直线 L：$\frac{x-x_0}{m}=\frac{y-y_0}{n}=\frac{z-z_0}{p}$和平面 Π：$Ax+By+Cz+D=0$，那么直线和平面的位置关系可以由直线的方向向量和平面的法向量之间的位置关系来确定.

设直线 L 的方向向量和平面 Π 的法向量分别为 $\boldsymbol{s}=\{m, n, p\}$ 和 $\boldsymbol{n}=\{A, B, C\}$，则

1) $L//\Pi \Leftrightarrow \boldsymbol{s}\perp\boldsymbol{n} \Leftrightarrow Am+Bn+Cp=0$;

2) $L\perp\Pi \Leftrightarrow \boldsymbol{s}//\boldsymbol{n} \Leftrightarrow \frac{m}{A}=\frac{n}{B}=\frac{p}{C}$;

3) L 和 Π 之间的夹角：设直线 L 和平面 Π 之间的夹角为 φ，则

$$\sin\varphi=\frac{|Am+Bn+Cp|}{\sqrt{A^2+B^2+C^2}\cdot\sqrt{m^2+n^2+p^2}}.$$

说明： 当直线与平面不垂直时，直线和它在平面上的投影直线的夹角 φ，称为直线与平面的夹角；当直线与平面垂直时，规定直线与平面的夹角为$\frac{\pi}{2}$，那么 $\varphi=\left|\frac{\pi}{2}-(\boldsymbol{s}, \hat{}\ \boldsymbol{n})\right|$，因

此 $\sin\varphi = |\cos(\hat{s, n})|$. 由两向量夹角余弦的坐标表示式，得

$$\sin\varphi = \frac{|Am + Bn + Cp|}{\sqrt{A^2 + B^2 + C^2} \cdot \sqrt{m^2 + n^2 + p^2}}.$$

例 12　求过点(1，-2，4)且与平面 $2x - 3y + z - 4 = 0$ 垂直的直线的方程.

解　平面的法线向量(2，-3，1)可以作为所求直线的方向向量. 由此可得所求直线的方程为

$$\frac{x-1}{2} = \frac{y+2}{-3} = \frac{z-4}{1}.$$

例 13　求与两平面 $x - 4z = 3$ 和 $2x - y - 5z = 1$ 的交线平行且过点(-3，2，5)的直线的方程.

解　平面 $x - 4z = 3$ 和 $2x - y - 5z = 1$ 的交线的方向向量就是所求直线的方向向量 $\boldsymbol{s}$,

因为 $\boldsymbol{s} = (\boldsymbol{i} - 4\boldsymbol{k}) \times (2\boldsymbol{i} - \boldsymbol{j} - 5\boldsymbol{k}) = \begin{vmatrix} \boldsymbol{i} & \boldsymbol{j} & \boldsymbol{k} \\ 1 & 0 & -4 \\ 2 & -1 & -5 \end{vmatrix} = -(4\boldsymbol{i} + 3\boldsymbol{j} + \boldsymbol{k})$,

所以所求直线的方程为

$$\frac{x+3}{4} = \frac{y-2}{3} = \frac{z-5}{1}.$$

例 14　求直线 $\frac{x-2}{1} = \frac{y-3}{1} = \frac{z-4}{2}$ 与平面 $2x + y + z - 6 = 0$ 的交点.

解　所给直线的参数方程为

$$x = 2 + t,\ y = 3 + t,\ z = 4 + 2t,$$

代入平面方程中，得

$$2(2 + t) + (3 + t) + (4 + 2t) - 6 = 0.$$

解方程，得 $t = -1$. 将 $t = -1$ 代入直线的参数方程，得所求交点的坐标为

$$x = 1,\ y = 2,\ z = 2.$$

习题 8.2

1. 求下列平面方程.

(1) 求过点(1，1，1)且垂直于向量 $\vec{a} = 2\vec{i} + 2\vec{j} + 3\vec{k}$ 的平面方程;

(2) 求过点(2，-2，1)且与平面 $x - 2y + 2z - 6 = 0$ 平行的平面方程;

(3) 求过(1，2，3)、(-1，2，1)和(4，-3，2)三点的平面方程;

(4) 求过点 $M_0(3, 7, -5)$ 且与连接坐标原点及点 M_0 的线段 OM_0 垂直的平面方程;

(5) 一平面过点(2，-1，4)且平行于向量 $\vec{a} = \{2, 1, 1\}$ 和 $\vec{b} = \{1, 0, -1\}$，试求这个平面方程;

(6) 平行于 xOy 面且过点(0，0，-2)的平面方程;

(7) 通过 y 轴和点(3，-3，4)的平面方程;

(8) 平行于 z 轴且经过两点(0，-2，1)和(2，5，-5)的平面方程;

(9) 求过点(5，-2，3)且通过直线 $\frac{x-3}{4} = \frac{y+2}{2} = \frac{z}{3}$ 的平面方程;

(10) 求过点(1，0，1)且与两直线$\begin{cases}x+y+2z-1=0,\\2x+3y-z+2=0\end{cases}$和$\begin{cases}x+y+z=0,\\x+3y-2z=0\end{cases}$平行的平面的方程.

2. 指出下列各平面的特殊位置，并画出各平面.

(1) $y=0$；　(2) $2y+z=0$；

(3) $x-5y+6=0$；　(4) $x+z=0$；

(5) $z=5$；　(6) $2x-z+3=0$；

(7) $3x-4y-2z=0$；　(8) $x=-2$.

3. 求平面 $3x-2y+7z-4=0$ 与各坐标面的夹角的余弦.

4. 求点(2，3，−2)到平面 $2x-3y+5z-8=0$ 的距离.

5. 求下列直线方程.

(1) 过点(1，1，−2)且平行于直线$\frac{x-2}{3}=\frac{y}{-2}=\frac{z+8}{5}$的直线方程；

(2) 过点(2，0，1)且与平面 $3x-y+2z-4=0$ 垂直的直线方程；

(3) 求过两点 $M_1(2,3,-2)$ 和 $M_2(1,3,0)$ 的直线方程；

(4) 求过点(−2，1，3)且与两平面 $x+y-1=0$ 和 $2y-3z+4=0$ 平行的直线方程；

(5) 求过点 $M(2,3,-4)$ 且平行于直线 L：$\begin{cases}x+y-2z+1=0,\\x+2y-z-2=0\end{cases}$的直线方程.

6. 用对称式方程及参数方程表示直线$\begin{cases}2x+3y-z=2,\\3x-y+2z=3.\end{cases}$

7. 求直线$\frac{x+1}{1}=\frac{y-3}{2}=\frac{z-2}{-1}$与直线$\frac{x-2}{-1}=\frac{y}{1}=\frac{z+5}{1}$之间的夹角.

8. 证明直线$\begin{cases}x+2y-z-7=0,\\2x-y-z+7=0\end{cases}$与直线$\begin{cases}3x+6y-3z-8=0,\\2x-y-z=0\end{cases}$平行.

9. 求直线$\begin{cases}-x+y-2z=0,\\2x-y+3z=0\end{cases}$与平面 $x+y+z-1=0$ 的夹角.

10. 试确定下列各组中的直线和平面间的关系.

(1) $\frac{x+2}{-1}=\frac{y+2}{5}=\frac{z-1}{2}$和 $3x-15y-6z-2=0$；

(2) $\frac{x-1}{2}=\frac{y}{3}=\frac{z+3}{5}$和 $2x+y-z-5=0$；

(3) $\frac{x-5}{4}=\frac{y+4}{-2}=\frac{z-1}{3}$和 $x-5y+2z=5$.

11. 求点(2，−1，0)在平面 $2x-3y+z-2=0$ 上的投影.

12. 求点 $P(1,1,-1)$ 到直线$\begin{cases}x+y+z-3=0,\\x+2y-5z+1=0\end{cases}$的距离.

8.3　几种常见的空间曲面

1. 球面方程

例 1　建立球心在点 $M_0(x_0,y_0,z_0)$、半径为 R 的球面的方程.

解　如图 8-3-1 所示，设 $M(x, y, z)$ 是球面上的任一点，那么

$|M_0M|=R$，即

$$\sqrt{(x-x_0)^2+(y-y_0)^2+(z-z_0)^2}=R,$$

或
$$(x-x_0)^2+(y-y_0)^2+(z-z_0)^2=R^2,$$

所以，$(x-x_0)^2+(y-y_0)^2+(z-z_0)^2=R^2$ 就是球心在点 $M_0(x_0, y_0, z_0)$、半径为 R 的球面方程.

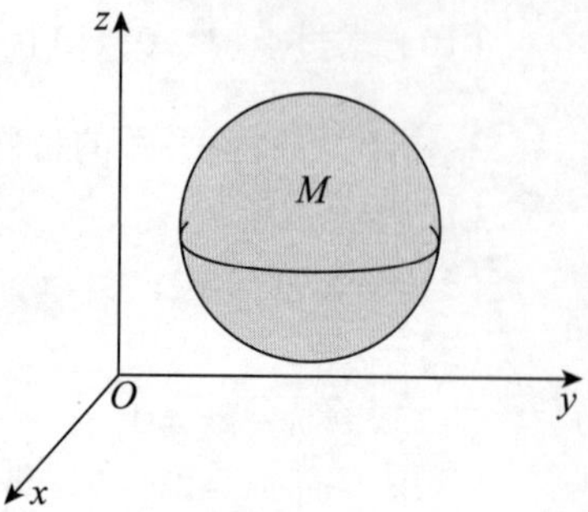

图　8-3-1

特殊的，球心在原点 $O(0, 0, 0)$、半径为 R 的球面的方程为

$$x^2+y^2+z^2=R^2.$$

例 2　方程 $x^2+y^2+z^2-2x+2z=0$ 表示怎样的曲面？

解　通过配方，原方程可以改写成

$$(x-1)^2+y^2+(z+1)^2=2.$$

这是一个球面方程，球心在点 $M_0(1, 0, -1)$、半径为 $R=\sqrt{2}$.

一般的，设有三元二次方程

$$Ax^2+Ay^2+Az^2+Dx+Ey+Fz+G=0,$$

这个方程的特点是缺 xy，yz，zx 项，而且平方项系数相同，只要将方程经过配方就可以化成方程

$$(x-x_0)^2+(y-y_0)^2+(z-z_0)^2=R^2$$

的形式，它的图形就是一个球面 .

2. 旋转曲面

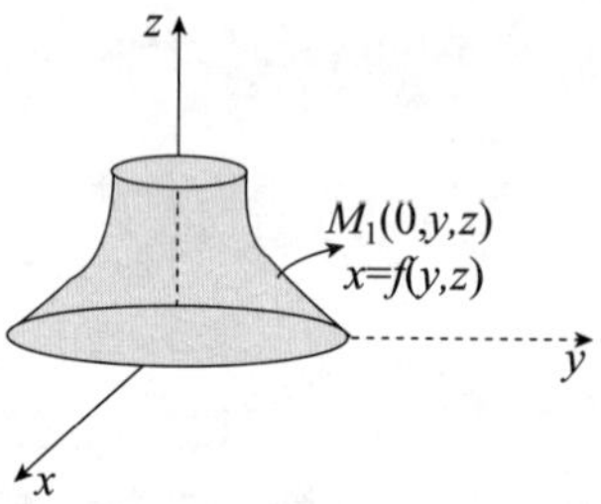

图　8-3-2

如图 8-3-2 所示，以一条平面曲线绕其平面上的一条直线旋转一周所成的曲面叫作**旋转曲面**，这条定直线称为**旋转曲面的轴**.

设在 yOz 坐标面上有一已知曲线 C，它的方程为

$$f(y, z)=0,$$

把这曲线绕 z 轴旋转一周，就得到一个以 z 轴为轴的旋转曲面.

设 $M(x, y, z)$ 为曲面上任一点，它是曲线 C 上点 $M_1(0, y_1, z_1)$ 绕 z 轴旋转而得到的. 因此有如下关系式

$$f(y_1, z_1)=0,\ z=z_1,\ |y_1|=\sqrt{x^2+y^2},$$

从而得
$$f(\pm\sqrt{x^2+y^2}, z)=0,$$

这就是所求旋转曲面的方程.

在曲线 C 的方程 $f(y, z)=0$ 中将 y 改成 $\pm\sqrt{x^2+y^2}$，便得到曲线 C 绕 z 轴旋转所成的旋转曲面的方程 $f(\pm\sqrt{x^2+y^2}, z)=0$.

同理，曲线 C 绕 y 轴旋转所成的旋转曲面的方程为

$$f(y, \pm\sqrt{x^2+z^2})=0.$$

例 3　将 xOz 坐标面上的双曲线 $\dfrac{x^2}{a^2}-\dfrac{z^2}{c^2}=1$ 分别绕 x 轴和 z 轴旋转一周，求所得的旋转曲

面的方程.

解　绕 x 轴旋转所得的旋转曲面的方程为

$$\frac{x^2}{a^2}-\frac{y^2+z^2}{c^2}=1,$$

绕 z 轴旋转所得的旋转曲面的方程为

$$\frac{x^2+y^2}{a^2}-\frac{z^2}{c^2}=1.$$

这两种曲面分别称为**双叶旋转双曲面**和**单叶旋转双曲面**.

3. 柱面

平行于定直线并沿定曲线 C 移动的动直线 L 的几何轨迹称为**柱面**，定曲线 C 称为**柱面的准线**，动直线 L 称为**柱面的母线**.

例如，不含 z 的方程 $x^2+y^2=R^2$ 在空间直角坐标系中表示圆柱面，它的母线平行于 z 轴，它的准线是 xOy 面上的圆 $x^2+y^2=R^2$.

一般的，只含 x、y 而缺 z 的方程 $F(x,\ y)=0$，在空间直角坐标系中表示母线平行于 z 轴的柱面，其准线是 xOy 面上的曲线 C：$F(x,\ y)=0$.

例如，方程 $y^2=5x$ 表示母线平行于 z 轴的柱面，它的准线是 xOy 面上的抛物线 $y^2=5x$，该柱面称为**抛物柱面**.

又如，方程 $x+2y=0$ 表示母线平行于 z 轴的柱面，其准线是 xOy 面的直线 $x+2y=0$，所以它是过 z 轴的平面.

类似的，只含 x、z 而缺 y 的方程 $G(x,\ z)=0$ 和只含 y、z 而缺 x 的方程 $H(y,\ z)=0$ 分别表示母线平行于 y 轴和 x 轴的柱面.

例如，方程 $x^2-\frac{z^2}{4}=1$ 表示母线平行于 y 轴的柱面，其准线是 xOz 面上的双曲线 $x^2-\frac{z^2}{4}=1$，该柱面称为**双曲柱面**.

4. 二次曲面

与平面解析几何中规定的二次曲线相类似，我们把三元二次方程所表示的曲面称为二次曲面.

常见的二次曲面方程及图形如下表 8－3－1：

表　8－3－1

名称	方程形式	图形示例
(1)椭球面	$\frac{x^2}{a^2}+\frac{y^2}{b^2}+\frac{z^2}{c^2}=1$	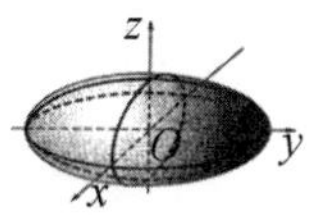
(2)单叶双曲面	$\frac{x^2}{a^2}+\frac{y^2}{b^2}-\frac{z^2}{c^2}=1$	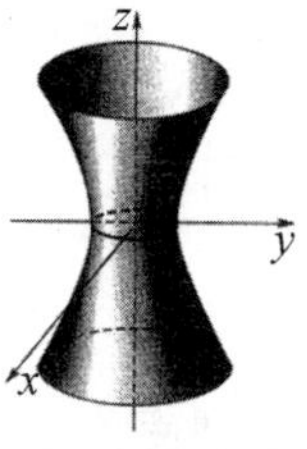

（续）

名称	方程形式	图形示例
(3)双叶双曲面	$\frac{x^2}{a^2}-\frac{y^2}{b^2}-\frac{z^2}{c^2}=1$	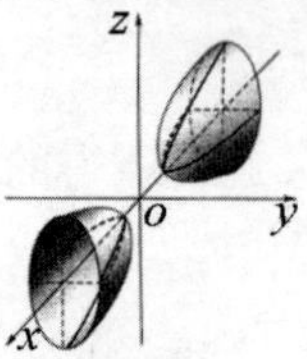
(4)椭圆抛物面	$\frac{x^2}{a^2}+\frac{y^2}{b^2}=z$	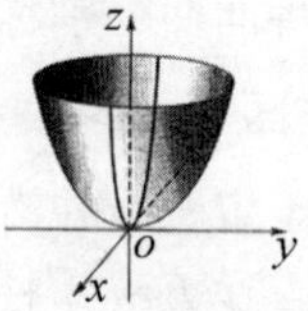
(5)双曲抛物面，又称马鞍面	$\frac{x^2}{a^2}-\frac{y^2}{b^2}=z$	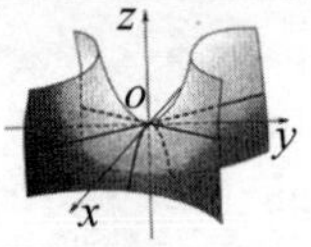
(6)圆锥面	$\frac{x^2}{a^2}+\frac{y^2}{b^2}-\frac{z^2}{c^2}=0$	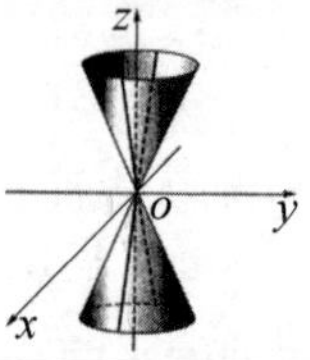

5. 截痕法

怎样了解三元方程 $F(x,y,z)=0$ 所表示的曲面的形状呢？常用的方法是用坐标面和平行于坐标面的平面与曲面相截，考察其交线的形状，然后加以综合，从而了解曲面的立体形状.这种方法称为**截痕法**.

例如，考察单叶双曲面 $\frac{x^2}{a^2}+\frac{y^2}{b^2}-\frac{z^2}{c^2}=1$，用平面 $z=z_0$ 与之相截，其交线为平面 $z=z_0$ 上的椭圆 $\frac{x^2}{a^2}+\frac{y^2}{b^2}=1+\frac{z_0^2}{c^2}$，而用平面 $x=x_0$ 或 $y=y_0$ 与之相截，其交线分别为平面 $x=x_0$ 上的双曲线 $\frac{y^2}{b^2}-\frac{z^2}{c^2}=1-\frac{x_0^2}{a^2}$ 和平面 $y=y_0$ 上的双曲线 $\frac{x^2}{a^2}-\frac{z^2}{c^2}=1-\frac{y_0^2}{b^2}$.

习题 8.3

1. 求下列曲面方程.

(1)一动点与两定点(1，2，5)和(7，9，8)等距离，求该动点的轨迹方程；

(2)以点(−2，1，2)为球心，3 为半径的球面；

(3)以点(3，2，−1)为球心，且通过坐标原点的球面方程.

2. 方程 $x^2+y^2+z^2+6x-4y+2z=0$ 表示怎样的曲面？

3. 求下列旋转面方程.

(1)将 xOz 坐标面上的抛物线 $x=2z$ 分别绕 x 轴及 z 轴旋转一周，求所生成的旋转面的方程；

(2)将 yOz 坐标面上的 $y=3z^4$ 绕 y 轴旋转一周，求所生成的旋转面的方程；

(3)将 xOy 坐标面上的 $x^2-4y^2=36$ 分别绕 x 轴及 y 轴旋转一周，求所生成的旋转面的方程.

4. 说明下列旋转面是怎样形成的.

(1) $x^2+\frac{y^2}{9}+\frac{z^2}{9}=1$；　(2) $x^2+y^2-4z^2=1$；

(3) $x^2-y^2+z^2=1$；　(4) $z=\frac{x^2}{2}+\frac{y^2}{2}$.

5. 指出下列方程表示的曲面名称.

(1) $\frac{x^2}{9}+\frac{y^2}{4}+\frac{z^2}{25}=1$；　(2) $y^2+z^2=4$；

(3) $z=\frac{x^2}{2}-\frac{y^2}{3}$；　(4) $x^2+2y^2-4z^2=-1$.

6. 画出下列各方程所表示的曲面.

(1) $z^2-y=0$；　(2) $x^2-9y^2-z^2=9$；

(3) $x^2+2y^2-3z^2=1$；　(4) $z=\frac{x^2}{9}+\frac{y^2}{4}$.

本章小结

一、基本要求

1)理解空间直角坐标系，理解向量的概念及其表示.

2)掌握向量的运算(线性运算、数量积、向量积)，了解两个向量垂直、平行的条件.

3)理解单位向量、方向数与方向余弦、向量的坐标表达式，掌握用坐标表达式进行向量运算的方法.

4)掌握平面方程和直线方程及其求法.

5)会求平面与平面、平面与直线、直线与直线之间的夹角，并会利用平面、直线的相互关系(平行、垂直、相交等)解决有关问题.

6)会求点到直线以及点到平面的距离.

7)了解曲面方程和空间曲线方程的概念.

8)了解常用二次曲面的方程及其图形，会求简单的柱面和旋转曲面的方程.

二、基本内容

1. 向量与空间直角坐标系

(1)向量的概念

向量，向量的模，单位向量，零向量，负向量，向量平行.

(2)向量的线性运算

向量的加法，三角形法则，平行四边形法则，向量的减法，向量与数的乘法，向量的单位化.

设向量 $\boldsymbol{a} \neq 0$，则向量 $\boldsymbol{b}$ 平行于 $\boldsymbol{a}$ 的充分必要条件是存在唯一的实数 λ，使 $\boldsymbol{b}=\lambda\boldsymbol{a}$.

数轴上的点与向量：$\overrightarrow{OP}=x\boldsymbol{i}$.

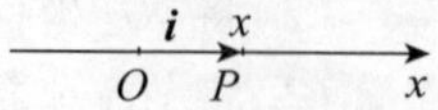

(3)空间直角坐标系

直角坐标系与右手法则，坐标面与八卦限，空间中的点的坐标.

2. 向量的坐标

(1)向量的坐标

任给向量 $\boldsymbol{r}$，将其起点放到坐标原点，终点为 $M(x, y, z)$，则 $\boldsymbol{r}=(x, y, z)$. 对于空间中任一点 M，向量 $\boldsymbol{r}=\overrightarrow{OM}$ 称为点 M 关于原点 O 的向径. 在向量的坐标表示下，向量的运算公式为

$$(a_x, a_y, a_z)+(b_x, b_y, b_z)=(a_x+b_x, a_y+b_y, a_z+b_z),$$
$$(a_x, a_y, a_z)-(b_x, b_y, b_z)=(a_x-b_x, a_y-b_y, a_z-b_z),$$
$$\lambda(a_x, a_y, a_z)=(\lambda a_x, \lambda a_y, \lambda a_z).$$

$(a_x, a_y, a_z)//(b_x, b_y, b_z)$ 等价于 $\dfrac{b_x}{a_x}=\dfrac{b_y}{a_y}=\dfrac{b_z}{a_z}$.

(2)向量的模

向量 $\boldsymbol{r}=(x,y,z)$ 的模 $|\boldsymbol{r}|=\sqrt{x^2+y^2+z^2}$.

设有点 $A(x_1, y_1, z_1)$、$B(x_2, y_2, z_2)$，则距离 $|AB|=\sqrt{(x_2-x_1)^2+(y_2-y_1)^2+(z_2-z_1)^2}$.

(3)方向角与方向余弦

当把两个非零向量 $\boldsymbol{a}$ 与 $\boldsymbol{b}$ 的起点放到同一点时，两个向量之间的不超过 π 的夹角称为向量 $\boldsymbol{a}$ 与 $\boldsymbol{b}$ 的夹角，记作 $(\boldsymbol{a} \stackrel{\wedge}{,} \boldsymbol{b})$ 或 $(\boldsymbol{b} \stackrel{\wedge}{,} \boldsymbol{a})$. 非零向量 $\boldsymbol{r}$ 与三条坐标轴的夹角 α、β、γ 称为向量 $\boldsymbol{r}$ 的方向角，方向角的余弦称为**向量的方向余弦**：$\cos\alpha$、$\cos\beta$、$\cos\gamma$. 显然有：$\cos\alpha=\dfrac{x}{|\boldsymbol{r}|}$，$\cos\beta=\dfrac{y}{|\boldsymbol{r}|}$，$\cos\gamma=\dfrac{z}{|\boldsymbol{r}|}$，以及 $\cos^2\alpha+\cos^2\beta+\cos^2\gamma=1$.

3. 向量的数量积与向量积

(1)两向量的数量积

数量积　$\boldsymbol{a}\cdot\boldsymbol{b}=|\boldsymbol{a}|\ |\boldsymbol{b}|\cos\theta$

数量积的性质：

1) $\boldsymbol{a}\cdot\boldsymbol{a}=|\boldsymbol{a}|^2$;

2) 对于两个非零向量 $\boldsymbol{a}$、$\boldsymbol{b}$，若 $\boldsymbol{a}\cdot\boldsymbol{b}=0$，则 $\boldsymbol{a}\perp\boldsymbol{b}$；反之，若 $\boldsymbol{a}\perp\boldsymbol{b}$，则 $\boldsymbol{a}\cdot\boldsymbol{b}=0$;

3) 交换律　$\boldsymbol{a}\cdot\boldsymbol{b}=\boldsymbol{b}\cdot\boldsymbol{a}$;

4) 分配律　$(\boldsymbol{a}+\boldsymbol{b})\cdot\boldsymbol{c}=\boldsymbol{a}\cdot\boldsymbol{c}+\boldsymbol{b}\cdot\boldsymbol{c}$;

5) $(\lambda\boldsymbol{a})\cdot\boldsymbol{b}=\boldsymbol{a}\cdot(\lambda\boldsymbol{b})=\lambda(\boldsymbol{a}\cdot\boldsymbol{b})$，$(\lambda\boldsymbol{a})\cdot(\mu\boldsymbol{b})=\lambda\mu(\boldsymbol{a}\cdot\boldsymbol{b})$，$\lambda$、$\mu$ 为数.

数量积的坐标计算公式：设 $\boldsymbol{a}=(a_x, a_y, a_z)$，$\boldsymbol{b}=(b_x, b_y, b_z)$，$\boldsymbol{a}\cdot\boldsymbol{b}=a_xb_x+a_yb_y+a_zb_z$.

两向量夹角的余弦的坐标公式：$\cos(\boldsymbol{a}\stackrel{\wedge}{}\boldsymbol{b})=\dfrac{a_xb_x+a_yb_y+a_zb_z}{\sqrt{a_x^2+a_y^2+a_z^2}\cdot\sqrt{b_x^2+b_y^2+b_z^2}}$.

(2)向量在轴上的投影

(3)两向量的向量积

向量积 设向量 $\boldsymbol{c}$ 是由两个向量 $\boldsymbol{a}$ 与 $\boldsymbol{b}$ 按下列方式定出：

1)$\boldsymbol{c}$ 的模 $|\boldsymbol{c}| = |\boldsymbol{a}||\boldsymbol{b}|\sin\theta$，其中 θ 为 $\boldsymbol{a}$ 与 $\boldsymbol{b}$ 间的夹角.

2)$\boldsymbol{c}$ 的方向垂直于 $\boldsymbol{a}$ 与 $\boldsymbol{b}$ 所决定的平面，$\boldsymbol{c}$ 的指向按右手规则从 $\boldsymbol{a}$ 转向 $\boldsymbol{b}$ 来确定.
向量 $\boldsymbol{c}$ 叫作向量 $\boldsymbol{a}$ 与 $\boldsymbol{b}$ 的向量积，记作 $\boldsymbol{a}\times\boldsymbol{b}$，即 $\boldsymbol{c}=\boldsymbol{a}\times\boldsymbol{b}$.

向量积的性质：

1) $\boldsymbol{a}\times\boldsymbol{a}=\boldsymbol{0}$;

2) 对于两个非零向量 $\boldsymbol{a}$、$\boldsymbol{b}$，如果 $\boldsymbol{a}\times\boldsymbol{b}=\boldsymbol{0}$，则 $\boldsymbol{a}/\!/\boldsymbol{b}$；反之，如果 $\boldsymbol{a}/\!/\boldsymbol{b}$，则 $\boldsymbol{a}\times\boldsymbol{b}=\boldsymbol{0}$.

向量积的运算律:

1) 反换律 $\boldsymbol{a}\times\boldsymbol{b}=-\boldsymbol{b}\times\boldsymbol{a}$;

2) 分配律 $(\boldsymbol{a}+\boldsymbol{b})\times\boldsymbol{c}=\boldsymbol{a}\times\boldsymbol{c}+\boldsymbol{b}\times\boldsymbol{c}$;

3) 结合律 $(\lambda\boldsymbol{a})\times\boldsymbol{b}=\boldsymbol{a}\times(\lambda\boldsymbol{b})=\lambda(\boldsymbol{a}\times\boldsymbol{b})$（$\lambda$ 为数）.

向量积的坐标表示：

$$\boldsymbol{a}\times\boldsymbol{b}=(a_yb_z-a_zb_y)\boldsymbol{i}+(a_zb_x-a_xb_z)\boldsymbol{j}+(a_xb_y-a_yb_x)\boldsymbol{k}=\begin{vmatrix}\boldsymbol{i} & \boldsymbol{j} & \boldsymbol{k}\\ a_x & a_y & a_z\\ b_x & b_y & b_z\end{vmatrix}.$$

4. 平面

平面的点法式方程：$A(x-x_0)+B(y-y_0)+C(z-z_0)=0$.

平面的一般方程：$Ax+By+Cz+D=0$.

平面的截距式方程：$\dfrac{x}{a}+\dfrac{y}{b}+\dfrac{z}{c}=1$.

点到平面的距离 设 $P_0(x_0,y_0,z_0)$是平面 Π：$Ax+By+Cz+D=0$ 外一点，P_0到这个平面的距离为 $d=\dfrac{|Ax_0+By_0+Cz_0+D|}{\sqrt{A^2+B^2+C^2}}$.

两平面的夹角 两平面的法线向量的夹角（通常指锐角）称为两平面的夹角. 设平面 Π_1 和 Π_2 的法线向量分别为 $\boldsymbol{n}_1=(A_1,B_1,C_1)$和 $\boldsymbol{n}_2=(A_2,B_2,C_2)$，平面 Π_1 和 Π_2 的夹角 θ 的余弦为

$$\cos\theta=|\cos(\widehat{\boldsymbol{n}_1,\boldsymbol{n}_2})|=\frac{|A_1A_2+B_1B_2+C_1C_2|}{\sqrt{A_1^2+B_1^2+C_1^2}\cdot\sqrt{A_2^2+B_2^2+C_2^2}}.$$

5. 空间直线

一般式方程 $\begin{cases}A_1x+B_1y+C_1z+D_1=0,\\ A_2x+B_2y+C_2z+D_2=0.\end{cases}$

点向式方程 如果已知直线 L 上的一点 $M_0(x_0,y_0,z_0)$以及与 L 平行的非零向量 $\boldsymbol{s}=(a,b,c)$时，那么直线 L 的方程为$\dfrac{x-x_0}{a}=\dfrac{y-y_0}{b}=\dfrac{z-z_0}{c}$.

两直线的夹角 设两直线的方程为 L_1：$\dfrac{x-x_1}{a_1}=\dfrac{y-y_1}{b_1}=\dfrac{z-z_1}{c_1}$与 L_2：$\dfrac{x-x_2}{a_2}=\dfrac{y-y_2}{b_2}=\dfrac{z-z_2}{c_2}$,

L_1 与 L_2 夹角的余弦为

$$\cos(\widehat{\boldsymbol{s}_1, \boldsymbol{s}_2}) = \frac{|\boldsymbol{s}_1 \cdot \boldsymbol{s}_2|}{|\boldsymbol{s}_1||\boldsymbol{s}_2|} = \frac{|a_1a_2 + b_1b_2 + c_1c_2|}{\sqrt{a_1^2 + b_1^2 + c_1^2} \cdot \sqrt{a_2^2 + b_2^2 + c_2^2}}.$$

直线与平面的夹角　设直线方程为 L: $\frac{x-x_0}{a} = \frac{y-y_0}{b} = \frac{z-z_0}{c}$，平面方程为 Π：$Ax+By+Cz+D=0$，φ 是 L 与 Π 的夹角，则 $\sin\varphi = \frac{|aA+bB+cC|}{\sqrt{a^2+b^2+c^2} \cdot \sqrt{A^2+B^2+C^2}}$.

6. 曲面及其方程

曲面的一般方程：$F(x, y, z)=0$.

球面的一般方程：$(x-x_0)^2+(y-y_0)^2+(z-z_0)^2=R^2$.

旋转曲面　设在 yOz 坐标面上有一已知曲线 C，它的方程为 $f(y, z)=0$，绕 z 轴旋转一周，就得 $f(\pm\sqrt{x^2+y^2}, z)=0$. 同理，曲线 C 绕 y 轴旋转为 $f(y, \pm\sqrt{x^2+z^2})=0$.

圆锥面的方程：$z^2=a^2(x^2+y^2)$.

双叶旋转双曲面：$\frac{x^2}{a^2}-\frac{y^2+z^2}{c^2}=1$.

单叶旋转双曲面：$\frac{x^2+y^2}{a^2}-\frac{z^2}{c^2}=1$.

柱面　$F(x, y)=0$ 为母线平行于 z 轴，准线是 xOy 面上的曲线 C：$F(x, y)=0$ 的柱面. $G(x, z)=0$ 与 $H(y, z)=0$ 分别表示母线平行于 y 轴和 x 轴的柱面.

椭圆锥面 $\frac{x^2}{a^2}+\frac{y^2}{b^2}=z^2$. 椭球面 $\frac{x^2}{a^2}+\frac{y^2}{b^2}+\frac{z^2}{c^2}=1$.

单叶双曲面 $\frac{x^2}{a^2}+\frac{y^2}{b^2}-\frac{z^2}{c^2}=1$. 双叶双曲面 $\frac{x^2}{a^2}-\frac{y^2}{b^2}-\frac{z^2}{c^2}=1$.

椭圆抛物面 $\frac{x^2}{a^2}+\frac{y^2}{b^2}=z$. 双曲抛物面 $\frac{x^2}{a^2}-\frac{y^2}{b^2}=z$.

复习题 8

1. 选择题.

(1)将下列向量的起点移到同一点，终点构成一个球面的是(　　).

A. 平行于同一平面的所有向量　　B. 平行于同一平面的所有单位向量

C. 空间中所有向量　　D. 空间中所有单位向量

(2)下列叙述中不是向量 $\boldsymbol{a}$ 与 $\boldsymbol{b}$ 平行的充分条件的是(　　).

A. $\boldsymbol{a}$ 与 $\boldsymbol{b}$ 的数量积为0　　B. $\boldsymbol{a}$ 与 $\boldsymbol{b}$ 的向量积为0

C. $\boldsymbol{a}$ 与 $\boldsymbol{b}$ 都是单位向量　　D. $\boldsymbol{a}$ 与 $\boldsymbol{b}$ 都不是单位向量

(3)行列式 $\begin{vmatrix} 1 & 4 & 7 \\ 2 & 5 & 8 \\ 3 & 6 & 9 \end{vmatrix}$ 的值为(　　).

A. 0　　B. 1　　C. 3　　D. -3

(4)下列向量中与平面 $x-y+2z-11=0$ 平行的是(　　).

A. (1, −1, 2)　　B. (−1, 1, −2)

C. (1, 5, 2)　　D. (−1, 5, −2)

(5) 下面两平面相互垂直的是(　　).

A. $x-y-3z-6=0$ 与 $2x-2y-6z+12=0$

B. $x-y-3z-6=0$ 与 $x-8y+z+1=0$

C. $x-y-3z-6=0$ 与 $x-2y+z+1=0$

D. $x-y-3z-6=0$ 与 $\frac{x}{6}-\frac{y}{6}-\frac{z}{2}=1$

(6) 原点 $O(0, 0, 0)$ 到平面 $x=2$ 的距离是(　　).

A. 2　　B. 4　　C. $2\sqrt{2}$　　D. $\frac{\sqrt{2}}{2}$

(7) 下列平面中与直线 $\frac{x+1}{3}=\frac{y+2}{-1}=\frac{z-3}{-2}$ 垂直的是(　　).

A. $x-5y+4z-12=0$　　B. $2x-y-z-6=0$

C. $3x+y+2z-17=0$　　D. $\frac{x}{2}-\frac{y}{6}-\frac{z}{3}=1$

(8) 直线 $\begin{cases}3x+5y-z+11=0,\\ x+8y-11z-17=0\end{cases}$ 与直线 $\frac{x}{6}=\frac{y}{-2}=\frac{z}{-3}$ 的位置关系是(　　).

A. 垂直　　B. 平行　　C. 相交　　D. 异面

(9) 下列曲面中不是关于原点中心对称的是(　　).

A. 旋转椭球面 $\frac{y^2}{a^2}+\frac{x^2+z^2}{b^2}=1$　　B. 椭圆抛物面 $z=x^2+y^2$

C. 双叶旋转双曲面 $\frac{y^2}{a^2}-\frac{x^2+z^2}{b^2}=1$　　D. 单叶旋转双曲面 $\frac{y^2+x^2}{a^2}-\frac{z^2}{b^2}=1$

(10) 曲面 $\frac{x^2}{4}+\frac{y^2}{25}-\frac{z^2}{9}=1$ 与平面 $z=3$ 的交是(　　).

A. 椭圆　　B. 双曲线　　C. 抛物线　　D. 两条相交的直线

2. 填空题.

(1) 在平行四边形 $ABCD$ 中，对角线 AC 与 BD 交于点 O，记 $AO=p$，$BO=q$，则 $AB=$________，$AD=$________.

(2) 已知三角形 $\triangle ABC$ 三顶点的坐标分别为 $A(0, 0, 2)$，$B(8, 0, 0)$，$C(0, 8, 6)$，则 BC 边上的高的长度为________.

(3) 力 $\boldsymbol{F}=-2\boldsymbol{i}+3\boldsymbol{j}+\boldsymbol{k}$ 将一质点从 $A(-1, 1, 3)$ 移到 $B(-3, 0, 1)$ 所做的功为________.

(4) 平面 $x-2y-3z+6=0$ 与三坐标面围成的四面体的体积为________.

(5) 作用在原点的力 $\boldsymbol{F}=-\boldsymbol{i}+3\boldsymbol{j}-2\boldsymbol{k}$ 对点 $B(-2, 0, 1)$ 的力矩的大小为________.

(6) 已知 $-2x+my-z+11=0$ 与 $mx-y-z=1$ 垂直，则 $m=$________.

(7) 已知直线 $\begin{cases}x-2y+z-1=0,\\ \lambda x+2y+3z+1=0\end{cases}$ 与 x 轴相交，则 $\lambda=$________.

(8) 已知 $A(0, 1, 4)$ 与 $B(-2, 3, 0)$，则线段 AB 的中垂面的方程为________.

(9) 球面 $x^2+y^2+z^2+2x-6y-2z-100=0$ 的半径是________.

(10)母线平行于 y 轴，准线为$\begin{cases}z=x^2+y^2,\\y=2\end{cases}$的柱面方程为________________.

3. 计算题.

(1)已知 $|\boldsymbol{a}|=2$，$|\boldsymbol{b}|=7$，$|\boldsymbol{c}|=5$，且 $\boldsymbol{a}+\boldsymbol{b}+\boldsymbol{c}=0$，计算 $\boldsymbol{a}\cdot\boldsymbol{b}+\boldsymbol{b}\cdot\boldsymbol{c}+\boldsymbol{c}\cdot\boldsymbol{a}$.

(2)求通过 x 轴且到点 $P(3,1,4)$ 的距离为 1 的平面方程.

(3)求过原点 $O(0,0,0)$ 且与直线 $\frac{x-1}{-1}=\frac{y}{1}=\frac{z+2}{-1}$ 和 $\frac{x}{1}=\frac{y-1}{-1}=\frac{z+1}{0}$ 都垂直的直线方程.

(4)求过点 $(2,-1,0)$ 且与平面 $x-y+z-1=0$ 和 $2x+y+z+1=0$ 垂直的平面方程.

(5)求过点 $A(3,2,1)$ 和 $B(-1,2,-3)$ 且垂直于 zOx 坐标面的平面方程.

(6)求经过直线$\begin{cases}2x-3y+z-6=0,\\x+y+14=0\end{cases}$与点 $A(1,1,-1)$ 的平面方程.

(7)求过直线$\begin{cases}x=0,\\y=6\end{cases}$与 $\frac{x+8}{0}=\frac{y}{0}=\frac{z-10}{2}$ 以及 z 轴的圆柱面的方程.

第9章　多元函数微分学与应用

以前的学习内容，所讨论的都是只有一个自变量的函数，也称为一元函数. 但是，很多自然科学、工程技术和经济问题的变化往往受到多个因素的影响，也就是一个变量依赖于两个或更多个自变量的情况，这就是多元函数.

本章讨论多元函数的微分法及其应用，讨论中重点介绍二元函数. 因为从一元函数到二元函数，本质上会产生新的变化，但是从二元函数到多元函数，则可以类推.

9.1　多元函数的基本概念

9.1.1　问题的提出

引例1　圆柱体的体积 V 和它的底半径 r、高 h 之间具有关系

$$V=\pi r^2 h.$$

引例2　具有一定质量的理想气体，其体积 V、压强 p、热力学温度 T 之间具有关系

$$p=\frac{RT}{V}(R\text{ 是常数}).$$

引例3　长方体的体积 V 和它的长度 x、宽度 y、高度 z 之间有关系式

$$V=xyz.$$

x，y，z，V 是四个变量，当其中三个变量 x，y，z 在其变化范围($x>0$，$y>0$，$z>0$)内任意取定一组数值 x_0，y_0，z_0 时，根据给定的关系，V 就有一个确定的值 $V_0=x_0y_0z_0$ 与之对应.

9.1.2　多元函数的概念

定义1　由平面上的一条或几条曲线围成的部分平面或整个平面，称为**平面区域**，简称**区域**. 根据区域的特点，区域可分为不同的类型. 可以包围在一个以原点为中心，以适当的长为半径的圆内的区域称为**有界区域**. 可以延伸到平面的无限远处的区域称为**无界区域**. 不包括边界的区域称为**开区域**. 包括边界的区域称为**闭区域**.

例如，$E_1=\{(x,y)\mid 1<x^2+y^2<2\}$ 是开区域，且为有界的，如图9-1-1所示；$E_2=\{(x,y)\mid x^2+y^2\leqslant 2\}$ 是有界闭区域，如图9-1-2所示；$E_3=\{(x,y)\mid 1\leqslant x^2+y^2\leqslant 2\}$ 是有界闭区域，如图9-1-3所示；$E_4=\{(x,y)\mid x+y>1\}$ 是无界开区域，如图9-1-4所示.

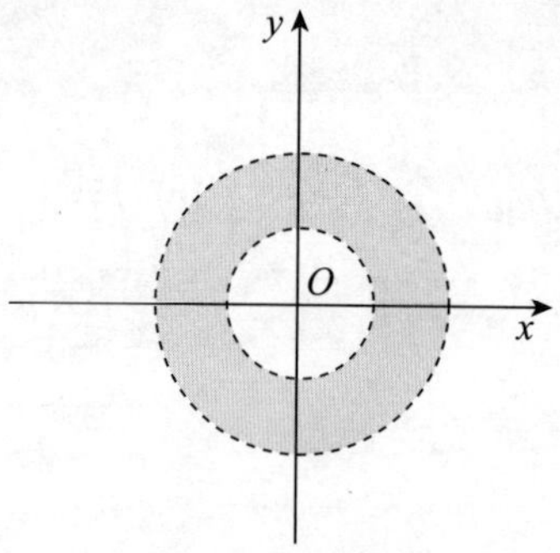

图 9-1-1

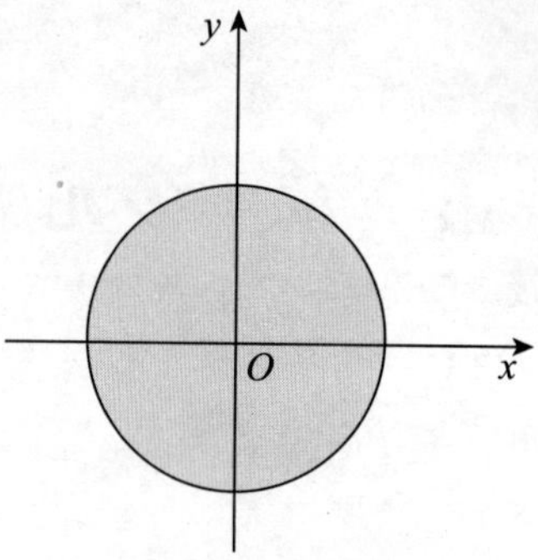

图 9-1-2

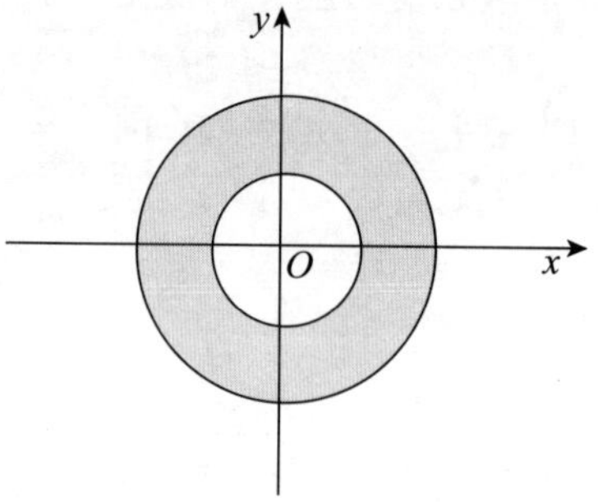

图 9-1-3

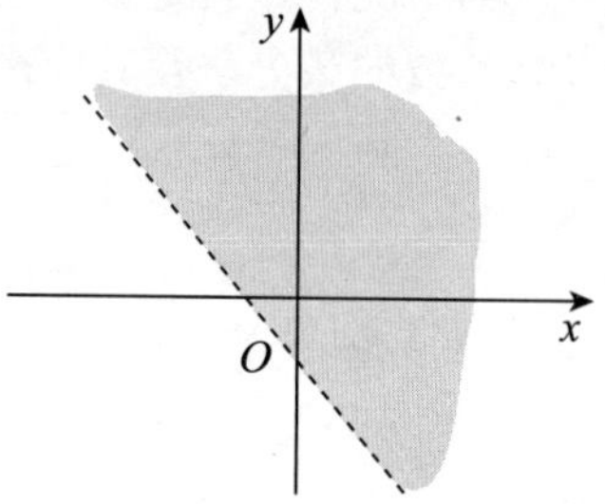

图 9-1-4

定义 2 设 $P_0(x_0, y_0)$ 是 xOy 平面上的一个点，δ 是某一正数. 与点 $P_0(x_0, y_0)$ 距离小于 δ 的点 $P(x, y)$ 的全体，称为**点 P_0 的 δ 邻域**，记为 $U(P_0, \delta)$，即

$$U(P_0, \delta)=\{P \mid |PP_0|<\delta\}=\{(x, y) \mid \sqrt{(x-x_0)^2+(y-y_0)^2}<\delta\}.$$

邻域的几何意义:$U(P_0, \delta)$ 表示 xOy 平面上以点 $P_0(x_0, y_0)$ 为中心、$\delta(\delta>0)$ 为半径的圆的内部的点 $P(x, y)$ 的全体，如图 9-1-5 所示.

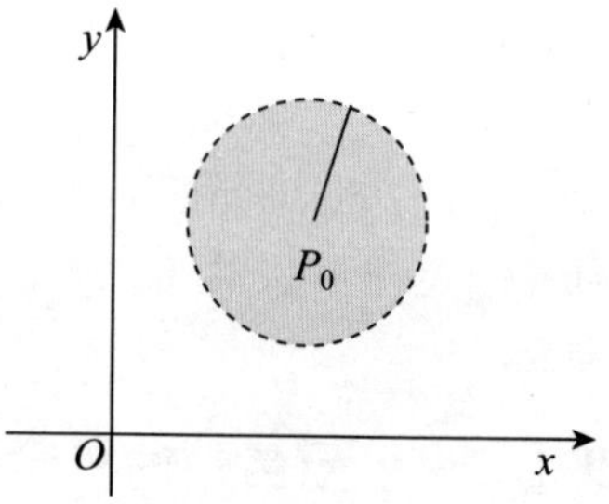

图 9-1-5

点 P_0 的去心 δ 邻域，记作 $\mathring{U}(P_0, \delta)$，即

$$\mathring{U}(P_0, \delta)=\{P \mid 0<|P_0P|<\delta\}.$$

如果不需要强调邻域的半径 δ，则用 $U(P_0)$ 表示点 P_0 的某个邻域，用 $\mathring{U}(P_0)$ 表示点 P_0 的去心邻域.

定义 3 设有变量 x, y, z，若当 x, y 在一定范围内取一对数值时，变量 z 按照一定的规则 f 总有确定的数值 z 与之对应，则称 z 为 x, y 的**二元函数**，记为 $z=f(x, y)$，其中 x, y 称为自变量，z 称为函数或因变量，自变量 x, y 的取值范围称为函数的定义域，常用 D 表示.

例如，函数 $z=\ln(x+y)$ 为二元函数，其定义域为 $D=\{(x, y) \mid x+y>0\}$；函数 $z=\arcsin(x^2+y^2)$ 为二元函数，其定义域为 $D=\{(x, y) \mid x^2+y^2\leqslant 1\}$.

二元函数的图形：点集 $\{(x, y, z) \mid z=f(x, y), x, y\in D\}$ 称为二元函数 $z=f(x, y)$ 的图形，二元函数的图形是一张曲面.

例如，设函数 $z=f(x, y)$ 的定义域为 D. 对于任意取定的点 $P(x, y)\in D$，对应的函数值为$z=f(x, y)$. 这样，以 x 为横坐标、y 为纵坐标、$z=f(x, y)$为竖坐标在空间就确定一点 $M(x, y, z)$. 当(x, y)取遍 D 上的一切点时，得到一个空间点集$\{(x, y, z) \mid z=f(x, y), (x, y)\in D\}$. 这个点集称为二元函数 $z=f(x, y)$的图形(图 9-1-6). 通常我们也说二元函数的图形是一张空间中的曲面.

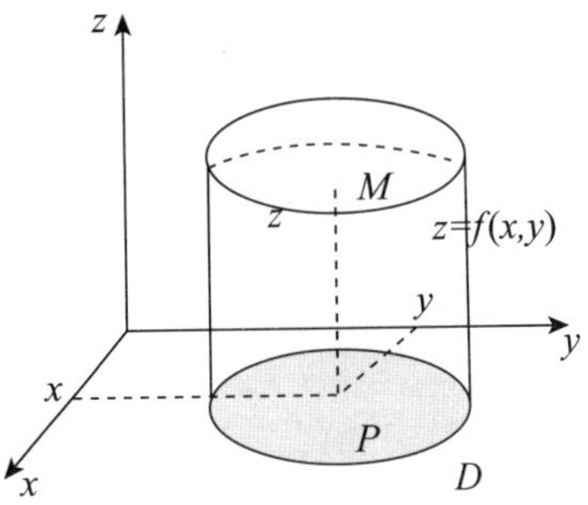

图　9-1-6

例如，由空间解析几何知道，线性函数 $z=ax+by+c$ 的图形是一个平面.

由方程 $x^2+y^2+z^2=a^2$ 所确定的函数 $z=f(x, y)$的图形是球心在原点、半径为 a 的球面，它的定义域是圆形闭区域 $D=\{(x, y) \mid x^2+y^2\leqslant a^2\}$. 在 D 的内部任一点(x, y)处，函数有两个对应值，一个为 $\sqrt{a^2-x^2-y^2}$，另一个为 $-\sqrt{a^2-x^2-y^2}$. 因此，这是多值函数，它有两个单值分支：$z=\sqrt{a^2-x^2-y^2}$及 $z=-\sqrt{a^2-x^2-y^2}$. 前者表示上半球面，后者表示下半球面. 以后除了对多元函数另作声明外，总假定所讨论的函数是单值的；如果遇到多值函数，可以找出它的(全部)单值分支，然后加以讨论.

类似的，可定义三元函数 $u=f(x, y, z)$以及三元以上的函数等，多于一个自变量的函数统称为**多元函数**，通常记为 $u=f(x_1, x_2, \cdots, x_n)$，$(x_1, x_2, \cdots, x_n)\in D$.

9.1.3　多元函数的极限

定义 4　设函数 $z=f(x, y)$在点 $P_0(x_0, y_0)$的某个邻域内有定义(在点 $P_0(x_0, y_0)$处可以无定义)，若当点 $P(x, y)$以任意方式趋向于点 $P_0(x_0, y_0)$时，相应的函数值 $f(x, y)$无限接近于一个确定的常数 A，则称**当$(x, y)\to(x_0, y_0)$时，函数 $f(x, y)$以 A 为极限**，记作$\lim\limits_{\substack{x\to x_0\\ y\to y_0}} f(x, y)=A$ 或 $f(x, y)\to A(x\to x_0, y\to y_0)$.

上述定义的极限也称为**二重极限**.

说明：

1)二重极限存在，是指 P 以任何方式趋于 P_0 时，函数都无限接近于 A.

2)如果当 P 以两种不同方式趋于 P_0 时，函数趋于不同的值，那么函数的极限不存在.

例 1　函数 $f(x, y)=\begin{cases}\dfrac{xy}{x^2+y^2}, & x^2+y^2\neq 0,\\ 0, & x^2+y^2=0\end{cases}$在点(0, 0)有无极限?

解　当点 $P(x, y)$沿直线 $y=kx$ 趋于点(0, 0)时，有

$$\lim_{\substack{x\to 0\\ y=kx}}\frac{xy}{x^2+y^2}=\lim_{x\to 0}\frac{kx^2}{x^2+k^2x^2}=\frac{k}{1+k^2}.$$

该结果随 k 的变化而变化. 因此，函数 $f(x, y)$在(0, 0)处无极限.

3)二重极限的概念可以推广为多元函数的极限. 多元函数的极限运算法则与一元函数的情况类似.

例 2　求$\lim\limits_{\substack{x\to 0\\ y\to 0}}\dfrac{1}{x^2+y^2}$.

解　因为$\lim\limits_{\substack{x\to 0\\ y\to 0}}(x^2+y^2)=0$，所以$\lim\limits_{\substack{x\to 0\\ y\to 0}}\dfrac{1}{x^2+y^2}=\infty$.

例 3　求$\lim\limits_{\substack{x\to 0\\ y\to 5}}\dfrac{\sin(xy)}{x}$.

解　$\lim\limits_{\substack{x\to 0\\ y\to 5}}\dfrac{\sin(xy)}{x}=\lim\limits_{\substack{x\to 0\\ y\to 5}}\dfrac{\sin(xy)}{xy}\cdot y=\lim\limits_{\substack{x\to 0\\ y\to 5}}\dfrac{\sin(xy)}{xy}\cdot\lim\limits_{\substack{x\to 0\\ y\to 5}}y=1\times 5=5.$

例 4　求$\lim\limits_{\substack{x\to 0\\ y\to 2}}(1+xy)^{\frac{1}{x}}$.

解　$\lim\limits_{\substack{x\to 0\\ y\to 2}}(1+xy)^{\frac{1}{x}}=\lim\limits_{\substack{x\to 0\\ y\to 2}}\left[(1+xy)^{\frac{1}{xy}}\right]^{y}=\mathrm{e}^2.$

9.1.4　多元函数的连续性

1. 多元函数的连续性

定义 5　设有二元函数 $z=f(x,y)$，若

$$\lim_{\substack{x\to x_0\\ y\to y_0}}f(x,y)=f(x_0,y_0),$$

则称**函数 $f(x,y)$ 在点 $P_0(x_0,y_0)$ 连续**.

若函数 $f(x,y)$ 在 D 的每一点都连续，则称**函数 $f(x,y)$ 在 D 上连续**，或者称 $f(x,y)$ 是 D 上的**连续函数**.

说明：二元函数的连续性的概念可推广到 n 元函数 $f(x_1,x_2,\cdots,x_n)$.

定义 6　若 $f(x,y)$ 在点 $P_0(x_0,y_0)$ 处不连续，则称点 $P_0(x_0,y_0)$ 是二元函数 $z=f(x,y)$ 的不连续点或间断点.

例如，函数 $f(x,y)=\begin{cases}\dfrac{xy}{x^2+y^2}, & x^2+y^2\neq 0,\\ 0, & x^2+y^2=0,\end{cases}$ 当 $(x,y)\to(0,0)$ 时的极限不存在，所以点 $O(0,0)$ 是该函数的一个间断点.

又如，函数 $z=\sin\dfrac{1}{x^2+y^2-1}$，其定义域为 $D=\{(x,y)\mid x^2+y^2\neq 1\}$，$f(x,y)$ 在圆周 $C=\{(x,y)\mid x^2+y^2=1\}$ 上没有定义，当然 $f(x,y)$ 在 C 上各点都不连续，所以圆周 C 上各点都是该函数的间断点.

2. 多元连续函数的运算法则

多元连续函数的和、差、积、商(分母不为零)仍为连续函数；多元连续函数的复合函数也是连续函数.

与一元初等函数类似，多元初等函数是指可用一个式子所表示的多元函数，这个式子是由常数及具有不同自变量的一元基本初等函数经过有限次的四则运算和复合运算而得到的.

例如，$\dfrac{x+x^2-y^2}{1+y^2}$，$\sin(x+y)$，$\mathrm{e}^{x^2+y^2+z^2}$都是多元初等函数.

多元初等函数在其定义区域内是连续的. 由多元连续函数的连续性，如果求多元连续函数在一点处的极限，而该点又在此函数的定义区域内，则该点处的极限就等于此函数在该点处的函数值. 例如，$\lim\limits_{\substack{x\to 1\\ y\to 2}}\dfrac{x+y}{x-y}=\dfrac{1+2}{1-2}=-3$.

例 5　求$\lim\limits_{\substack{x\to 0\\ y\to 0}}\dfrac{\sqrt{xy+1}-1}{xy}$.

解　$\lim\limits_{\substack{x\to 0\\ y\to 0}}\dfrac{\sqrt{xy+1}-1}{xy}=\lim\limits_{\substack{x\to 0\\ y\to 0}}\dfrac{(\sqrt{xy+1}-1)(\sqrt{xy+1}+1)}{xy(\sqrt{xy+1}+1)}=\lim\limits_{\substack{x\to 0\\ y\to 0}}\dfrac{1}{\sqrt{xy+1}+1}=\dfrac{1}{2}$.

3. 多元连续函数的性质

性质 1（有界性与最大值最小值定理）　在有界闭区域 D 上的多元连续函数，必定在 D 上有界，且能取得它的最大值和最小值.

性质 2（介值定理）　在有界闭区域 D 上的多元连续函数必取得介于最大值和最小值之间的任何值.

习题 9.1

1. 求下列多元函数.

(1) 已知函数 $f(x, y)=x^2+y^2-xy\sin\dfrac{x}{y}$，试求 $f(tx, ty)$；

(2) 已知函数 $f(u, v)=u^v+v^u$，试求 $f(x+y, x-y)$；

(3) 已知函数 $f(x+y, xy)=x^2+y^2$，试求 $f(x, y)$.

2. 求下列各函数的定义域.

(1) $z=\ln(x^2-3y^2)$；

(2) $u=\sqrt{16-x^2-y^2-z^2}-\dfrac{3}{\sqrt{x^2+y^2+z^2-9}}$.

3. 求下列各极限.

(1) $\lim\limits_{\substack{x\to 0\\ y\to 0}}\dfrac{1}{x^3-y^3}$；　(2) $\lim\limits_{\substack{x\to 2\\ y\to 0}}\dfrac{\ln(y+e^x)}{\sqrt{x^2+y^2}}$；　(3) $\lim\limits_{\substack{x\to 5\\ y\to 0}}\dfrac{\sin(2xy)}{y}$；

(4) $\lim\limits_{\substack{x\to 0\\ y\to 3}}\left(1+\dfrac{x}{y}\right)^{\frac{1}{x}}$；(5) $\lim\limits_{\substack{x\to 0\\ y\to 0}}\dfrac{2-\sqrt{xy+4}}{xy}$.

9.2　多元函数的偏导数

9.2.1　偏导数的概念

对于二元函数 $z=f(x, y)$，如果只有自变量 x 变化，而自变量 y 固定，这时它就是 x 的一元函数，该函数对 x 的导数，就称为二元函数 $z=f(x, y)$ 对于 x 的偏导数.

定义 1　设函数 $z=f(x, y)$ 在点 (x_0, y_0) 的某一邻域内有定义，当 y 固定在 y_0 而 x 在 x_0 处有增量 Δx 时，相应地函数有增量

$$f(x_0+\Delta x, y_0)-f(x_0, y_0).$$

若极限

$$\lim_{\Delta x\to 0}\frac{f(x_0+\Delta x, y_0)-f(x_0, y_0)}{\Delta x}$$

存在，则称此极限为**函数 $z=f(x, y)$ 在点 (x_0, y_0) 处对 x 的偏导数**，记作

$$\left.\frac{\partial z}{\partial x}\right|_{\substack{x=x_0\\y=y_0}}, \left.\frac{\partial f}{\partial x}\right|_{\substack{x=x_0\\y=y_0}}, \left.z'_x\right|_{\substack{x=x_0\\y=y_0}}, \text{或} f'_x(x_0, y_0).$$

类似的，函数 $z=f(x, y)$ 在点 (x_0, y_0) 处对 y 的偏导数定义为

$$\lim_{\Delta y\to 0}\frac{f(x_0, y_0+\Delta y)-f(x_0, y_0)}{\Delta y},$$

记作 $\frac{\partial z}{\partial y}$，$\frac{\partial f}{\partial y}$，$z'_y$，或 $f'_y(x_0, y_0)$.

定义 2　如果函数 $z=f(x, y)$ 在区域 D 内每一点 (x, y) 处对 x 的偏导数都存在，那么这个偏导数就是 x、y 的函数，它称为**函数 $z=f(x, y)$ 对自变量 x 的偏导函数**，记作

$$\frac{\partial z}{\partial x}, \frac{\partial f}{\partial x}, z'_x, \text{或} f'_x(x, y).$$

偏导函数的定义式为 $f'_x(x, y)=\lim\limits_{\Delta x\to 0}\frac{f(x+\Delta x, y)-f(x, y)}{\Delta x}$.

类似的，可定义函数 $z=f(x, y)$ 对 y 的偏导函数，记为

$$\frac{\partial z}{\partial y}, \frac{\partial f}{\partial y}, z'_y, \text{或} f'_y(x, y).$$

偏导函数的定义式为 $f'_y(x, y)=\lim\limits_{\Delta y\to 0}\frac{f(x, y+\Delta y)-f(x, y)}{\Delta y}$.

说明：

1）偏导数的概念可推广到二元以上的函数. 例如三元函数 $u=f(x, y, z)$ 在点 (x, y, z) 处对 x 的偏导数定义为 $f'_x(x, y, z)=\lim\limits_{\Delta x\to 0}\frac{f(x+\Delta x, y, z)-f(x, y, z)}{\Delta x}$.

2）对于多元函数来说，即使各偏导数在某点都存在，也不能保证函数在该点处连续.

例 1　验证：$f(x, y)=\begin{cases}\frac{xy}{x^2+y^2}, & x^2+y^2\neq 0,\\ 0, & x^2+y^2=0\end{cases}$ 在点 $(0, 0)$ 有 $f'_x(0, 0)=0$，$f'_y(0, 0)=0$，但函数在点 $(0, 0)$ 处并不连续.

解　因为 $\lim\limits_{\Delta x\to 0}\frac{f(0+\Delta x, 0)-f(0, 0)}{\Delta x}=\lim\limits_{\Delta x\to 0}\frac{0}{\Delta x}=0$,

$$\lim_{\Delta y\to 0}\frac{f(0, 0+\Delta y)-f(0, 0)}{\Delta y}=\lim_{\Delta y\to 0}\frac{0}{\Delta y}=0,$$

所以 $f'_x(0, 0)=0$，$f'_y(0, 0)=0$.

而当点 $P(x, y)$ 沿直线 $y=kx$ 趋于点 $(0, 0)$ 时，有

$$\lim_{\substack{x\to 0\\y=kx}}\frac{xy}{x^2+y^2}=\lim_{x\to 0}\frac{kx^2}{x^2+k^2x^2}=\frac{k}{1+k^2}.$$

因此，$\lim\limits_{(x,y)\to(0,0)}f(x, y)$ 不存在，故函数 $f(x, y)$ 在点 $(0, 0)$ 处不连续.

9.2.2　偏导数的计算

从偏导数的定义中可以看出，二元函数 $z=f(x, y)$ 偏导数的实质就是把一个自变量固定，而将二元函数 $z=f(x, y)$ 看作另一个自变量的一元函数的导数. 因此求 $\frac{\partial z}{\partial x}$ 时，只要把 y 看作

常量而对 x 求导数；求$\frac{\partial z}{\partial y}$时，只要把 x 看作常量而对 y 求导数.

特别的，要求一点处的偏导数时，还可以利用以下结论求解.

1) $f_x'(x_0, y_0)=f_x'(x, y)$；　　2) $f_y'(x_0, y_0)=f_y'(x, y)$；

3) $f_x'(x_0, y_0)=[\frac{d}{dx}f(x, y_0)]|_{x=x_0}$；　　4) $f_y'(x_0, y_0)=[\frac{d}{dy}f(x_0, y)]|_{y=y_0}$.

三元和三元以上函数的偏导数也可以类似求得. 即对一个自变量求偏导时，将其他自变量看作常量. 例如，三元函数 $u=f(x, y, z)$，求$\frac{\partial u}{\partial x}$时，只要把 y，z 看作常量而对 x 求导数；求$\frac{\partial u}{\partial y}$时，只要把 x，z 看作常量而对 y 求导数；求$\frac{\partial u}{\partial z}$时，只要把 x，y 看作常量而对 z 求导数.

例 2　求 $z=x^2-xy+y^2$ 在点(1，2)处的偏导数.

解　$\frac{\partial z}{\partial x}=2x-y$，$\frac{\partial z}{\partial y}=-x+2y$. $\left.\frac{\partial z}{\partial x}\right|_{(1,2)}=2\times1-2=0$，$\left.\frac{\partial z}{\partial y}\right|_{(1,2)}=-1+2\times2=3$.

例 3　设 $f(x, y)=\mathrm{e}^{\arctan\frac{y}{x}}\ln(x^2+y^2)$，求 $f_x'(1, 0)$.

解　如果先求偏导数 $f_x'(x, y)$，运算会比较麻烦，但是若先把函数中的 y 固定在 $y=0$，则有 $f(x, 0)=2\ln x$，从而 $f_x'(x, 0)=\frac{2}{x}$，$f_x'(1, 0)=2$.

例 4　求 $z=x^2\sin2y$ 的偏导数.

解　$\frac{\partial z}{\partial x}=2x\sin2y$，$\frac{\partial z}{\partial y}=2x^2\cos2y$.

例 5　设 $z=x^y(x>0, x\neq1)$，求证：$\frac{x}{y}\frac{\partial z}{\partial x}+\frac{1}{\ln x}\frac{\partial z}{\partial y}=2z$.

证明　$\frac{\partial z}{\partial x}=yx^{y-1}$，$\frac{\partial z}{\partial y}=x^y\ln x$.

$$\frac{x}{y}\frac{\partial z}{\partial x}+\frac{1}{\ln x}\frac{\partial z}{\partial y}=\frac{x}{y}yx^{y-1}+\frac{1}{\ln x}x^y\ln x=x^y+x^y=2z.$$

例 6　求 $r=\sqrt{x^2+y^2+z^2}$ 的偏导数.

解　$\frac{\partial r}{\partial x}=\frac{x}{\sqrt{x^2+y^2+z^2}}=\frac{x}{r}$；$\frac{\partial r}{\partial y}=\frac{y}{\sqrt{x^2+y^2+z^2}}=\frac{y}{r}$；$\frac{\partial r}{\partial z}=\frac{z}{\sqrt{x^2+y^2+z^2}}=\frac{z}{r}$.

9.2.3　高阶偏导数

定义 3　若函数 $z=f(x, y)$ 在区域 D 内的偏导数 $f_x'(x, y)$、$f_y'(x, y)$ 也具有偏导数，则它们的偏导数称为函数 $z=f(x, y)$ 的二阶偏导数.

按照对变量求偏导次序的不同有下列四个二阶偏导数

$$\frac{\partial}{\partial x}\left(\frac{\partial z}{\partial x}\right)=\frac{\partial^2 z}{\partial x^2}=f_{xx}''(x, y),\quad \frac{\partial}{\partial y}\left(\frac{\partial z}{\partial x}\right)=\frac{\partial^2 z}{\partial x\partial y}=f_{xy}''(x, y),$$

$$\frac{\partial}{\partial x}\left(\frac{\partial z}{\partial y}\right)=\frac{\partial^2 z}{\partial y\partial x}=f_{yx}''(x, y),\quad \frac{\partial}{\partial y}\left(\frac{\partial z}{\partial y}\right)=\frac{\partial^2 z}{\partial y^2}=f_{yy}''(x, y),$$

其中$\frac{\partial}{\partial y}\left(\frac{\partial z}{\partial x}\right)=\frac{\partial^2 z}{\partial x\partial y}=f_{xy}''(x, y)$，$\frac{\partial}{\partial x}\left(\frac{\partial z}{\partial y}\right)=\frac{\partial^2 z}{\partial y\partial x}=f_{yx}''(x, y)$称为混合偏导数.

类似的，可定义三阶、四阶、以及 n 阶偏导数及二元以上函数的高阶偏导数.

定义 4 二阶及二阶以上的偏导数统称为**高阶偏导数**.

例 7 验证函数 $z=\ln\sqrt{x^2+y^2}$ 满足方程 $\frac{\partial^2 z}{\partial x^2}+\frac{\partial^2 z}{\partial y^2}=0$.

证明 因为 $z=\ln\sqrt{x^2+y^2}=\frac{1}{2}\ln(x^2+y^2)$，所以

$$\frac{\partial z}{\partial x}=\frac{x}{x^2+y^2},\ \frac{\partial z}{\partial y}=\frac{y}{x^2+y^2},$$

$$\frac{\partial^2 z}{\partial x^2}=\frac{(x^2+y^2)-x\cdot 2x}{(x^2+y^2)^2}=\frac{y^2-x^2}{(x^2+y^2)^2},\ \frac{\partial^2 z}{\partial y^2}=\frac{(x^2+y^2)-y\cdot 2y}{(x^2+y^2)^2}=\frac{x^2-y^2}{(x^2+y^2)^2}.$$

因此，$\frac{\partial^2 z}{\partial x^2}+\frac{\partial^2 z}{\partial y^2}=\frac{y^2-x^2}{(x^2+y^2)^2}+\frac{x^2-y^2}{(x^2+y^2)^2}=0$.

例 8 设 $z=x^3y^2-3xy^3-xy+1$，求 $\frac{\partial^2 z}{\partial x^2}$、$\frac{\partial^3 z}{\partial x^3}$、$\frac{\partial^2 z}{\partial x\partial y}$ 和 $\frac{\partial^2 z}{\partial y\partial x}$.

解 $\frac{\partial z}{\partial x}=3x^2y^2-3y^3-y$，$\frac{\partial z}{\partial y}=2x^3y-9xy^2-x$；

$\frac{\partial^2 z}{\partial x^2}=6xy^2$，$\frac{\partial^3 z}{\partial x^3}=6y^2$；

$\frac{\partial^2 z}{\partial x\partial y}=6x^2y-9y^2-1$，$\frac{\partial^2 z}{\partial y\partial x}=6x^2y-9y^2-1$.

例 9 设 $u=\mathrm{e}^{xyz}$，求 $\frac{\partial^2 u}{\partial x^2}$，$\frac{\partial^2 u}{\partial x\partial y}$，$\frac{\partial^3 u}{\partial x\partial y\partial z}$.

解 $\frac{\partial u}{\partial x}=yz\mathrm{e}^{xyz}$，

$\frac{\partial^2 u}{\partial x^2}=(yz)^2\mathrm{e}^{xyz}$，

$\frac{\partial^2 u}{\partial x\partial y}=z\mathrm{e}^{xyz}+xyz^2\mathrm{e}^{xyz}=z\mathrm{e}^{xyz}(1+xyz)$，

$\frac{\partial^3 u}{\partial x\partial y\partial z}=\mathrm{e}^{xyz}(1+xyz)+xyz\mathrm{e}^{xyz}(1+xyz)+xyz\mathrm{e}^{xyz}=\mathrm{e}^{xyz}(1+3xyz+x^2y^2z^2)$.

由例 8 发现两个二阶混合偏导数相等，即 $\frac{\partial^2 z}{\partial y\partial x}=\frac{\partial^2 z}{\partial x\partial y}$，这不是偶然的. 事实上，有下述结论.

定理 1 如果函数 $z=f(x,\ y)$ 的两个二阶混合偏导数 $\frac{\partial^2 z}{\partial y\partial x}$ 及 $\frac{\partial^2 z}{\partial x\partial y}$ 在区域 D 内连续，那么在该区域内有 $\frac{\partial^2 z}{\partial y\partial x}=\frac{\partial^2 z}{\partial x\partial y}$.

9.2.4 多元复合函数的求导法则

1. 复合函数的中间变量均为一元函数的情形

定理 2 若函数 $u=\varphi(x)$ 及 $v=\psi(x)$ 都在点 x 可导，函数 $z=f(u,\ v)$ 在对应点 $(u,\ v)$ 具有连续偏导数，则复合函数 $z=f[\varphi(x),\ \psi(x)]$ 在点 x 可导，且有

$$\frac{\mathrm{d}z}{\mathrm{d}x}=\frac{\partial z}{\partial u}\cdot\frac{\mathrm{d}u}{\mathrm{d}x}+\frac{\partial z}{\partial v}\cdot\frac{\mathrm{d}v}{\mathrm{d}x}.$$

其复合类型可表示为

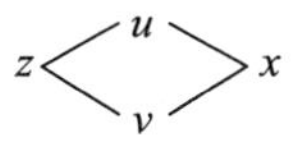

上述定理中的复合函数可以推广到三元及三元以上的情形. 例如设 $z=f(u,\ v,\ w)$, $u=\varphi(x)$, $v=\psi(x)$, $w=\omega(x)$, 则 $z=f[\varphi(x),\ \psi(x),\ \omega(x)]$ 对 x 的导数为

$$\frac{\mathrm{d}z}{\mathrm{d}x}=\frac{\partial z}{\partial u}\frac{\mathrm{d}u}{\mathrm{d}x}+\frac{\partial z}{\partial v}\frac{\mathrm{d}v}{\mathrm{d}x}+\frac{\partial z}{\partial w}\frac{\mathrm{d}w}{\mathrm{d}x}.$$

上述情形下的导数 $\frac{\mathrm{d}z}{\mathrm{d}x}$ 称为**全导数**.

例 10　设 $z=\sin(u+v)$, $u=\mathrm{e}^x$, $v=x^5$, 求 $\frac{\mathrm{d}z}{\mathrm{d}x}$.

解　$$\frac{\mathrm{d}z}{\mathrm{d}x}=\frac{\partial z}{\partial u}\cdot\frac{\mathrm{d}u}{\mathrm{d}x}+\frac{\partial z}{\partial v}\cdot\frac{\mathrm{d}v}{\mathrm{d}x}=\cos(u+v)\cdot\mathrm{e}^x+\cos(u+v)\cdot 5x^4$$
$$=(\mathrm{e}^x+5x^4)\cos(\mathrm{e}^x+x^5).$$

当然, 也可以直接对 $z=\sin(\mathrm{e}^x+x^5)$ 求导.

例 11　设 $z=u^v$, $u=x$, $v=x^2$, 求 $\frac{\mathrm{d}z}{\mathrm{d}x}$.

解　$$\frac{\mathrm{d}z}{\mathrm{d}x}=\frac{\partial z}{\partial u}\cdot\frac{\mathrm{d}u}{\mathrm{d}x}+\frac{\partial z}{\partial v}\cdot\frac{\mathrm{d}v}{\mathrm{d}x}=v\cdot u^{v-1}\cdot 1+u^v\cdot(\ln u)\cdot 2x$$
$$=x^2\cdot x^{x^2-1}+2x\cdot x^{x^2}\cdot\ln x=x^{x^2+1}(1+2\ln x).$$

需要注意的是, 如果直接对 $z=x^{x^2}$ 求导, 需要利用对数求导法求解.

例 12　设 $z=uv+\sin x$, 而 $u=\mathrm{e}^x$, $v=\cos x$. 求全导数 $\frac{\mathrm{d}z}{\mathrm{d}x}$.

解　$$\frac{\mathrm{d}z}{\mathrm{d}x}=\frac{\partial z}{\partial u}\cdot\frac{\mathrm{d}u}{\mathrm{d}x}+\frac{\partial z}{\partial v}\cdot\frac{\mathrm{d}v}{\mathrm{d}x}+\frac{\partial z}{\partial x}$$
$$=v\cdot\mathrm{e}^x+u\cdot(-\sin x)+\cos x$$
$$=\mathrm{e}^x\cos x-\mathrm{e}^x\sin x+\cos x$$
$$=\mathrm{e}^x(\cos x-\sin x)+\cos x.$$

2. 复合函数的中间变量均为多元函数的情形

定理 3　若函数 $u=\varphi(x,\ y)$, $v=\psi(x,\ y)$ 都在点 $(x,\ y)$ 处具有对 x 及 y 的偏导数, 函数 $z=f(u,\ v)$ 在对应点 $(u,\ v)$ 处具有连续偏导数, 则复合函数 $z=f[\varphi(x,\ y),\ \psi(x,\ y)]$ 在点 $(x,\ y)$ 处的两个偏导数存在, 且有

$$\frac{\partial z}{\partial x}=\frac{\partial z}{\partial u}\cdot\frac{\partial u}{\partial x}+\frac{\partial z}{\partial v}\cdot\frac{\partial v}{\partial x},\quad\frac{\partial z}{\partial y}=\frac{\partial z}{\partial u}\cdot\frac{\partial u}{\partial y}+\frac{\partial z}{\partial v}\cdot\frac{\partial v}{\partial y}.$$

其复合类型可表示为

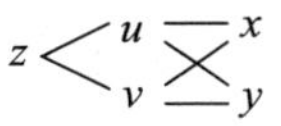

上述定理中的复合函数可以推广到三元及三元以上的情形. 例如, 设 $z=f(u,\ v,\ w)$, $u=\varphi(x,\ y)$, $v=\psi(x,\ y)$, $w=\omega(x,\ y)$, 则

$$\frac{\partial z}{\partial x}=\frac{\partial z}{\partial u}\cdot\frac{\partial u}{\partial x}+\frac{\partial z}{\partial v}\cdot\frac{\partial v}{\partial x}+\frac{\partial z}{\partial w}\cdot\frac{\partial w}{\partial x},\quad \frac{\partial z}{\partial y}=\frac{\partial z}{\partial u}\cdot\frac{\partial u}{\partial y}+\frac{\partial z}{\partial v}\cdot\frac{\partial v}{\partial y}+\frac{\partial z}{\partial w}\cdot\frac{\partial w}{\partial y}.$$

例 13　设 $z=\mathrm{e}^u\sin v$，$u=xy$，$v=x+y$，求$\frac{\partial z}{\partial x}$和$\frac{\partial z}{\partial y}$.

解　$$\begin{aligned}\frac{\partial z}{\partial x}&=\frac{\partial z}{\partial u}\cdot\frac{\partial u}{\partial x}+\frac{\partial z}{\partial v}\cdot\frac{\partial v}{\partial x}\\&=(\mathrm{e}^u\sin v)\cdot y+(\mathrm{e}^u\cos v)\cdot 1\\&=\mathrm{e}^{xy}[y\sin(x+y)+\cos(x+y)].\end{aligned}$$

$$\begin{aligned}\frac{\partial z}{\partial y}&=\frac{\partial z}{\partial u}\cdot\frac{\partial u}{\partial y}+\frac{\partial z}{\partial v}\cdot\frac{\partial v}{\partial y}\\&=(\mathrm{e}^u\sin v)\cdot x+(\mathrm{e}^u\cos v)\cdot 1\\&=\mathrm{e}^{xy}[x\sin(x+y)+\cos(x+y)].\end{aligned}$$

例 14　设 $z=f\left(x+y,\ xy,\ \frac{x}{y}\right)$，其中 f 的偏导数存在，求$\frac{\partial z}{\partial x}$，$\frac{\partial z}{\partial y}$.

解　令 $u=x+y$，$v=xy$，$w=\frac{x}{y}$，则 $z=f(u,\ v,\ w)$. 引入记号：$f_1'=\frac{\partial f(u,\ v,\ w)}{\partial u}$，$f_2'=\frac{\partial f(u,\ v,\ w)}{\partial v}$，$f_3'=\frac{\partial f(u,\ v,\ w)}{\partial w}$，则

$$\frac{\partial z}{\partial x}=\frac{\partial z}{\partial u}\cdot\frac{\partial u}{\partial x}+\frac{\partial z}{\partial v}\cdot\frac{\partial v}{\partial x}+\frac{\partial z}{\partial w}\cdot\frac{\partial w}{\partial x}=f_1'+yf_2'+\frac{1}{y}f_3',$$

$$\frac{\partial z}{\partial y}=\frac{\partial z}{\partial u}\cdot\frac{\partial u}{\partial y}+\frac{\partial z}{\partial v}\cdot\frac{\partial v}{\partial y}+\frac{\partial z}{\partial w}\cdot\frac{\partial w}{\partial y}=f_1'+xf_2'-\frac{x}{y^2}f_3'.$$

3. 复合函数的中间变量既有一元函数，又有多元函数的情形

定理 4　如果函数 $u=\varphi(x,\ y)$在点$(x,\ y)$处具有对 x 及对 y 的偏导数，函数 $v=\psi(y)$在点 y 可导，函数 $z=f(u,\ v)$在对应点$(u,\ v)$处具有连续偏导数，则复合函数 $z=f[\varphi(x,\ y),\ \psi(y)]$在点$(x,\ y)$处的两个偏导数存在，且有

$$\frac{\partial z}{\partial x}=\frac{\partial z}{\partial u}\cdot\frac{\partial u}{\partial x},\quad \frac{\partial z}{\partial y}=\frac{\partial z}{\partial u}\cdot\frac{\partial u}{\partial y}+\frac{\partial z}{\partial v}\cdot\frac{\mathrm{d}v}{\mathrm{d}y}.$$

其复合类型可表示为

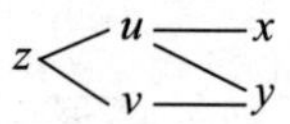

上述定理中的复合函数可以推广到三元及三元以上的情形. 特殊的，设 $z=f(u,\ x,\ y)$，且 $u=\varphi(x,\ y)$，则$\frac{\partial z}{\partial x}=\frac{\partial f}{\partial u}\cdot\frac{\partial u}{\partial x}+\frac{\partial f}{\partial x}$，$\frac{\partial z}{\partial y}=\frac{\partial f}{\partial u}\cdot\frac{\partial u}{\partial y}+\frac{\partial f}{\partial y}$.

这里$\frac{\partial z}{\partial x}$与$\frac{\partial f}{\partial x}$是不同的，$\frac{\partial z}{\partial x}$是把复合函数 $z=f[\varphi(x,\ y),\ x,\ y]$中的 y 看作不变而对 x 的偏导数，$\frac{\partial f}{\partial x}$是把 $z=f(u,\ x,\ y)$中的 u 及 y 看作不变而对 x 的偏导数. $\frac{\partial z}{\partial y}$与$\frac{\partial f}{\partial y}$也有类似的区别.

例 15　设 $z=uv+\sin u$，而 $u=\mathrm{e}^x$，$v=xy$. 求$\frac{\partial z}{\partial x}$，$\frac{\partial z}{\partial y}$.

解　$$\frac{\partial z}{\partial x}=\frac{\partial z}{\partial u}\cdot\frac{\partial u}{\partial x}+\frac{\partial z}{\partial v}\cdot\frac{\partial v}{\partial x}$$

$$=(v+\cos u)\cdot e^x+u\cdot y$$
$$=(xy+\cos e^x)e^x+ye^x$$
$$=(xy+\cos e^x+y)e^x,$$
$$\frac{\partial z}{\partial y}=\frac{\partial z}{\partial v}\cdot\frac{\partial v}{\partial y}$$
$$=u\cdot x$$
$$=xe^x.$$

例 16　设 $u=f(x,y,z)=e^{x^2+y^2+z^2}$，而 $z=x^2\sin y$，求$\frac{\partial u}{\partial x}$和$\frac{\partial u}{\partial y}$.

解　$$\frac{\partial u}{\partial x}=\frac{\partial f}{\partial x}+\frac{\partial f}{\partial z}\cdot\frac{\partial z}{\partial x}$$
$$=2xe^{x^2+y^2+z^2}+2ze^{x^2+y^2+z^2}\cdot 2x\sin y$$
$$=2x(1+2x^2\sin^2 y)e^{x^2+y^2+x^4\sin^2 y},$$
$$\frac{\partial u}{\partial y}=\frac{\partial f}{\partial y}+\frac{\partial f}{\partial z}\cdot\frac{\partial z}{\partial y}$$
$$=2ye^{x^2+y^2+z^2}+2ze^{x^2+y^2+z^2}\cdot x^2\cos y$$
$$=2(y+x^4\sin y\cos y)e^{x^2+y^2+x^4\sin^2 y}.$$

通过上面的讨论可以看出，多元复合函数的复合关系是多种多样的，不可能将所有的链导公式一一列出，只要把握住函数间的复合关系及函数对某个自变量求偏导时，要通过一切有关的中间变量的原则，就可以灵活地掌握复合函数的链导法则.

9.2.5　隐函数的求导公式

1. 一元隐函数的求导公式

在一元函数微分学中，求由方程 $F(x,y)=0$ 所确定的 $y=f(x)$ 的导数时，是在方程两边同时对 x 求导，并注意到 y 是 x 的函数即可.

在学习了二元函数微分学后，如果在 $F(x,y)=0$ 两边同时对 x 求偏导，注意到 F 是 x 和 y 的二元函数，而 y 是 x 的函数，则由复合函数的链导法有

$$F'_x+F'_y\cdot\frac{dy}{dx}=0.$$

如果 $F'_y\neq 0$，就得到一元隐函数的求导公式

$$\frac{dy}{dx}=-\frac{F'_x}{F'_y}.$$

例 17　设 $x^2e^y-xy=0$，求 y'.

解　设 $F(x,y)=x^2e^y-xy$，则 $F'_x=2xe^y-y$，$F'_y=x^2e^y-x$，于是

$$\frac{dy}{dx}=-\frac{F_x}{F_y}=-\frac{2xe^y-y}{x^2e^y-x}.$$

2. 二元隐函数的求导公式

隐函数的求导公式还可以推广到多元函数. 一个二元方程 $F(x,y)=0$ 可以确定一个一元隐函数，一个三元方程 $F(x,y,z)=0$ 可以确定一个二元隐函数. 由三元方程 $F(x,y,z)=0$ 确定的二元隐函数 $z=f(x,y)$ 的$\frac{\partial z}{\partial x}$，$\frac{\partial z}{\partial y}$，如果方程两边分别对 x 和 y 求偏导，注意到 F

是 x，y，z 的三元函数，而 z 是 x 和 y 的函数，则由复合函数的链导法则有

$$F'_x + F'_z \cdot \frac{\partial z}{\partial x} = 0,\ F'_y + F'_z \cdot \frac{\partial z}{\partial y} = 0.$$

如果 $F'_z \neq 0$，就得到二元隐函数的求导公式

$$\frac{\partial z}{\partial x} = -\frac{F'_x}{F'_z},\ \frac{\partial z}{\partial y} = -\frac{F'_y}{F'_z}.$$

例 18　设 $x + y^2 + z^3 - z = 0$，求 $\frac{\partial z}{\partial x}$，$\frac{\partial z}{\partial y}$.

解　设 $F(x, y, z) = x + y^2 + z^3 - z$，则 $F'_x = 1$，$F'_y = 2y$，$F'_z = 3z^2 - 1$，于是

$$\frac{\partial z}{\partial x} = -\frac{F'_x}{F'_z} = -\frac{1}{3z^2 - 1} = \frac{1}{1 - 3z^2},$$

$$\frac{\partial z}{\partial y} = -\frac{F'_y}{F'_z} = -\frac{2y}{3z^2 - 1} = \frac{2y}{1 - 3z^2}.$$

习题 9.2

1. 求下列函数的偏导数.

(1) $z = x^3 - 3x^2y + xy^2 + y^3$；　　(2) $z = \frac{xy}{x + y}$；

(3) $z = \sin(x^2y) + \cos(xy^2)$；　　(4) $z = \ln\tan\frac{x}{y}$；

(5) $z = (x + y)^y$；　　(6) $u = x^{(y^2 + z^2)}$.

2. 设 $z = e^{-\frac{1}{x} + \frac{1}{y}}$，求证：$x^2\frac{\partial z}{\partial x} + y^2\frac{\partial z}{\partial y} = 0$.

3. 求下列函数的二阶偏导数.

(1) $z = y^x$；　　(2) $z = \arctan\frac{x}{y}$；

(3) $z = x^3 - y^3 + 8x^2y^2$.

4. 设 $f(x, y, z) = xy^3 - y^2z^2 + zx^3$，求 $f'_x(1, 1, 1)$，$f'_y(2, 1, 0)$，$f'_z(-1, 3, 1)$，$f''_{xy}(0, 2, 0)$，$f''_{yz}(-1, 0, 0)$，$f'''_{xyz}(1, 2, 3)$.

5. 验证：$r = \sqrt{x^2 + y^2 + z^2}$ 满足 $\frac{\partial^2 r}{\partial x^2} + \frac{\partial^2 r}{\partial y^2} + \frac{\partial^2 r}{\partial z^2} = \frac{2}{r}$.

6. 求下列复合函数的偏导数.

(1) 设 $z = u^2 + v^2$，而 $u = x + 2y$，$v = 2x - y$，求 $\frac{\partial z}{\partial x}$，$\frac{\partial z}{\partial y}$；

(2) 设 $z = u^3\ln(2v)$，而 $u = \frac{x}{y}$，$v = xy$，求 $\frac{\partial z}{\partial x}$，$\frac{\partial z}{\partial y}$；

(3) 设 $z = e^{x + y}$，而 $x = \sin t$，$y = t^3$，求 $\frac{dz}{dt}$；

(4) $z = \arccos(xy^2)$，而 $x = t^2$，$y = 2t$，求 $\frac{dz}{dt}$；

（5）设 $z=\sin(x^2y)$，而 $y=e^{2x}$，求 $\frac{dz}{dx}$；

（6）设 $u=(x+2y)^z$，而 $z=xy$，求 $\frac{\partial u}{\partial x}$，$\frac{\partial u}{\partial y}$.

7. 求下列函数的一阶偏导数(其中 f 具有一阶连续偏导数).

（1）$z=f\left(\frac{y}{x^2}\right)$；　　（2）$z=f(x+y,\ x-y)$；

（3）$u=f(x,\ xy,\ xyz)$.

8. 求下列隐函数的导数或偏导数.

（1）设 $x^3-2x^2y^2+y^3=0$，求 $\frac{dy}{dx}$；

（2）设 $e^{x^2+y^2+z^2}-z=0$，求 $\frac{\partial z}{\partial x}$，$\frac{\partial z}{\partial y}$；

（3）设 $\cos(x+y+z)=x+2y+3z$，求 $\frac{\partial z}{\partial x}$ 及 $\frac{\partial z}{\partial y}$；

（4）设 $xz=\ln\frac{z^2}{y}$，求 $\frac{\partial z}{\partial x}$ 及 $\frac{\partial z}{\partial y}$.

9.3　多元函数的全微分

1. 全微分的定义

定义　若函数 $z=f(x,\ y)$ 在点 $(x,\ y)$ 的全增量

$$\Delta z=f(x+\Delta x,\ y+\Delta y)-f(x,\ y)$$

可表示为

$$\Delta z=A\Delta x+B\Delta y+o(\rho),$$

其中 A、B 不依赖于 Δx、Δy 而仅与 x、y 有关，$\rho=\sqrt{(\Delta x)^2+(\Delta y)^2}$，$o(\rho)$ 是当 $\rho\to0$ 时比 ρ 的高阶无穷小量，则称函数 $z=f(x,\ y)$ 在点 $(x,\ y)$ 处可微，称 $A\Delta x+B\Delta y$ 为函数 $z=f(x,\ y)$ 在点 $(x,\ y)$ 处的**全微分**，记作 dz，即

$$dz=A\Delta x+B\Delta y.$$

如果函数在区域 D 内各点处都可微分，那么称**函数在 D 内可微分**.

2. 全微分的计算

(1) 可微的必要条件

定理 1　如果函数 $z=f(x,\ y)$ 在点 $(x,\ y)$ 处可微，则 $z=f(x,\ y)$ 在该点连续，且偏导数 $\frac{\partial z}{\partial x}$，$\frac{\partial z}{\partial y}$ 必定存在，且 $z=f(x,\ y)$ 在点 $(x,\ y)$ 处的全微分为

$$dz=\frac{\partial z}{\partial x}\Delta x+\frac{\partial z}{\partial y}\Delta y.$$

证明　$z=f(x,\ y)$ 在点 $(x,\ y)$ 处可微，则

$$\Delta z=f(x+\Delta x,\ y+\Delta y)-f(x,\ y)=A\Delta x+B\Delta y+o(\rho),$$

于是 $\lim\limits_{\rho\to0}\Delta z=0$，

从而 $\lim\limits_{(\Delta x,\Delta y)\to(0,0)} f(x+\Delta x,\ y+\Delta y)=\lim\limits_{\rho\to 0}[f(x,\ y)+\Delta z]=f(x,\ y)$.

因此函数 $z=f(x,\ y)$ 在点 $(x,\ y)$ 处连续.

$$\Delta z=f(x+\Delta x,\ y+\Delta y)-f(x,\ y)=A\Delta x+B\Delta y+o(\rho)$$

特别的，当 $\Delta y=0$ 时有

$$\Delta z=f(x+\Delta x,\ y)-f(x,\ y)=A\Delta x+o(|\Delta x|),$$

上式两边各除以 Δx，再令 $\Delta x\to 0$ 而取极限，就得

$$\lim_{\Delta x\to 0}\frac{f(x+\Delta x,\ y)-f(x,\ y)}{\Delta x}=\lim_{\Delta x\to 0}\left[A+\frac{o(|\Delta x|)}{\Delta x}\right]=A,$$

即 $\frac{\partial z}{\partial x}=A$，同理可证 $\frac{\partial z}{\partial y}=B$. 所以

$$\mathrm{d}z=\frac{\partial z}{\partial x}\Delta x+\frac{\partial z}{\partial y}\Delta y.$$

一般的，记 $\Delta x=\mathrm{d}x$，$\Delta y=\mathrm{d}y$，则函数 $z=f(x,\ y)$ 的全微分可写作

$$\mathrm{d}z=\frac{\partial z}{\partial x}\mathrm{d}x+\frac{\partial z}{\partial y}\mathrm{d}y.$$

(2) 可微的充分条件

定理 2　若函数 $z=f(x,\ y)$ 的偏导数 $\frac{\partial z}{\partial x}$，$\frac{\partial z}{\partial y}$ 在点 $(x,\ y)$ 连续，则函数在该点可微.

全微分的概念也可以推广到三元及三元以上函数. 例如，如果函数 $u=f(x,\ y,\ z)$ 可微，则其全微分为 $\mathrm{d}u=\frac{\partial u}{\partial x}\mathrm{d}x+\frac{\partial u}{\partial y}\mathrm{d}y+\frac{\partial u}{\partial z}\mathrm{d}z$.

例 1　计算函数 $z=x^2y+xy^2$ 的全微分.

解　因为 $\frac{\partial z}{\partial x}=2xy+y^2$，$\frac{\partial z}{\partial y}=x^2+2xy$，

所以 $\mathrm{d}z=(2xy+y^2)\mathrm{d}x+(x^2+2xy)\mathrm{d}y$.

例 2　计算函数 $z=\mathrm{e}^{xy}$ 在点 $(2,\ 1)$ 处的全微分.

解　因为 $\frac{\partial z}{\partial x}=y\mathrm{e}^{xy}$，$\frac{\partial z}{\partial y}=x\mathrm{e}^{xy}$，

$$\left.\frac{\partial z}{\partial x}\right|_{(2,1)}=\mathrm{e}^2,\quad \left.\frac{\partial z}{\partial y}\right|_{(2,1)}=2\mathrm{e}^2,$$

所以 $\mathrm{d}z=\mathrm{e}^2\mathrm{d}x+2\mathrm{e}^2\mathrm{d}y$.

例 3　计算函数 $u=x+\sin\frac{y}{2}+\mathrm{e}^{yz}$ 的全微分.

解　因为 $\frac{\partial u}{\partial x}=1$，$\frac{\partial u}{\partial y}=\frac{1}{2}\cos\frac{y}{2}+z\mathrm{e}^{yz}$，$\frac{\partial u}{\partial z}=y\mathrm{e}^{yz}$，

所以 $\mathrm{d}u=\mathrm{d}x+\left(\frac{1}{2}\cos\frac{y}{2}+z\mathrm{e}^{yz}\right)\mathrm{d}y+y\mathrm{e}^{yz}\mathrm{d}z$.

3. 全微分在近似计算中的应用

当二元函数 $z=f(x,\ y)$ 在点 $P(x,\ y)$ 的两个偏导数 $f_x(x,\ y)$，$f_y(x,\ y)$ 连续，并且 $|\Delta x|$，$|\Delta y|$ 都较小时，有近似等式

$$\Delta z\approx \mathrm{d}z=f_x(x,\ y)\Delta x+f_y(x,\ y)\Delta y,$$

即$f(x+\Delta x, y+\Delta y)\approx f(x, y)+f_x(x, y)\Delta x+f_y(x, y)\Delta y$.

我们可以利用上述近似等式对二元函数作近似计算.

例4　有一圆柱体，受压后发生形变，它的半径由20cm增大到20.05cm，高度由100cm减少到99cm. 求此圆柱体体积变化的近似值.

解　设圆柱体的半径、高和体积依次为r、h和V，则有

$$V=\pi r^2 h.$$

已知$r=20$，$h=100$，$\Delta r=0.05$，$\Delta h=-1$. 根据近似公式，有

$$\begin{aligned}\Delta V\approx \mathrm{d}V&=V_r\Delta r+V_h\Delta h=2\pi rh\Delta r+\pi r^2\Delta h\\&=2\pi\times 20\times 100\times 0.05+\pi\times 20^2\times(-1)=-200\pi(\mathrm{cm}^3).\end{aligned}$$

即此圆柱体在受压后体积约减少了$200\pi\ \mathrm{cm}^3$.

例5　计算$(1.04)^{2.02}$的近似值.

解　设函数$f(x, y)=x^y$. 显然，要计算的值就是函数在$x=1.04$，$y=2.02$时的函数值$f(1.04, 2.02)$.

取$x=1$，$y=2$，$\Delta x=0.04$，$\Delta y=0.02$. 由于

$$\begin{aligned}f(x+\Delta x, y+\Delta y)&\approx f(x, y)+f_x(x, y)\Delta x+f_y(x, y)\Delta y\\&=x^y+yx^{y-1}\Delta x+x^y\ln x\Delta y,\end{aligned}$$

所以

$$(1.04)^{2.02}\approx 1^2+2\times 1^{2-1}\times 0.04+1^2\times\ln 1\times 0.02=1.08.$$

习题9.3

1. 求下列函数的全微分.

(1) $z=x^2y+xy^2$；　　(2) $z=\mathrm{e}^{\frac{x}{y}}$；

(3) $z=\sin(x^2+y^2)$；　　(4) $u=z^{xy}$.

2. 求函数$z=\ln(1+x^2+y^2)$当$x=3$，$y=1$时的全微分.

3. 求下列数值的近似值.

(1) $\sqrt{(1.03)^3+(1.98)^3}$；　　(2) $(1.96)^{1.06}$.

4. 已知边长为$x=5\mathrm{m}$与$y=8\mathrm{m}$的矩形，如果x边增加4cm而y边减少7cm，问这个矩形的对角线的近似变化怎样?

5. 设有一无盖圆柱形容器，容器的壁与底的厚度均为0.2cm，内高为18cm，内半径为5cm，求容器外壳体积的近似值.

9.4　多元函数微分学的应用

9.4.1　多元函数的极值

1. 极值的定义

定义1　设函数$z=f(x, y)$在点(x_0, y_0)的某个邻域内有定义，若对于该邻域内任何点$(x, y)\neq(x_0, y_0)$，都有

$$f(x, y) < f(x_0, y_0)\ (\text{或} f(x, y) > f(x_0, y_0)),$$

则称**函数在点**(x_0, y_0)**有极大值**(**或极小值**) $f(x_0, y_0)$.

极大值、极小值统称为**极值**. 使函数取得极值的点称为**极值点**.

例 1　函数 $z=2x^2+y^2$ 在点(0, 0)处是否存在极值?

解　当$(x, y)=(0, 0)$时, $z=0$, 而当$(x, y)\neq(0, 0)$时, $z>0$. 因此 $z=0$ 是函数的极小值.

例 2　函数 $z=-\sqrt{x^2+y^2}$在点(0, 0)处是否存在极值?

解　当$(x, y)=(0, 0)$时, $z=0$, 而当$(x, y)\neq(0, 0)$时, $z<0$. 因此 $z=0$ 是函数的极大值.

例 3　函数 $z=xy$ 在点(0, 0)处是否存在极值?

解　因为在点(0, 0)处的函数值为零, 而在点(0, 0)的任一邻域内, 总有使函数值为正的点, 也有使函数值为负的点. 所以 $z=xy$ 在点(0, 0)处既不取得极大值也不取得极小值.

以上关于二元函数的极值概念, 可推广到 n 元函数. 设 n 元函数 $u=f(x_1, x_2, \cdots, x_n)$ 在点$(x_{1_0}, x_{2_0}, \cdots, x_{n_0})$的某一邻域内有定义, 若对于该邻域内任何点$(x_1, x_2, \cdots, x_n)\neq(x_{1_0}, x_{2_0}, \cdots, x_{n_0})$, 都有

$$f(x_1, x_2, \cdots, x_n) < f(x_{1_0}, x_{2_0}, \cdots, x_{n_0})\ (\text{或} f(x_1, x_2, \cdots, x_n) > f(x_{1_0}, x_{2_0}, \cdots, x_{n_0})),$$

则称函数$f(x_1, x_2, \cdots, x_n)$在点$(x_{1_0}, x_{2_0}, \cdots, x_{n_0})$有极大值(或极小值) $f(x_{1_0}, x_{2_0}, \cdots, x_{n_0})$.

2. 极值的必要条件和充分条件

(1)极值存在的必要条件

定理 1　设函数 $z=f(x, y)$在点(x_0, y_0)具有偏导数, 且在点(x_0, y_0)处有极值, 则有

$$f'_x(x_0, y_0)=0,\ f'_y(x_0, y_0)=0.$$

定义 2　凡是能使$f''_{xy}(x_0, y_0)=B$, $f'_{xy}(x, y)=0$ 同时成立的点(x_0, y_0)称为函数 $z=f(x, y)$的**驻点**.

从定理 1 可知, 具有偏导数的函数的极值点必定是驻点. 但函数的驻点不一定是极值点. 例如, 函数 $z=xy$ 在点(0, 0)处的两个偏导数都是零, 函数在(0, 0)既不取得极大值也不取得极小值.

应注意的问题: 不是驻点也可能是极值点. 例如, 函数 $z=-\sqrt{x^2+y^2}$在点(0, 0)处有极大值, 但(0, 0)不是函数的驻点. 因此, 在考虑函数的极值问题时, 除了考虑函数的驻点外, 如果有偏导数不存在的点, 那么对这些点也应当考虑.

上述必要条件也可以推广到三元及三元以上的函数. 如果三元函数 $u=f(x, y, z)$在点(x_0, y_0, z_0)具有偏导数, 则它在点(x_0, y_0, z_0)具有极值的必要条件为

$$F'_x(x_0, y_0, z_0)=0,\ F'_y(x_0, y_0, z_0)=0,\ F'_z(x_0, y_0, z_0)=0.$$

(2)极值的充分条件

定理 2　设函数 $z=f(x, y)$在点(x_0, y_0)的某邻域内连续且有一阶及二阶连续偏导数, 又 $f_x'(x_0, y_0)=0$, $f_y'(x_0, y_0)=0$, 令

$$f''_{xx}(x_0, y_0)=A,\ f''_{xy}(x_0, y_0)=B,\ f''_{yy}(x_0, y_0)=C,$$

则$f(x, y)$在(x_0, y_0)处是否取得极值的条件如下:

1）$AC-B^2>0$ 时具有极值，且当 $A<0$ 时有极大值，当 $A>0$ 时有极小值；

2）$AC-B^2<0$ 时没有极值；

3）$AC-B^2=0$ 时可能有极值，也可能没有极值.

由上述极值的必要及充分条件，可总结出求二元函数极值的步骤如下：

第一步，解方程组

$$f'_x(x_0,\ y_0)=0,\ f'_y(x_0,\ y_0)=0,$$

求得一切实数解，即可得一切驻点；

第二步，对于每一个驻点 $(x_0,\ y_0)$，求出二阶偏导数的值 A、B 和 C；

第三步，定出 $AC-B^2$ 的符号，按定理 2 的结论判定 $f(x_0,\ y_0)$ 是否是极值，是极大值还是极小值.

例 4　求函数 $f(x,\ y)=x^3-y^3+3x^2+3y^2-9x$ 的极值.

解　解方程组 $\begin{cases}f'_x(x,\ y)=3x^2+6x-9=0,\\ f'_y(x,\ y)=-3y^2+6y=0,\end{cases}$

求得 $x=1,\ -3$；$y=0,\ 2$. 于是得驻点为 $(1,0)$、$(1,2)$、$(-3,0)$、$(-3,2)$.

再求出二阶偏导数

$$f''_{xx}(x,\ y)=6x+6,\ f''_{xy}(x,\ y)=0,\ f''_{yy}(x,\ y)=-6y+6.$$

在点 $(1,\ 0)$ 处，$AC-B^2=12\times6>0$，又 $A>0$，所以函数在 $(1,\ 0)$ 处有极小值 $f(1,\ 0)=-5$；

在点 $(1,2)$ 处，$AC-B^2=12\times(-6)<0$，所以 $f(1,\ 2)$ 不是极值；

在点 $(-3,0)$ 处，$AC-B^2=-12\times6<0$，所以 $f(-3,\ 0)$ 不是极值；

在点 $(-3,2)$ 处，$AC-B^2=-12\times(-6)>0$，又 $A<0$，所以函数在 $(-3,\ 2)$ 处有极大值 $f(-3,\ 2)=31$.

9.4.2　多元函数的最值

最大值和最小值问题：若 $f(x,\ y)$ 在有界闭区域 D 上连续，则 $f(x,\ y)$ 在 D 上必定能取得最大值和最小值. 这种使函数取得最大值或最小值的点既可能在 D 的内部，也可能在 D 的边界上. 我们假定，函数在 D 上连续、在 D 内可微分且只有有限个驻点，这时如果函数在 D 的内部取得最大值（最小值），那么这个最大值（最小值）也是函数的极大值（极小值）. 因此，求最大值和最小值的一般方法是：将函数 $f(x,\ y)$ 在 D 内的所有驻点处的函数值及在 D 的边界上的最大值和最小值相互比较，其中最大的就是最大值，最小的就是最小值. 在通常遇到的实际问题中，如果根据问题的性质，知道函数 $f(x,\ y)$ 的最大值（最小值）一定在 D 的内部取得，而函数在 D 内只有一个驻点，那么可以肯定该驻点处的函数值就是函数 $f(x,\ y)$ 在 D 上的最大值（最小值）.

例 5　某厂要用铁板做成一个体积为 $8\mathrm{m}^3$ 的有盖长方体水箱. 问当长、宽、高各取多少时，才能使用料最省？

解　设水箱的长为 $x\mathrm{m}$，宽为 $y\mathrm{m}$，则其高应为 $\dfrac{8}{xy}\mathrm{m}$. 此水箱所用材料的面积为

$$A=2\left(xy+y\cdot\frac{8}{xy}+x\cdot\frac{8}{xy}\right)=2\left(xy+\frac{8}{x}+\frac{8}{y}\right)\ (x>0,\ y>0).$$

令 $A'_x=2\left(y-\dfrac{8}{x^2}\right)=0$，$A'_y=2\left(x-\dfrac{8}{y^2}\right)=0$，得 $x=2$，$y=2$.

根据题意可知，水箱所用材料面积的最小值一定存在，并在开区域 $D=\{(x,\ y)\mid x>0,\ y>0\}$ 内取得. 因为函数 A 在 D 内只有一个驻点，所以此驻点一定是 A 的最小值点，即当水箱的长为 2m、宽为 2m、高为 $\dfrac{8}{2\times2}=2\text{m}$ 时，水箱所用的材料最省.

从这个例子还可看出，在体积一定的长方体中，以立方体的表面积为最小.

例 6　有一宽为 24cm 的长方形铁板，把它两边折起来做成一断面为等腰梯形的水槽. 问怎样折法才能使断面的面积最大？

解　设折起来的边长为 $x$cm，倾角为 α，那么梯形断面的下底长为 $24-2x$，上底长为 $24-2x+2x\cdot\cos\alpha$，高为 $x\cdot\sin\alpha$，所以断面面积

$$A=\frac{1}{2}(24-2x+2x\cos\alpha+24-2x)\cdot x\sin\alpha,$$

即 $A=24x\sin\alpha-2x^2\sin\alpha+x^2\sin\alpha\cos\alpha\ \left(0<x<12,\ 0<\alpha<\dfrac{\pi}{2}\right)$.

可见断面面积 A 是 x 和 α 的二元函数，这就是目标函数，要求使这个函数取得最大值的点 $(x,\ \alpha)$.

令 $A'_x=24\sin\alpha-4x\sin\alpha+2x\sin\alpha\cos\alpha=0$，

$A'_\alpha=24x\cos\alpha-2x^2\cos\alpha+x^2(\cos^2\alpha-\sin^2\alpha)=0$，

由于 $\sin\alpha\neq0$，$x\neq0$，上述方程组可化为

$$\begin{cases}12-2x+x\cos\alpha=0,\\ 24\cos\alpha-2x\cos\alpha+x(\cos^2\alpha-\sin^2\alpha)=0.\end{cases}$$

解这个方程组，得 $\alpha=\dfrac{\pi}{3}$，$x=8\text{cm}$.

根据题意可知断面面积的最大值一定存在，并且在 $D=\left\{(x,\ y)\mid 0<x<12,\ 0<\alpha<\dfrac{\pi}{2}\right\}$ 内取得，通过计算得知 $\alpha=\dfrac{\pi}{2}$ 时的函数值比 $\alpha=\dfrac{\pi}{3}$，$x=8\text{cm}$ 时的函数值小. 又函数在 D 内只有一个驻点，因此可以断定，当 $x=8\text{cm}$，$\alpha=\dfrac{\pi}{3}$ 时，断面的面积最大.

9.4.3　条件极值与拉格朗日乘数法

对自变量有附加条件的极值称为条件极值. 例如，求表面积为 a^2 而体积为最大的长方体的体积问题. 设长方体的三棱的长为 x，y，z，则体积 $V=xyz$. 又因假定表面积为 a^2，所以自变量 x，y，z 还必须满足附加条件 $2(xy+yz+xz)=a^2$.

这个问题就是求函数 $V=xyz$ 在条件 $2(xy+yz+xz)=a^2$ 下的最大值问题，这是一个条件极值问题.

对于有些实际问题，可以把条件极值问题化为无条件极值问题.

例如上述问题，由条件 $2(xy+yz+xz)=a^2$，解得 $z=\dfrac{a^2-2xy}{2(x+y)}$，于是得

$V=\dfrac{xy(a^2-2xy)}{2(x+y)}$. 只需求 V 的无条件极值问题.

在很多情形下，将条件极值化为无条件极值并不容易. 需要另一种求条件极值的方法，这就是拉格朗日乘数法.

下面以求函数 $z=f(x, y)$ 在条件 $\varphi(x, y)=0$ 下的极值来说明拉格朗日乘数法的解题步骤.

第一步，先构造辅助函数

$$F(x, y, \lambda)=f(x, y)+\lambda\varphi(x, y),$$

其中 λ 为参数；

第二步，求 $F(x, y, \lambda)$的驻点，即解方程组

$$\begin{cases}F'_x(x, y)=f'_x(x, y)+\lambda\varphi'_x(x, y)=0,\\ F'_y(x, y)=f'_y(x, y)+\lambda\varphi'_y(x, y)=0,\\ F'_\lambda(x, y)=\varphi(x, y)=0,\end{cases}$$

由这个方程组解出 x，y 及 λ，其中(x, y)就是所要求的可能的极值点；

第三步，确定所求的点是否是极值点，在实际问题中往往可根据问题本身的性质来判定. 如果是极值点，就求出极值.

这种方法可以推广到目标函数为三元及三元以上函数的情形.

例 7　求表面积为 a^2 而体积为最大的长方体的体积.

解　设长方体的三棱的长为 x，y，z，则问题就是在条件

$$2(xy+yz+xz)=a^2$$

下求函数 $V=xyz$ 的最大值.

构造辅助函数

$$F(x, y, z)=xyz+\lambda(2xy+2yz+2xz-a^2),$$

解方程组

$$\begin{cases}F'_x(x, y, z)=yz+2\lambda(y+z)=0,\\ F'_y(x, y, z)=xz+2\lambda(x+z)=0,\\ F'_z(x, y, z)=xy+2\lambda(y+x)=0,\\ F'_\lambda(x, y, z)=2xy+2yz+2xz-a^2=0,\end{cases}$$

得 $x=y=z=\dfrac{\sqrt{6}}{6}a$,

这是唯一可能的极值点. 因为由问题本身可知最大值一定存在，所以最大值就在这个可能的极值点处取得，此时 $V=\dfrac{\sqrt{6}}{36}a^3$.

9.4.4　多元函数微分在经济问题中的应用

1. 如何调整工人的人数而保证产量不变

例 8　一工厂有 x 名技术工人和 y 名非技术工人，每天可生产的产品产量为

$$f(x, y)=x^2y(\text{件}).$$

现有 16 名技术工人和 32 名非技术工人，而厂长计划再雇用 1 名技术工人. 试求厂长如

何调整非技术工人的人数，可保持产品产量不变.

解　现在产品产量为$f(16, 32)=8192$件，保持这种产量的函数曲线为

$$f(x, y)=8192.$$

对于任一给定值x，每增加一名技术工人时y的变化量即为这个函数曲线切线的斜率$\frac{dy}{dx}$.

而由隐函数存在定理，可得

$$\frac{dy}{dx}=-\frac{\frac{\partial f}{\partial x}}{\frac{\partial f}{\partial y}},$$

所以，当增加一名技术工人时，非技术工人的变化量为

$$\frac{dy}{dx}=-\frac{\frac{\partial f}{\partial x}}{\frac{\partial f}{\partial y}}=-\frac{2y}{x},$$

当$x=16$，$y=32$时，可得

$$\frac{dy}{dx}=-4.$$

因此，厂长要增加一个技术工人并要使产量不变，就要相应地减少4名非技术工人.

2. 购物分配的最佳方案

例9　小孙有200元钱，他决定用来购买两种急需物品：计算机磁盘和录音磁带. 设他购买x张磁盘、y盒录音磁带的效用函数(所谓效用函数，就是描述人们同时购买两种商品各x单位、y单位时满意程度的量. 而当效用函数达到最大值时，人们购物分配的方案最佳.)为$U(x, y)=\ln x+\ln y$. 如果每张磁盘8元，每盒磁带10元，问他如何分配他的200元钱，才能达到最满意的效果？

解　事实上只需要求出效用函数$U(x, y)=\ln x+\ln y$在条件$8x+10y=200$下的最大值即可. 构造$F(x, y)=\ln x+\ln y-\lambda(8x+10y-200)$.

解方程组

$$\begin{cases}F'_x(x, y)=\dfrac{1}{x}-8\lambda=0,\\ F'_y(x, y)=\dfrac{1}{y}-10\lambda=0,\\ F'_\lambda(x, y)=8x+10y-200=0,\end{cases}$$

得$x=12.5$，$y=10$，$\lambda=0.01$，即小孙买12张磁盘，10盒磁带时感觉最满意.

习题9.4

1. 求下列函数的极值.

(1) $f(x, y)=4(x-y)-x^2-2y^2$;

(2) $f(x, y)=(4x-x^2)(8y-y^2)$;

(3) $f(x, y)=e^x(x+y^3-3y)$.

2. 求函数 $z=2xy$ 在适合附加条件 $x+y=2$ 下的极大值.

3. 求下列最值问题.

(1) 从斜边之长为 a 的一切直角三角形中，求有最大周长的直角三角形.

(2) 将周长为 $2p$ 的矩形绕它的一边旋转而构成一个圆柱体，问矩形的边长各为多少时，才可使圆柱体的体积为最大?

(3) 要造一个容积等于定数 k 的长方体无盖水池，应如何选择水池的尺寸，方可使它的表面积最小.

本章小结

一、基本要求

1) 理解多元函数的概念，会求多元函数的定义域.

2) 了解二元函数的极限与连续性的概念，以及有界闭区域上连续函数的性质.

3) 掌握二元函数偏导数和全微分的概念，会求偏导数及全微分，了解全微分存在的必要条件和充分条件.

4) 掌握多元复合函数一阶、二阶偏导数的求法.

5) 会求隐函数(包括由方程组确定的隐函数)的偏导数.

6) 理解多元函数极值和条件极值的概念，掌握多元函数极值存在的必要条件，了解二元函数极值存在的充分条件，会求二元函数的极值，会用拉格朗日乘数法求条件极值，会求简单多元函数的最大值和最小值，并会解决一些简单的应用问题.

二、基本内容

1. 二元函数的概念

设 D 是 $\mathbf{R}^2$ 的一个非空点集，若对于 D 内的任意一点 (x, y)，按照某种法则 f，都有唯一确定的实数 z 与之对应，则称 f 是 D 上的**二元函数**，它在 (x, y) 处的函数值记为 $f(x, y)$，即

$$z=f(x, y),$$

其中 x，y 称为**自变量**，z 称为**因变量**，点集 D 称为函数的**定义域**，点集 $\{z \mid z=f(x, y), (x, y) \in D\}$ 称为函数的**值域**.

2. 二元函数的极限

设函数 $z=f(x, y)$ 的定义域为 D，点 $P_0(x_0, y_0)$ 为 D 的内点或边界点. 如果点 $P(x, y) \in D$ 且 $x \to x_0$，$y \to y_0$ (即点 $P(x, y)$ 无限趋近于点 $P_0(x_0, y_0)$) 时，函数 $z=f(x, y)$ 无限趋近于一个确定的常数 A，则称 A 为**函数 $z=f(x, y)$ 在 $(x, y) \to (x_0, y_0)$ 时的极限**，记为

$$\lim_{\substack{x \to x_0 \\ y \to y_0}} f(x, y) = A.$$

3. 二元函数的连续性

设函数 $z=f(x, y)$ 在 D 中有定义，若

1) $f(x, y)$ 在 $P_0(x_0, y_0)$ 处有定义；

2) 当点 $P(x, y) \in D$ 且 $x \to x_0$，$y \to y_0$ 时，函数的极限存在，即 $\lim\limits_{\substack{x \to x_0 \\ y \to y_0}} f(x, y)$ 存在；

3）$\lim\limits_{\substack{x\to x_0\\ y\to y_0}} f(x, y)=f(x_0, y_0)$，

则称函数 $z=f(x, y)$ 在点 $P_0(x_0, y_0)$ 处**连续**.

4. 二元函数的偏导数

设函数 $z=f(x, y)$ 在点 (x_0, y_0) 的某一邻域内有定义,若

$$\lim_{\Delta x\to 0}\frac{f(x_0+\Delta x, y_0)-f(x_0, y_0)}{\Delta x}$$

存在,则称此极限为函数 $z=f(x, y)$ 在点 (x_0, y_0) 对 x 的**偏导数**,记作

$$\left.\frac{\partial z}{\partial x}\right|_{\substack{x=x_0\\ y=y_0}},\ \left.z_x\right|_{\substack{x=x_0\\ y=y_0}},\ 或 f_x(x_0, y_0),$$

即

$$f_x(x_0, y_0)=\lim_{\Delta x\to 0}\frac{f(x_0+\Delta x, y_0)-f(x_0, y_0)}{\Delta x}.$$

类似的,函数 $z=f(x, y)$ 在点 (x_0, y_0) 处对 y 的偏导数定义为

$$\lim_{\Delta y\to 0}\frac{f(x_0, y_0+\Delta y)-f(x_0, y_0)}{\Delta y},$$

记作 $\left.\frac{\partial z}{\partial y}\right|_{\substack{x=x_0\\ y=y_0}}, \left.z_y\right|_{\substack{x=x_0\\ y=y_0}}$ 或 $f_y(x_0, y_0)$.

5. 二元函数的全微分

如果函数 $z=f(x, y)$ 在点 (x, y) 处的全增量

$$\Delta z=f(x+\Delta x, y+\Delta y)-f(x, y)$$

可以表示为

$$\Delta z=A\Delta x+B\Delta y+o(P),$$

其中 A，B 不依赖于 Δx，Δy，仅与 x，y 有关，$P=\sqrt{(\Delta x)^2+(\Delta y)^2}$，此时称函数 $z=f(x, y)$ 在点 (x, y) 处**可微分**，$A\Delta x+B\Delta y$ 称为函数 $z=f(x, y)$ 在点 (x, y) 处的**全微分**，记为 $\mathrm{d}z$，即

$$\mathrm{d}z=A\Delta x+B\Delta y=A\mathrm{d}x+B\mathrm{d}y.$$

函数 $z=f(x, y)$ 在点 (x, y) 处可微分，则 $\mathrm{d}z=\frac{\partial z}{\partial x}\Delta x+\frac{\partial z}{\partial y}\Delta y$.

6. 多元复合函数微分法则

1）若函数 $u=u(t)$ 和 $v=v(t)$ 都在点 t 处可导，函数 $z=f(u, v)$ 在点 (u, v) 处具有连续偏导数，则复合函数 $z=f[u(t), v(t)]$ 在对应点 t 处也可导，并且它的导数可用下列公式计算：

$$\frac{\mathrm{d}z}{\mathrm{d}t}=\frac{\partial z}{\partial u}\frac{\mathrm{d}u}{\mathrm{d}t}+\frac{\partial z}{\partial v}\frac{\mathrm{d}v}{\mathrm{d}t}.$$

2）若函数 $u=u(x, y)$ 和 $v=v(x, y)$ 都在点 (x, y) 处有偏导数，函数 $z=f(u, v)$ 在点 (u, v) 处具有连续偏导数，则复合函数 $z=f[u(x, y), v(x, y)]$ 在对应点 (x, y) 处有对 x 及 y 的偏导数，且有

$$\frac{\partial z}{\partial x}=\frac{\partial z}{\partial u}\frac{\partial u}{\partial x}+\frac{\partial z}{\partial v}\frac{\partial v}{\partial x},$$

$$\frac{\partial z}{\partial y}=\frac{\partial z}{\partial u}\frac{\partial u}{\partial y}+\frac{\partial z}{\partial v}\frac{\partial v}{\partial y}.$$

3)若函数 $u=\varphi(x,y)$ 在点 (x,y) 具有对 x 及 y 的偏导数,函数 $v=\psi(y)$ 在点 y 可导,函数 $z=f(u,v)$ 在对应点 (u,v) 具有连续偏导数,则复合函数 $z=f[\varphi(x,y),\psi(y)]$ 在点 (x,y) 的两个偏导数存在,且有

$$\frac{\partial z}{\partial x}=\frac{\partial z}{\partial u}\cdot\frac{\partial u}{\partial x},$$

$$\frac{\partial z}{\partial y}=\frac{\partial z}{\partial u}\cdot\frac{\partial u}{\partial y}+\frac{\partial z}{\partial v}\cdot\frac{dv}{dy}.$$

7. 隐函数的求导法则

(1)由一个方程确定的隐函数

设函数 $F(x, y, z)$ 在点 $P(x, y, z)$ 处可微，由方程 $F(x, y, z)=0$ 确定的隐函数 $z=f(x, y)$，当 $F_z(x, y, z)\neq 0$ 时,有

$$\frac{\partial z}{\partial x}=-\frac{F_x}{F_z},\ \frac{\partial z}{\partial y}=-\frac{F_y}{F_z}.$$

(2)由方程组确定的隐函数(略)

8. 多元函数的极值(以二元函数为例)

(1)二元函数的极值的定义

设函数 $z=f(x, y)$ 在点 (x_0, y_0) 的某个邻域内有定义，对于该邻域内异于 (x_0, y_0) 的任意一点 (x, y)，若

$$f(x, y)<f(x_0, y_0),$$

则称函数在点 (x_0, y_0) 有**极大值** $f(x_0, y_0)$，点 (x_0, y_0) 称为极大值点；若

$$f(x, y)>f(x_0, y_0),$$

则称函数在点 (x_0, y_0) 有**极小值** $f(x_0, y_0)$，点 (x_0, y_0) 称为极小值点. 极大值与极小值统称为**极值**. 使函数取得极值的点称为**极值点**.

(2) 二元函数取得极值的必要条件

设函数 $z=f(x, y)$ 在点 (x_0, y_0) 具有偏导数，且在 (x_0, y_0) 处有极值，则在该点的偏导数必然为零，即

$$f'_x(x_0, y_0)=0,\ f'_y(x_0, y_0)=0.$$

(3) 二元函数取得极值的充分条件

设函数 $z=f(x, y)$ 在点 (x_0, y_0) 的某个邻域内连续且有一阶和二阶连续偏导数，又 $f'_x(x_0, y_0)=0$，$f'_y(x_0, y_0)=0$，令

$$f''_{xx}(x_0, y_0)=A,\ f''_{xy}(x_0, y_0)=B,\ f''_{yy}(x_0, y_0)=C,$$

则 $f(x, y)$ 在 (x_0, y_0) 处是否取得极值的条件如下：

1) $B^2-AC<0$ 时具有极值，且当 $A<0$ 时有极大值，当 $A>0$ 时有极小值；

2) $B^2-AC>0$ 时没有极值；

3) $B^2-AC=0$ 时可能有极值，也可能没有极值，还需另作讨论.

(4)条件极值

函数 $z=f(x, y)$ 在条件 $\varphi(x, y)=0$ 下的取得极值的必要条件为

$$\begin{cases} f'_x(x, y)+\lambda\varphi'_x(x, y)=0, \\ f'_y(x, y)+\lambda\varphi'_y(x, y)=0, \\ \varphi(x, y)=0. \end{cases}$$

其中，$F(x,y)=f(x,y)+\lambda\varphi(x,y)$.

(5)二元函数的最大值和最小值

若函数 $z=f(x,y)$ 在有界闭区域 D 上连续，则 $f(x,y)$ 在 D 上必定能取得最大值和最小值.

复习题9

1. 求下列函数在指定点处的值.

(1)已知函数 $f(x,y)=x+2y$，求 $f(x+y,x-y)$；

(2)已知函数 $f(x+y,x-y)=x^2+y^2$，试求 $f(x,y)$.

2. 求下列各函数的定义域.

(1)$z=\dfrac{1}{\sqrt{x+y}}+\dfrac{1}{\sqrt{x-y}}$；　　(2)$z=\ln(2x-3y)$.

3. 求下列各极限.

(1)$\lim\limits_{(x,y)\to(0,0)}\dfrac{(2+x)\sin(x^2+y^2)}{x^2+y^2}$；　　(2)$\lim\limits_{(x,y)\to(e,0)}\dfrac{\ln(x+y)}{\sqrt{x^2+y^2}}$.

4. 求下列函数的偏导数.

(1)$z=\dfrac{y}{x}+\dfrac{x}{y}$；　　(2)$z=\ln(x+\sqrt{x^2+y^2})$；

(3)$z=e^{\frac{y^2}{x}}$；　　(4)$u=\sin(x-y)^z$.

5. 求下列函数的指定高阶偏导数.

(1)设 $z=\cos^2(x+2y)$，求$\dfrac{\partial^2 z}{\partial x^2}$；

(2)设 $z=e^{xy^2}$，求$\dfrac{\partial^2 z}{\partial x\partial y}$；

(3)设 $u=xyze^{x+2y+3z}$，求$\dfrac{\partial^3 u}{\partial x\partial y\partial z}$.

6. 验证函数 $u=\arctan\dfrac{x}{y}$满足拉普拉斯方程 $u_{xx}+u_{yy}=0$.

7. 求下列复合函数的偏导数.

(1)设 $z=\ln(u^2+v^2)$，而 $u=e^x$，$v=\cos x$，求$\dfrac{dz}{dx}$；

(2)设 $z=x^2y-xy^2$，而 $x=r\cos\theta$，$y=r\sin\theta$，求$\dfrac{\partial z}{\partial r}$，$\dfrac{\partial z}{\partial\theta}$；

(3)设 $z=\arctan(xy)$，而 $y=\ln x$，求$\dfrac{dz}{dx}$；

(4)设 $u=\cos(x+y^2+z^3)$，而 $z=\dfrac{y}{x}$，求$\dfrac{\partial u}{\partial x}$，$\dfrac{\partial u}{\partial y}$.

8. 设函数 f，φ 具有连续导数(偏导数)，求下列函数的指定偏导数.

(1)设 $z=f\left(\dfrac{y}{x}\right)+\varphi(xy)$，求$\dfrac{\partial z}{\partial x}$，$\dfrac{\partial z}{\partial y}$；

(2)设 $z=f(\sin x, e^y)$，求$\frac{\partial z}{\partial x}$，$\frac{\partial z}{\partial y}$；

(3)设 $u=f(x, y, z)$，$z=xe^y$，求$\frac{\partial u}{\partial x}$，$\frac{\partial u}{\partial y}$.

9. 求下列隐函数的导数或偏导数.

(1)设 $\ln\sqrt{x^2+y^2}=\arctan\frac{y}{x}$，求$\frac{dy}{dx}$；

(2)设 $x^2\sin z-\sqrt{y}\ln z=1$，求$\frac{\partial z}{\partial x}$，$\frac{\partial z}{\partial y}$.

10. 求下列函数的全微分.

(1)$z=e^{xy}\ln x$；　　(2)$u=x\sin yz$.

11. 求下列函数的极值.

(1)$f(x, y)=x^3+y^3-6xy+5$；

(2)$f(x, y)=e^{2x}(x+y^2+2y)$.

12. 求内接于半径为 r 的球且有最大体积的长方体体积.

13. 在椭圆$\frac{y^2}{2}+x^2=1$上求一点 M，使点 M 到过点 $A(4, 0)$、$B(0, 4)$的直线的距离最短.

第 10 章　二重积分与应用

由一元函数积分学知道，利用定积分解决某些实际问题的基本步骤是：分割、近似代替、求和、取极限，从而得到定积分是一元函数“和式”的极限. 若将这种方法推广到平面区域的多元函数中，就可得到多重积分的概念. 本章主要介绍二重积分的概念、性质、计算方法及其应用.

10.1　二重积分的概念与计算

10.1.1　问题的提出

案例 1　曲顶柱体的体积

设有一空间立体 Ω，它的底是 xOy 面上的有界区域 D，它的侧面是以 D 的边界曲线为准线，而母线平行于 z 轴的柱面，它的顶是曲面 $z=f(x, y)$ $(f(x, y)\geqslant 0)$，称这种立体为曲顶柱体，如图 10-1-1 所示.

曲顶柱体的体积 V 可以这样来计算：

(1) 分割

用任意一组曲线网将区域 D 分成 n 个小区域 $\Delta\sigma_1$，$\Delta\sigma_2$，…，$\Delta\sigma_n$，以这些小区域的边界曲线为准线，作母线平行于 z 轴的柱面，这些柱面将原来的曲顶柱体 Ω 分划成 n 个小曲顶柱体 $\Delta\Omega_1$，$\Delta\Omega_2$，…，$\Delta\Omega_n$.

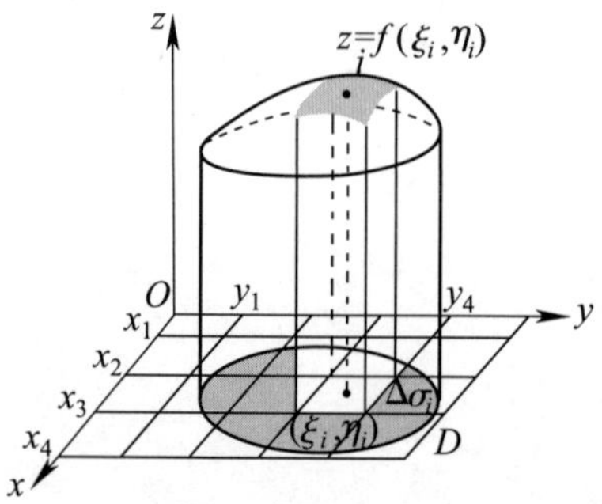

图　10-1-1

假设 $\Delta\sigma_i$ 所对应的小曲顶柱体为 $\Delta\Omega_i$，这里 $\Delta\sigma_i$ 既代表第 i 个小区域，又表示它的面积值，$\Delta\Omega_i$ 既代表第 i 个小曲顶柱体，又代表它的体积值. 从而

$$V=\sum_{i=1}^{n}\Delta\Omega_i .$$

(2) 近似代替

由于 $f(x, y)$ 连续，对于同一个小区域来说，函数值的变化不大. 因此，可以将第 i 个小曲顶柱体近似地看作小平顶柱体，于是

$$\Delta\Omega_i\approx f(\xi_i, \eta_i)\Delta\sigma_i,\ (\xi_i, \eta_i)\in\Delta\sigma_i .$$

(3) 求和

整个曲顶柱体的体积近似值为

$$V\approx\sum_{i=1}^{n}f(\xi_i,\eta_i)\Delta\sigma_i .$$

(4) 取极限

为得到 V 的精确值，只需让这 n 个小区域越来越小，即让每个小区域向某点收缩. 为此，我们引入区域直径的概念：

一个闭区域的直径是指区域上任意两点距离的最大者. 区域向一点收缩性地变小，是指区域的直径趋向于零.

设 n 个小区域直径中的最大者为 λ，则

$$V=\lim_{\lambda\to 0}\sum_{i=1}^{n} f(\xi_i,\ \eta_i)\Delta\sigma_i.$$

案例 2　平面薄片的质量

设有一平面薄片占有 xOy 面上的区域 D，它在 $(x,\ y)$ 处的面密度为 $\rho(x,\ y)$ $(\rho(x,\ y)>0)$，求该平面薄片的质量 M，如图 10－1－2 所示.

(1) 分割

将 D 分成 n 个小区域 $\Delta\sigma_1$，$\Delta\sigma_2$，…，$\Delta\sigma_n$，其中 $\Delta\sigma_i$ 既代表第 i 个小区域又代表它的面积.

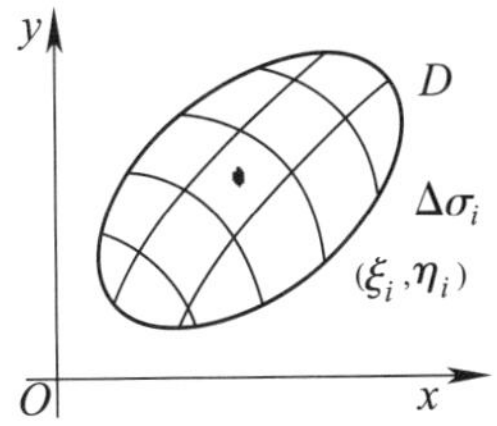

图　10－1－2

(2) 近似代替

第 i 个小平面薄片的质量可近似为

$$\Delta M_i\approx\rho(\xi_i,\ \eta_i)\Delta\sigma_i, (\xi_i,\ \eta_i)\in\Delta\sigma_i .$$

(3) 求和

整个平面薄片的质量的近似值为

$$M\approx\sum_{i=1}^{n}\rho(\xi_i,\eta_i)\Delta\sigma_i .$$

(4) 取极限

设 λ_i 为 $\Delta\sigma_i$ 的直径，记 $\lambda=\max\{\lambda_1,\ \lambda_2,\ \cdots,\ \lambda_n\}$，则整个平面薄片的质量为

$$M=\lim_{\lambda\to 0}\sum_{i=1}^{n}\rho(\xi_i,\ \eta_i)\Delta\sigma_i.$$

上述两个问题虽然实际意义完全不同，但最后结果都归结为同一形式的极限. 因此，撇开这类极限问题的实际背景，给出一个更广泛、更抽象的数学概念，即二重积分.

10.1.2　二重积分的概念和性质

1. 二重积分的概念

定义　设 $f(x,\ y)$ 是闭区域 D 上的有界函数. 将区域 D 任意分成 n 个小区域 $\Delta\sigma_1$，$\Delta\sigma_2$，…，$\Delta\sigma_n$，其中 $\Delta\sigma_i$ 既表示第 i 个小区域，也表示它的面积. 在第 i 个小区域 $\Delta\sigma_i$ 上任取一点 $(\xi_i,\ \eta_i)$，作乘积 $f(\xi_i,\ \eta_i)\Delta\sigma_i (i=1,\ 2,\cdots,\ n)$，作和 $\sum\limits_{i=1}^{n} f(\xi_i,\ \eta_i)\Delta\sigma_i$，记 λ_i 为 $\Delta\sigma_i$ 的直径，$\lambda=\max\{\lambda_1,\ \lambda_2,\ \cdots,\ \lambda_n\}$，若极限 $\lim\limits_{\lambda\to 0}\sum\limits_{i=1}^{n} f(\xi_i,\ \eta_i)\Delta\sigma_i$ 存在，则称此极限值为**函数 $f(x,\ y)$ 在区域 D 上的二重积分**，记作 $\iint\limits_D f(x,\ y)\mathrm{d}\sigma$，即

$$\iint_D f(x,\ y)\,\mathrm{d}\sigma = \lim_{\lambda\to 0}\sum_{i=1}^{n} f(\xi_i,\eta_i)\,\Delta\sigma_i\ .$$

称 $f(x,\ y)$ 为**被积函数**，$f(x,\ y)\,\mathrm{d}\sigma$ 为**被积表达式**，$\mathrm{d}\sigma$ 为**面积元素**，x，y 为**积分变量**，D 为**积分区域**，$\sum\limits_{i=1}^{n} f(\xi_i,\ \eta_i)\,\Delta\sigma_i$ 为**积分和式**.

关于二重积分，有以下几点说明：

1）极限 $\lim\limits_{\lambda\to 0}\sum\limits_{i=1}^{n} f(\xi_i,\ \eta_i)\,\Delta\sigma_i$ 的存在性应不依赖区域 D 的分割，也不依赖 $(\xi_i,\ \eta_i)$ 的取法.

2）若 $f(x,\ y)$ 在闭区域 D 上连续，则 $f(x,\ y)$ 在 D 上的二重积分存在.

3）$\iint\limits_D f(x,\ y)\,\mathrm{d}\sigma$ 中的面积元素 $\mathrm{d}\sigma$ 象征着积分和式中的 $\Delta\sigma_i$. 由于二重积分的定义中对区域 D 的划分是任意的，用一组平行于坐标轴的直线来划分区域 D，如图 10－1－3 所示，因此，可以将 $\mathrm{d}\sigma$ 记作 $\mathrm{d}x\mathrm{d}y$，所以在直角坐标系下二重积分也可表示成为

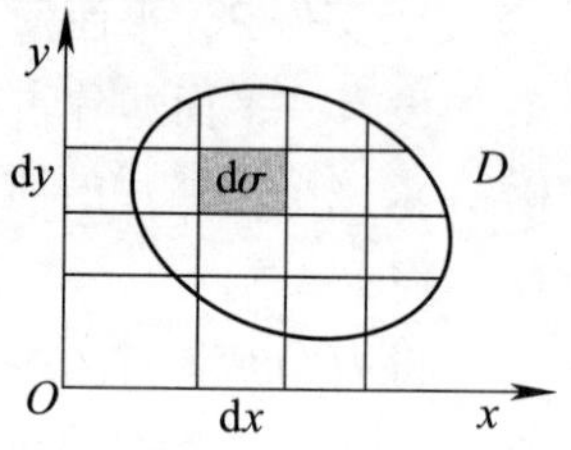

图　10－1－3

$$\iint_D f(x,y)\,\mathrm{d}x\mathrm{d}y.$$

2. 二重积分的几何意义

1）当 $f(x,\ y)\geqslant 0$，二重积分 $\iint\limits_D f(x,\ y)\,\mathrm{d}\sigma$ 表示一个以 $z=f(x,\ y)$ 为曲顶的曲顶柱体的体积；

2）当 $f(x,\ y)\leqslant 0$，二重积分 $\iint\limits_D f(x,\ y)\,\mathrm{d}\sigma$ 表示一个以 $z=f(x,\ y)$ 为曲顶的曲顶柱体的体积的负值；

3）当 $f(x,\ y)$ 有正、有负时，二重积分 $\iint\limits_D f(x,\ y)\,\mathrm{d}\sigma$ 表示一个以 $z=f(x,\ y)$ 为曲顶的曲顶柱体的体积的代数和.

3. 二重积分的性质

性质 1　两个函数代数和的二重积分等于两个函数的二重积分的代数和，即

$$\iint_D [f(x,\ y)\pm g(x,\ y)]\,\mathrm{d}\sigma = \iint_D f(x,\ y)\,\mathrm{d}\sigma \pm \iint_D g(x,\ y)\,\mathrm{d}\sigma.$$

性质 2　被积函数的常数因子可以提到积分符号的外面，即

$$\iint_D kf(x,\ y)\,\mathrm{d}\sigma = k\iint_D f(x,\ y)\,\mathrm{d}\sigma.$$

性质 3　（区域可加性）若区域 D 分为两个部分区域 D_1，D_2，则

$$\iint_D f(x,\ y)\,\mathrm{d}\sigma = \iint_{D_1} f(x,\ y)\,\mathrm{d}\sigma + \iint_{D_2} f(x,\ y)\,\mathrm{d}\sigma.$$

性质 4　若在区域 D 上，$f(x,\ y)\equiv 1$，σ 表示区域 D 的面积，则

$$\iint_D f(x,\ y)\,\mathrm{d}\sigma = \iint_D 1\,\mathrm{d}\sigma = \iint_D \mathrm{d}\sigma = \sigma.$$

性质 5　若在区域 D 上，$f(x,y)\leqslant\varphi(x,y)$，则有不等式

$$\iint_D f(x,y)\mathrm{d}\sigma\leqslant\iint_D \varphi(x,y)\mathrm{d}\sigma.$$

特别的，由于 $-|f(x,y)|\leqslant f(x,y)\leqslant|f(x,y)|$，有

$$\left|\iint_D f(x,y)\mathrm{d}\sigma\right|\leqslant\iint_D |f(x,y)|\mathrm{d}\sigma.$$

性质 6　如果在区域 D 上，$m\leqslant f(x,y)\leqslant M$（$m$，$M$ 为常数），σ 为积分区域 D 的面积，则

$$m\sigma\leqslant\iint_D f(x,y)\mathrm{d}\sigma\leqslant M\sigma.$$

性质 7　（积分中值定理）设 $f(x,y)$ 在有界闭区域 D 上连续，σ 为积分区域 D 的面积，则在 D 上至少存在一点 (ξ,η) 使得

$$\iint_D f(x,y)\mathrm{d}\sigma=f(\xi,\eta)\sigma.$$

10.1.3　二重积分的计算

相对于二重积分，定积分也称为单积分. 计算二重积分的基本思想是将二重积分化为二次积分. 下面主要介绍两种把二重积分化为二次积分的方法.

1. 利用直角坐标计算二重积分

根据曲面 $z=f(x,y)$ 在 xOy 面上的投影区域（积分区域）D 的特点，分为以下几个类型：

(1) x 型区域

设二重积分 $\iint_D f(x,y)\mathrm{d}\sigma$ 的被积函数 $f(x,y)$ 在积分区域 D 上连续，积分区域 D 由不等式 $a\leqslant x\leqslant b$，$\varphi_1(x)\leqslant y\leqslant\varphi_2(x)$ 表示，如图 10－1－4 所示，则称 D 为 x 型区域.

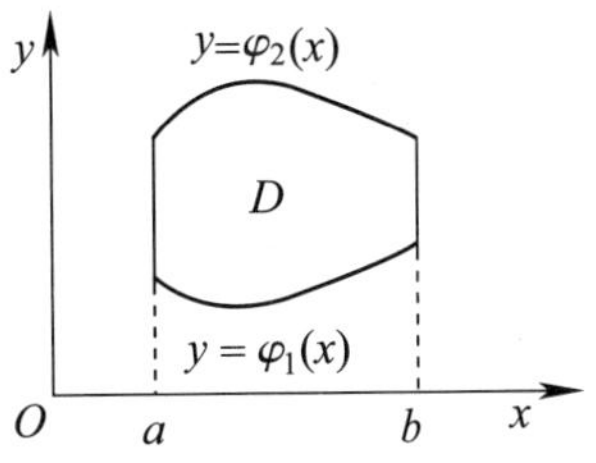

图　10－1－4

由二重积分的几何意义知，$\iint_D f(x,y)\mathrm{d}\sigma$ 表示一个以 $z=f(x,y)$ 为曲顶的曲顶柱体的体积，如图 10－1－5 所示，所以 $\iint_D f(x,y)\mathrm{d}\sigma$ 的值就为曲顶柱体的体积.

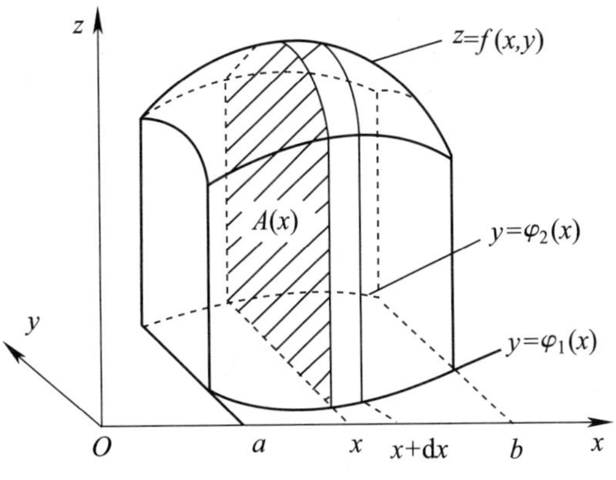

图　10－1－5

根据平行截面面积已知求立体体积的公式，可知所求曲顶柱体的体积为

$$V=\int_a^b A(x)\,\mathrm{d}x=\int_a^b\left[\int_{\varphi_1(x)}^{\varphi_2(x)} f(x,y)\,\mathrm{d}y\right]\mathrm{d}x.$$

从而

$$\iint_D f(x,y)\,\mathrm{d}\sigma=\int_a^b\left[\int_{\varphi_1(x)}^{\varphi_2(x)} f(x,y)\,\mathrm{d}y\right]\mathrm{d}x=\int_a^b \mathrm{d}x\int_{\varphi_1(x)}^{\varphi_2(x)} f(x,y)\,\mathrm{d}y. \qquad (10-1)$$

公式(10-1)右边的意义为首先把$f(x,y)$中的x看作常量，y看作变量. 先对y在$\varphi_1(x)\leqslant y\leqslant\varphi_2(x)$积分，积分结果$A(x)=\int_{\varphi_1(x)}^{\varphi_2(x)} f(x,y)\,\mathrm{d}y$是一个$x$的函数，然后将函数$A(x)$在$x$的变化区间$a\leqslant x\leqslant b$上再对$x$积分.

(2) y型区域

设二重积分$\iint_D f(x,y)\,\mathrm{d}\sigma$的被积函数$f(x,y)$在积分区域$D$上连续，积分区域$D$是由不等式$c\leqslant y\leqslant d$，$x_1(y)\leqslant x\leqslant x_2(y)$表示，如图10-1-6所示，则称$D$为$y$型区域.

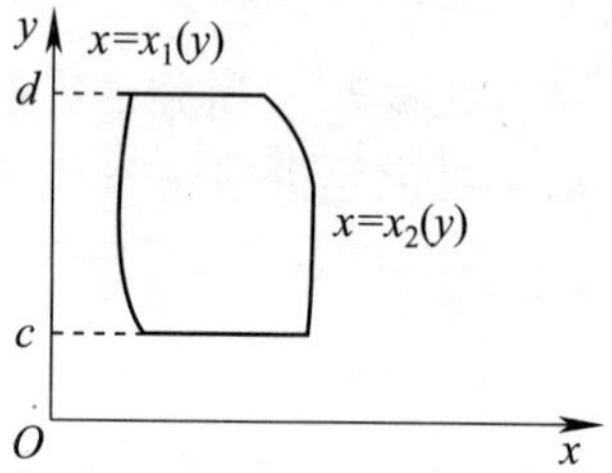

图　10-1-6

类似上述方法，可得到二重积分$\iint_D f(x,y)\,\mathrm{d}\sigma$化为二次积分的另一计算公式：

$$\iint_D f(x,y)\,\mathrm{d}\sigma=\int_c^d\left[\int_{x_1(y)}^{x_2(y)} f(x,y)\,\mathrm{d}x\right]\mathrm{d}y=\int_c^d \mathrm{d}y\int_{x_1(y)}^{x_2(y)} f(x,y)\,\mathrm{d}x. \qquad (10-2)$$

公式(10-2)右边的意义为首先把$f(x,y)$中的y看作常量，x看作变量. 先对x在$x_1(y)\leqslant x\leqslant x_2(y)$积分，积分结果$A(y)=\int_{x_1(y)}^{x_2(y)} f(x,y)\,\mathrm{d}x$是一个$y$的函数，然后将函数$A(y)$在$y$的变化区间$c\leqslant y\leqslant d$上再对$y$积分.

(3) 矩形区域

设二重积分$\iint_D f(x,y)\,\mathrm{d}\sigma$的被积函数$f(x,y)$在积分区域$D$上连续，积分区域$D$是由不等式$a\leqslant x\leqslant b$，$c\leqslant y\leqslant d$表示，如图10-1-7所示，则称$D$为矩形区域.

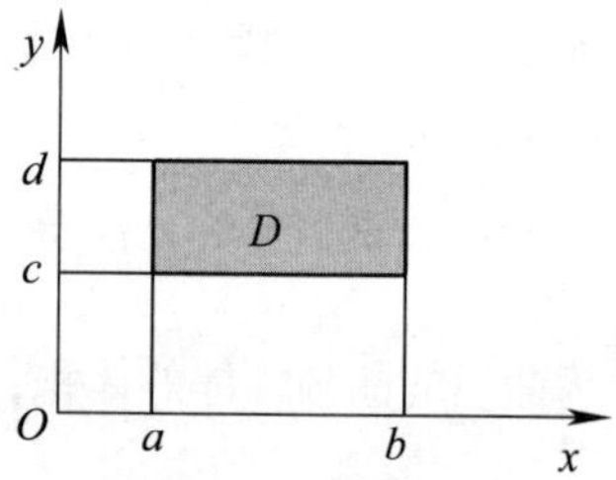

图　10-1-7

矩形区域$a\leqslant x\leqslant b$，$c\leqslant y\leqslant d$既可看成x型区域，又可看成y型区域，所以有

$$\iint_D f(x,y)\,\mathrm{d}\sigma=\int_a^b \mathrm{d}x\int_c^d f(x,y)\,\mathrm{d}y=\int_c^d \mathrm{d}y\int_a^b f(x,y)\,\mathrm{d}x. \qquad (10-3)$$

若$f(x,y)$在积分区域D上连续，且$f(x,y)=h(x)g(y)$，D：$a\leqslant x\leqslant b$，$c\leqslant y\leqslant d$，则

$$\iint_D f(x,y)\,\mathrm{d}\sigma=\int_a^b h(x)\,\mathrm{d}x\int_c^d g(y)\,\mathrm{d}y=\int_c^d g(y)\,\mathrm{d}y\int_a^b h(x)\,\mathrm{d}x. \qquad (10-4)$$

(4) 即非x型又非y型区域

若积分区域D既不是x型区域，又不是y型区域，这时，可将D进行分割，使其被分割后为x型区域或y型区域.

注：将二重积分化为二次积分时，若积分次序不同，其积分限一般也不相同，不是简单

的交换(矩形区域除外)，而是根据积分区域 D 的边界曲线方程，重新配置.

利用直角坐标系计算二重积分的一般步骤:

1)先画出积分区域的草图，求出边界相交曲线的交点;

2)根据积分区域的特点确定是 x 型区域还是 y 型区域，将二重积分化为相应的二次积分;

3)x 型区域先对 y 积分，将 x 视为常数，然后将第一次积分的结果再对 x 积分; y 型区域先对 x 积分，将 y 视为常数，然后将第一次积分的结果再对 y 积分.

例 1　计算 $\iint\limits_D xy\mathrm{d}\sigma$，其中 D: $0\leqslant x\leqslant 1$，$0\leqslant y\leqslant 1$.

解　如图 10-1-8 所示，由于此积分区域为矩形区域，所以有

$$\iint\limits_D xy\mathrm{d}\sigma = \int_0^1 x\mathrm{d}x\int_0^1 y\mathrm{d}y = \frac{1}{4}.$$

例 2　计算 $\iint\limits_D (x-y)\mathrm{d}\sigma$，其中 D 由直线 $y=x$，曲线 $y=\dfrac{1}{x}$和直线 $x=2$ 所围成.

解　如图 10-1-9 所示，$\begin{cases} y=x \\ y=\dfrac{1}{x} \end{cases}$的交点为(1，1).

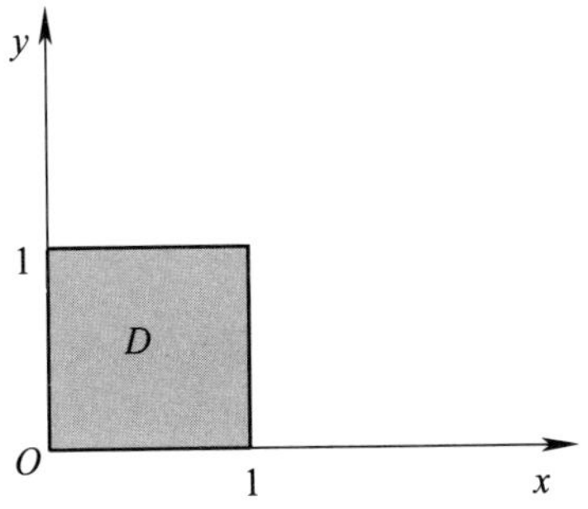

图　10-1-8

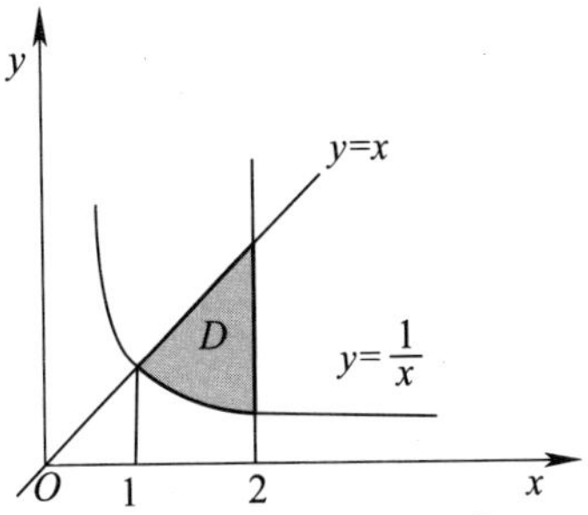

图　10-1-9

解法 1　视积分区域为 x 型区域，所以有

$$\iint\limits_D (x-y)\mathrm{d}\sigma = \int_1^2 \mathrm{d}x\int_{\frac{1}{x}}^{x}(x-y)\mathrm{d}y = \int_1^2\left(xy-\frac{1}{2}y^2\right)\Bigg|_{\frac{1}{x}}^{x}\mathrm{d}x$$

$$= \int_1^2\left[x\left(x-\frac{1}{x}\right)-\frac{1}{2}\left(x^2-\frac{1}{x^2}\right)\right]\mathrm{d}x = \frac{5}{12}.$$

解法 2　如图 10-1-10 所示，还可将积分区域分为两部分，所以有

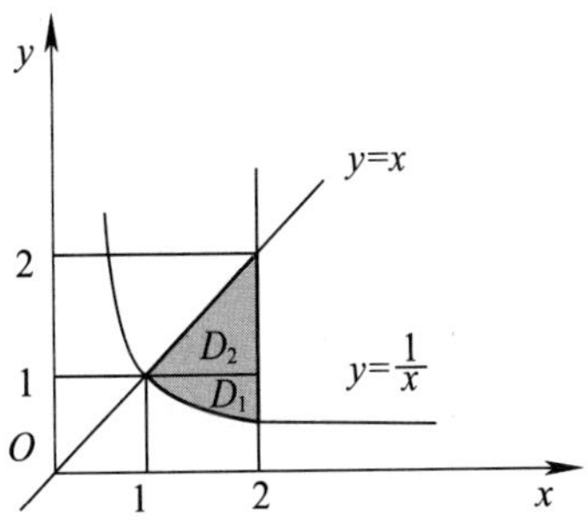

图　10-1-10

$$\iint\limits_D (x-y)\mathrm{d}\sigma = \iint\limits_{D_1}(x-y)\mathrm{d}\sigma + \iint\limits_{D_2}(x-y)\mathrm{d}\sigma$$

$$= \int_{\frac{1}{2}}^{1}\mathrm{d}y\int_{\frac{1}{y}}^{2}(x-y)\mathrm{d}x + \int_1^2\mathrm{d}y\int_y^2(x-y)\mathrm{d}x$$

$$= \int_{\frac{1}{2}}^{1}\left(\frac{1}{2}x^2-xy\right)\Bigg|_{\frac{1}{y}}^{2}\mathrm{d}y + \int_1^2\left(\frac{1}{2}x^2-xy\right)\Bigg|_y^2\mathrm{d}y$$

$$= \int_{\frac{1}{2}}^{1}\left[\frac{1}{2}\left(4-\frac{1}{y^2}\right)-y\left(2-\frac{1}{y}\right)\right]\mathrm{d}y + \int_{1}^{2}\left[\frac{1}{2}(4-y^2)-y(2-y)\right]\mathrm{d}y$$

$$= \frac{1}{4}+\frac{1}{6}=\frac{5}{12}.$$

例 3　确定积分区域，并更换积分的次序 $I=\int_0^1 \mathrm{d}x\int_{x^2}^{x} f(x,\ y)\,\mathrm{d}y$.

解　从 x 的积分上下限知道，$0\leqslant x\leqslant 1$，从 y 的积分上下限可知，积分区域 D 的边界曲线为：$y=x$ 和 $y=x^2$，作出这些曲线，如图 10－1－11 所示，更换积分次序后应对 x 先积分，y 后积分，从而有

$$I=\int_0^1 \mathrm{d}x\int_{x^2}^{x} f(x,y)\,\mathrm{d}y = \int_0^1 \mathrm{d}y\int_{y}^{\sqrt{y}} f(x,y)\,\mathrm{d}x.$$

例 4　确定积分区域，并更换积分的次序 $I=\int_0^1 \mathrm{d}x\int_{-\sqrt{1-x^2}}^{\sqrt{1-x^2}} f(x,\ y)\,\mathrm{d}y$.

解　从 x 的积分上下限知道，$0\leqslant x\leqslant 1$，从 y 的积分上下限可知，积分区域 D 的边界曲线为：$x^2+y^2=1$，作出这些曲线，如图 10－1－12 所示，更换积分次序后应对 x 先积分，y 后积分，从而有

$$I=\int_0^1 \mathrm{d}x\int_{-\sqrt{1-x^2}}^{\sqrt{1-x^2}} f(x,y)\,\mathrm{d}y = \int_{-1}^1 \mathrm{d}y\int_{0}^{\sqrt{1-y^2}} f(x,y)\,\mathrm{d}x.$$

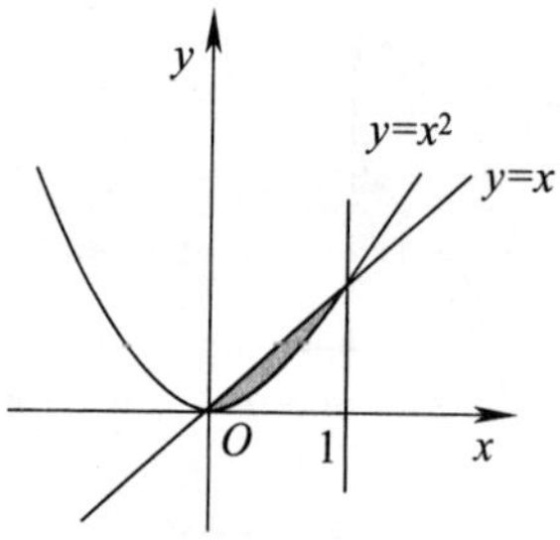

图　10－1－11

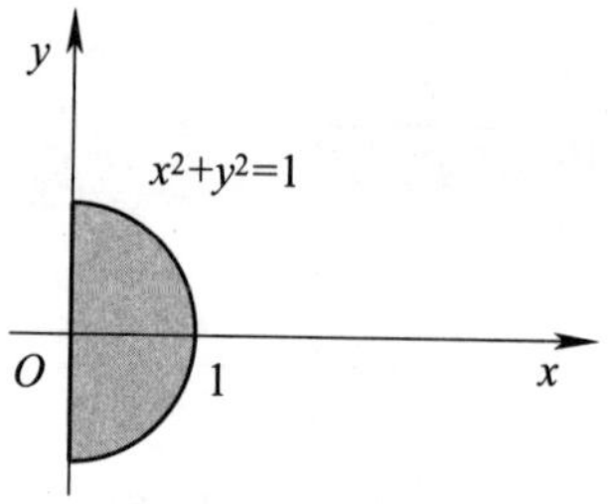

图　10－1－12

2. 利用极坐标计算二重积分

对于某些二重积分，其积分区域的边界曲线用极坐标表示往往比直角坐标系表示更为简便. 为此，下面介绍在极坐标下二重积分的计算.

在极坐标系中，一族从极点发出的射线和另一族圆心在极点的同心圆，把 D 分割成许多子域，如图 10－1－13 所示. 这些子域的面积近似等于以 $r\mathrm{d}\theta$ 为长，$\mathrm{d}r$ 为宽的小矩形面积，因此在极坐标系中的面积元素可记为

$$\mathrm{d}\sigma=r\mathrm{d}r\mathrm{d}\theta,$$

再将直角坐标系与极坐标系间的互换公式

$$\begin{cases} x=r\cos\theta,\\ y=r\sin\theta \end{cases}$$

代入积分区域 D 的边界曲线方程和被积函数，就可得到二重积分的极坐标表达式

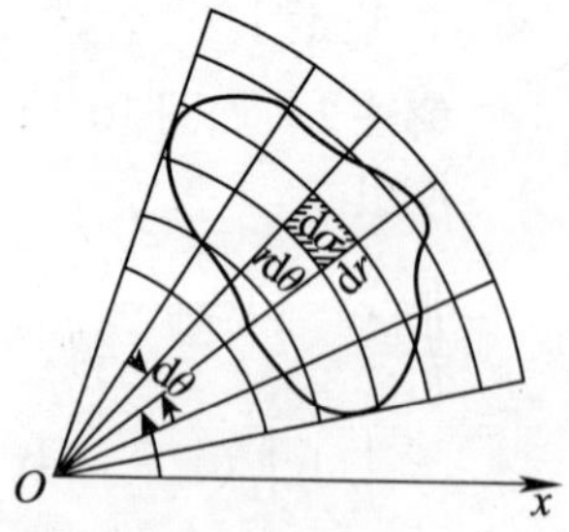

图　10－1－13

$$\iint_D f(x,y)\mathrm{d}\sigma = \iint_D f(r\cos\theta,\ r\sin\theta)r\mathrm{d}r\mathrm{d}\theta.$$

极坐标系中的二重积分，同样可以化为二次积分来计算，下面分几种情况来讨论.

1）极点在区域 D 之外，如图 10－1－14 所示，

$$D:\ \alpha\leqslant\theta\leqslant\beta,\ r_1(\theta)\leqslant r\leqslant r_2(\theta),$$

则有

$$\iint_D f(r\cos\theta,r\sin\theta)r\mathrm{d}r\mathrm{d}\theta = \int_\alpha^\beta \mathrm{d}\theta\int_{r_1(\theta)}^{r_2(\theta)} f(r\cos\theta,r\sin\theta)r\mathrm{d}r.$$

2）极点区域 D 之内，如图 10－1－15 所示，

$$D:\ 0\leqslant\theta\leqslant 2\pi,\ 0\leqslant r\leqslant r(\theta),$$

则有

$$\iint_D f(r\cos\theta,r\sin\theta)r\mathrm{d}r\mathrm{d}\theta = \int_0^{2\pi} \mathrm{d}\theta\int_0^{r(\theta)} f(r\cos\theta,r\sin\theta)r\mathrm{d}r.$$

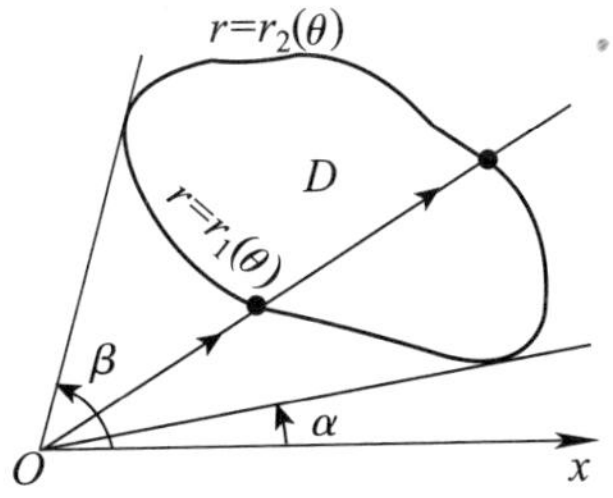

图　10－1－14

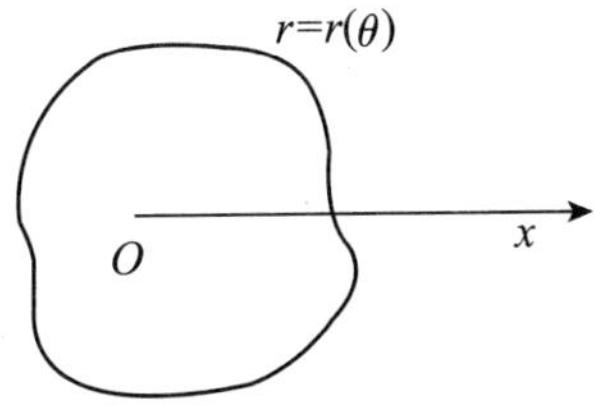

图　10－1－15

3）极点在区域 D 边界上，如图 10－1－16 所示，

$$D:\ \alpha\leqslant\theta\leqslant\beta,\ 0\leqslant r\leqslant r(\theta)$$

则有

$$\iint_D f(r\cos\theta,r\sin\theta)r\mathrm{d}r\mathrm{d}\theta = \int_0^{2\pi} \mathrm{d}\theta\int_0^{r(\theta)} f(r\cos\theta,r\sin\theta)r\mathrm{d}r.$$

例 5　用极坐标计算 $I=\iint\limits_D x^2\mathrm{d}\sigma$，$D=\{(x,\ y)\mid 1\leqslant x^2+y^2\leqslant 4\}$.

解　如图 10－1－17 所示，令 $\begin{cases}x=r\cos\theta,\\ y=r\sin\theta,\end{cases}$ 且 $\mathrm{d}\sigma=r\mathrm{d}r\mathrm{d}\theta$,

$$D:\ 0\leqslant\theta\leqslant 2\pi,\ 1\leqslant r\leqslant 2,$$

所以

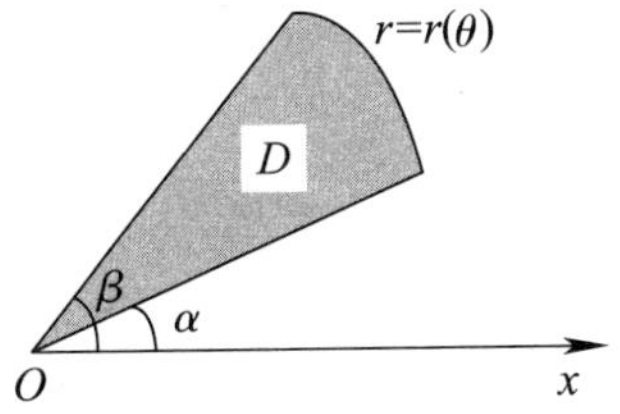

图　10－1－16

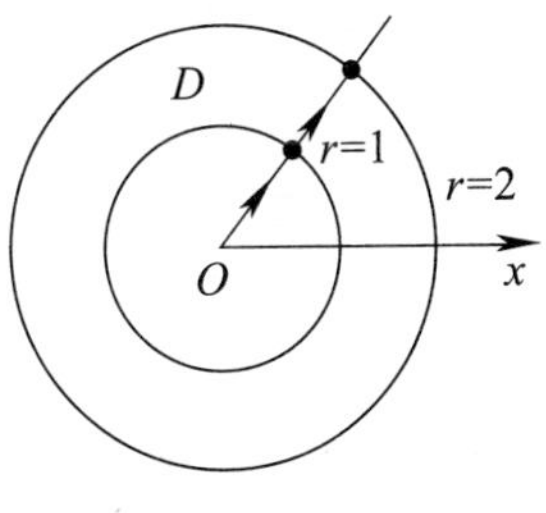

图　10－1－17

$$I=\iint_D x^2\mathrm{d}\sigma=\int_0^{2\pi}\mathrm{d}\theta\int_1^2 r^3\cos^2\theta\mathrm{d}r=\int_0^{2\pi}\cos^2\theta\mathrm{d}\theta\int_1^2 r^3\mathrm{d}r$$
$$=\left(\frac{1}{2}\theta+\frac{1}{4}\sin 2\theta\right)\Big|_0^{2\pi}\cdot\frac{1}{4}r^4\Big|_1^2=\frac{15}{4}\pi.$$

例 6　用极坐标计算 $I=\iint_D\frac{1}{1-x^2-y^2}\mathrm{d}\sigma$，其中 D：$x^2+y^2\leqslant\frac{3}{4}$.

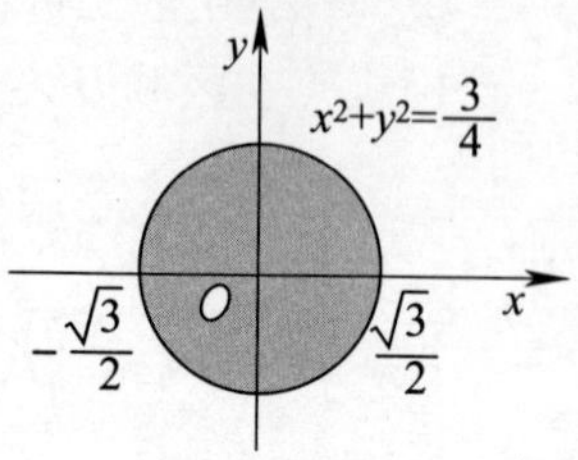

图　10-1-18

解　如图 10-1-18 所示，令 $\begin{cases}x=r\cos\theta,\\ y=r\sin\theta,\end{cases}$

且 $\mathrm{d}\sigma=r\mathrm{d}r\mathrm{d}\theta$，$D$：$0\leqslant\theta\leqslant 2\pi$，$0\leqslant r\leqslant\frac{\sqrt{3}}{2}$，

所以 $I=\iint_D\frac{1}{1-x^2-y^2}\mathrm{d}\sigma=\int_0^{2\pi}\mathrm{d}\theta\int_0^{\frac{\sqrt{3}}{2}}\frac{1}{1-r^2}r\mathrm{d}r$

$$=2\pi\cdot\frac{1}{2}\int_0^{\frac{\sqrt{3}}{2}}\frac{1}{1-r^2}\mathrm{d}r^2=-\pi\int_0^{\frac{\sqrt{3}}{2}}\frac{1}{1-r^2}\mathrm{d}(1-r^2)$$
$$=-\pi\ln|1-r^2|\Big|_0^{\frac{\sqrt{3}}{2}}=\pi\ln 4=2\pi\ln 2.$$

习题 10.1

1. 计算 $\iint_D(3-y^2)\mathrm{d}\sigma$，其中 D：$0\leqslant x\leqslant 1$，$1\leqslant y\leqslant 2$.

2. 交换下列二次积分的积分次序.

(1) $\int_0^2\mathrm{d}y\int_{y^2}^{2y}f(x,y)\mathrm{d}x$；　　(2) $\int_0^1\mathrm{d}y\int_{-\sqrt{1-y^2}}^{\sqrt{1-y^2}}f(x,y)\mathrm{d}x$.

3. 计算下列二重积分.

(1) $\iint_D xy^2\mathrm{d}\sigma$；积分区域 D 由 $y=x^2$，$y=x$ 所围成.

(2) $\iint_D y\mathrm{e}^{xy}\mathrm{d}\sigma$；积分区域 D 由 $y=1$，$y=10$，$xy=1$，$x=0$ 所围成.

(3) $\iint_D\frac{y}{x}\mathrm{d}\sigma$；积分区域 D 由 $y=x$，$y=\frac{x}{2}$，$y=1$，$y=2$ 所围成.

(4) $\iint_D\mathrm{e}^{-(x^2+y^2)}\mathrm{d}\sigma$；积分区域 D 由 $x^2+y^2\leqslant 1$ 所围成.

10.2　二重积分的应用

1. 曲顶柱体的体积

由上一节我们知道，二重积分 $\iint_D f(x,y)\mathrm{d}\sigma$ 表示以 xOy 坐标面上有界区域 D 为底，以连续函数 $z=f(x,y)$ 为顶的曲顶柱体的体积的代数和.

例 1　求由抛物面 $z=1-x^2-y^2$ 与坐标面 $z=0$ 所围成的区域的体积.

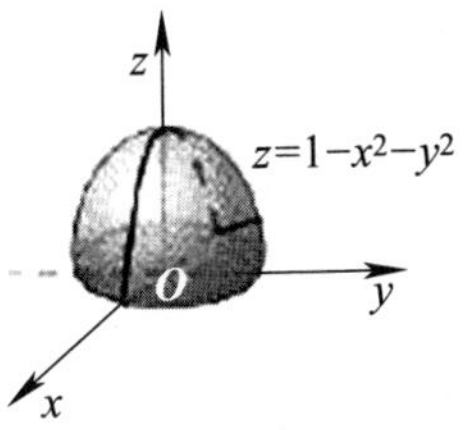

图　10－2－1

解　如图 10－2－1 所示，该图形是以有界区域 $x^2+y^2\leqslant 1$ 为底，以 $z=1-x^2-y^2$ 为曲顶的曲顶柱体，所以

$$V=\iint_D(1-x^2-y^2)\mathrm{d}\sigma.$$

利用极坐标来求解，令 $x=r\cos\theta$，$y=r\sin\theta$，且 $\mathrm{d}\sigma=r\mathrm{d}r\mathrm{d}\theta$，可知 $0\leqslant\theta\leqslant 2\pi$，$0\leqslant r\leqslant 1$，

即 $V=\iint_D(1-x^2-y^2)\mathrm{d}\sigma=\int_0^{2\pi}\mathrm{d}\theta\int_0^1(1-r^2)r\mathrm{d}r=2\pi\cdot\left(-\frac{1}{4}\right)(1-r^2)^2\Big|_0^1=\frac{\pi}{2}$.

2. 曲面的面积

设 $z=f(x,y)$ 在有界区域 D 上具有连续的偏导数，则 $z=f(x,y)$ 相应与区域 D 上那部分曲面的面积为

$$A=\iint_D\sqrt{1+[f'_x(x,y)]^2+[f'_y(x,y)]^2}\mathrm{d}\sigma$$

或

$$A=\iint_D\sqrt{1+\left(\frac{\partial z}{\partial x}\right)^2+\left(\frac{\partial z}{\partial y}\right)^2}\mathrm{d}\sigma.$$

例 2　求球面 $x^2+y^2+z^2=a^2$ 含在柱面 $x^2+y^2=ax(a>0)$ 内部的面积.

解　所围成的部分如图 10－2－2 所示，所求曲面在 xOy 面的投影区域 $D=\{(x,y)\mid x^2+y^2=ax\}$，$D$ 的图形如图 10－2－3 所示.

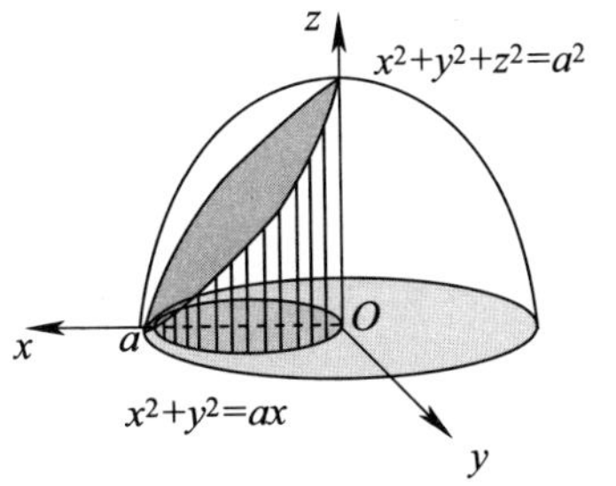

图　10－2－2

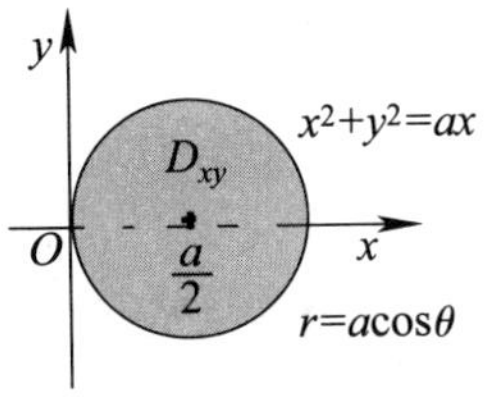

图　10－2－3

曲面方程取为 $z=\sqrt{a^2-x^2-y^2}$，

则有

$$\frac{\partial z}{\partial x}=-\frac{x}{\sqrt{a^2-x^2-y^2}},\quad\frac{\partial z}{\partial y}=-\frac{y}{\sqrt{a^2-x^2-y^2}},$$

所以

$$\sqrt{1+\left(\frac{\partial z}{\partial x}\right)^2+\left(\frac{\partial z}{\partial y}\right)^2}=\frac{a}{\sqrt{a^2-x^2-y^2}}.$$

从而

$$A=2\iint_D \frac{a}{\sqrt{a^2-x^2-y^2}}\mathrm{d}\sigma.$$

用极坐标来求解,D: $-\frac{\pi}{2}\leqslant\theta\leqslant\frac{\pi}{2}, 0\leqslant r\leqslant a\cos\theta$.

$$\begin{aligned}A&=2\iint_D \frac{a}{\sqrt{a^2-x^2-y^2}}\mathrm{d}\sigma=2\int_{-\frac{\pi}{2}}^{\frac{\pi}{2}}\mathrm{d}\theta\int_0^{a\cos\theta}\frac{a}{\sqrt{a^2-r^2}}r\mathrm{d}r\\&=-2a\int_{-\frac{\pi}{2}}^{\frac{\pi}{2}}\sqrt{a^2-r^2}\Big|_0^{a\cos\theta}\mathrm{d}\theta=2a\int_{-\frac{\pi}{2}}^{\frac{\pi}{2}}(a-a|\sin\theta|)\mathrm{d}\theta\\&=2\times 2a\int_0^{\frac{\pi}{2}}(a-a\sin\theta)\mathrm{d}\theta=2a^2(\pi-2).\end{aligned}$$

习题 10.2

1. 计算由四个平面 $x=0$, $y=0$, $x=2$, $y=3$ 所围成的柱面被平面 $z=0$, $z=2x-3y-6$ 截得的六面体的体积 V.

2. 求球体 $x^2+y^2+z^2\leqslant 4a^2$ 被圆柱面 $x^2+y^2=2ax(a>0)$ 所截得的(含在圆柱面内的部分)立体的体积.

3. 求曲面 $z=xy$ 包含在圆柱面 $x^2+y^2=1$ 内的那部分的表面积.

4. 求半径为 a 的上半球面 $z=\sqrt{a^2-x^2-y^2}$ 包含在柱面 $\frac{x^2}{a^2}+\frac{y^2}{b^2}=1$ 内那部分曲面的表面积.

本章小结

一、基本要求

1)理解二重积分的概念、性质及几何意义.

2)熟练掌握直角坐标系下二重积分的计算.

3)掌握极坐标系下二重积分的计算.

4)了解积分次序的转换以及各坐标系间的积分转换.

5)会用重积分解决一些简单的几何和物理问题.

二、基本内容

1. 二重积分的定义 $\iint_D f(x,y)\mathrm{d}\sigma=\lim\limits_{\lambda\to 0}\sum\limits_{i=1}^{n}f(\xi_i,\eta_i)\Delta\sigma_i$.

2. 二重积分的性质

1) $\iint_D kf(x,y)\mathrm{d}\sigma=k\iint_D f(x,y)\mathrm{d}\sigma$;

2) $\iint\limits_D [f(x,y) \pm g(x,y)]\mathrm{d}\sigma = \iint\limits_D f(x,y)\mathrm{d}\sigma \pm \iint\limits_D g(x,y)\mathrm{d}\sigma$;

3) 若 D 由 D_1 和 D_2 组成，则 $\iint\limits_D f(x,y)\mathrm{d}\sigma = \iint\limits_{D_1} f(x,y)\mathrm{d}\sigma + \iint\limits_{D_2} f(x,y)\mathrm{d}\sigma$;

4) $\iint\limits_D \mathrm{d}\sigma = S$，其中 S 是 D 的面积；

5) 若 $f(x,y) \leqslant g(x,y)$，则 $\iint\limits_D f(x,y)\mathrm{d}\sigma \leqslant \iint\limits_D g(x,y)\mathrm{d}\sigma$;

6) $\iint\limits_D |f(x,y)|\mathrm{d}\sigma \geqslant \left|\iint\limits_D f(x,y)\mathrm{d}\sigma\right|$;

7) 若 $m \leqslant f(x,y) \leqslant M$，则 $m\sigma \leqslant \iint\limits_D f(x,y)\mathrm{d}\sigma \leqslant M\sigma$;

8) 若 $f(x,y)$ 在 D 上连续，则一定存在 $(\xi,\eta) \in D$，使 $\iint\limits_D f(x,y)\mathrm{d}\sigma = f(\xi,\eta)\sigma$.

3. 二重积分的计算

1) 在直角坐标系下，面积微元 $\mathrm{d}\sigma = \mathrm{d}x\mathrm{d}y$.

若 D: $\begin{cases} a \leqslant x \leqslant b, \\ \varphi_1(x) \leqslant y \leqslant \varphi_2(x), \end{cases}$ 则 $\iint\limits_D f(x,y)\mathrm{d}\sigma = \int_a^b \mathrm{d}x \int_{\varphi_1(x)}^{\varphi_2(x)} f(x,y)\mathrm{d}y$;

若 D: $\begin{cases} c \leqslant y \leqslant d, \\ \psi_1(y) \leqslant x \leqslant \psi_2(y), \end{cases}$ 则 $\iint\limits_D f(x,y)\mathrm{d}\sigma = \int_c^d \mathrm{d}y \int_{\psi_1(y)}^{\psi_2(y)} f(x,y)\mathrm{d}x$.

2) 在极坐标系下，面积微元 $\mathrm{d}\sigma = r\mathrm{d}r\mathrm{d}\theta$.

若极点 O 在 D 外，D: $\begin{cases} \alpha \leqslant \theta \leqslant \beta, \\ r_1(\theta) \leqslant r \leqslant r_2(\theta), \end{cases}$ 则

$$\iint\limits_D f(x,y)\mathrm{d}x\mathrm{d}y = \int_\alpha^\beta \mathrm{d}\theta \int_{r_1(\theta)}^{r_2(\theta)} f(r\cos\theta, r\sin\theta) r\mathrm{d}r;$$

若极点 O 在 D 内，D: $\begin{cases} 0 \leqslant \theta \leqslant 2\pi, \\ 0 \leqslant r \leqslant r(\theta), \end{cases}$ 则

$$\iint\limits_D f(x,y)\mathrm{d}x\mathrm{d}y = \int_0^{2\pi} \mathrm{d}\theta \int_0^{r(\theta)} f(r\cos\theta, r\sin\theta) r\mathrm{d}r;$$

若极点 O 在 D 边界上，D: $\begin{cases} \alpha \leqslant \theta \leqslant \beta, \\ 0 \leqslant r \leqslant r(\theta), \end{cases}$ 则

$$\iint\limits_D f(x,y)\mathrm{d}x\mathrm{d}y = \int_\alpha^\beta \mathrm{d}\theta \int_0^{r(\theta)} f(r\cos\theta, r\sin\theta) r\mathrm{d}r.$$

4. 重积分的应用

几何应用：求平面区域的面积、立体的体积、曲面的面积.

复习题 10

1. 填空题.

(1)已知 D 是长方形域：$a\leqslant x\leqslant b$，$0\leqslant y\leqslant 1$，且 $\iint\limits_D yf(x)\mathrm{d}\sigma = 1$，则 $\int_a^b f(x)\mathrm{d}x =$ ________.

(2)若 D 是由 $x+y=1$ 和两坐标轴围成的三角形域，且 $\iint\limits_D f(x)\mathrm{d}x\mathrm{d}y = \int_0^1 \varphi(x)\mathrm{d}x$，那么 $\varphi(x) =$ ________.

(3)设 D 是由 $y=\sqrt{1-x^2}$，$y=0$ 所围成的区域，则 $\iint\limits_D (x+2)\mathrm{d}x\mathrm{d}y =$ ________.

(4)曲面 $z=0$，$x+y+z=1$，$x^2+y^2=1$ 所围立体的体积可用二重积分表示为________.

(5)球面 $x^2+y^2+z^2=2$ 包含在柱面 $\frac{x^2}{2}+y^2=1$ 内的面积可用二重积分表示为________.

2. 选择题.

(1) $\iint\limits_D f(x,y)\mathrm{d}\sigma = \lim\limits_{\lambda\to 0}\sum\limits_{i=1}^{n} f(\xi_i, \eta_i)\Delta\sigma_i$ 中 λ 是(　　).

A. 最大小区间长　B. 小区域最大面积　C. 小区域直径　D. 小区域最大直径

(2)设 $I=\iint\limits_D \sqrt[3]{1-x^2-y^2}\mathrm{d}x\mathrm{d}y$，则必有(　　).

A. $I>0$

B. $I<0$

C. $I=0$

D. $I\neq 0$，但符号不能确定

(3) 区域 D: $x^2+y^2\leqslant 1, y\geqslant 0$, f 是区域 D 上的连续函数，则 $\iint\limits_D f(\sqrt{x^2+y^2})\mathrm{d}x\mathrm{d}y =$ (　　).

A. $\pi\int_0^1 f(\rho)\mathrm{d}\rho$　B. $\pi\int_0^1 f(\rho)\rho\mathrm{d}\rho$　C. $2\pi\int_0^1 f(\rho)\mathrm{d}\rho$　D. $2\pi\int_0^1 f(\rho)\rho\mathrm{d}\rho$

(4)设 D 是由直线 $y=x$，$x+y=2$，$x=2$ 围成的平面区域，则 $\iint\limits_D f(x, y)\mathrm{d}\sigma =$ (　　).

A. $\int_1^2\mathrm{d}x\int_0^2 f(x,y)\mathrm{d}y$

B. $\int_0^1\mathrm{d}x\int_x^{2-x} f(x,y)\mathrm{d}y$

C. $\int_1^2\mathrm{d}x\int_{2-x}^{x} f(x,y)\mathrm{d}y$

D. $\int_0^1\mathrm{d}y\int_y^{2-y} f(x,y)\mathrm{d}x$

(5)设 $f(x, y)$ 为连续函数，则 $\int_0^a\mathrm{d}x\int_0^x f(x,y)\mathrm{d}y =$ (　　).

A. $\int_0^a\mathrm{d}y\int_y^a f(x, y)\mathrm{d}x$;

B. $\int_0^a\mathrm{d}y\int_a^y f(x, y)\mathrm{d}x$;

C. $\int_0^a\mathrm{d}y\int_0^y f(x, y)\mathrm{d}x$;

D. $\int_0^a\mathrm{d}y\int_0^x f(x, y)\mathrm{d}x$.

3. 交换下列二次积分的积分次序.

(1) $\int_0^1\mathrm{d}y\int_0^y f(x, y)\mathrm{d}x$;

(2) $\int_{-1}^1\mathrm{d}x\int_0^{\sqrt{1-x^2}} f(x, y)\mathrm{d}y$;

(3) $\int_1^{e} dx \int_0^{\ln x} f(x, y) dy$;　　(4) $\int_0^1 dx \int_{-x}^{x^2} f(x, y) dy$.

4. 计算下列二重积分.

(1) $\iint\limits_D (x^3 + 3x^2y + y^3) d\sigma$，其中 D 是由矩形区域 $0 \leqslant x \leqslant 1$，$0 \leqslant y \leqslant 1$ 所围成的闭区域;

(2) $\iint\limits_D xy d\sigma$，其中 D 是由直线 $y = 1$，$x = 2$ 及 $y = x$ 所围成的闭区域;

(3) $\iint\limits_D e^{-y^2} d\sigma$，其中 D 是由直线 $y = x$，$y = 1$，y 轴所围成的闭区域;

(4) $\iint\limits_D x\cos(x + y) d\sigma$，其中 D 是由顶点为$(0, 0)$，$(\pi, 0)$，(π, π)的三角形区域;

(5) $\iint\limits_D \frac{1}{\sqrt{x^2 + y^2}} d\sigma$，其中 D 是由 $y = x^2$，$y = x$ 所围成的闭区域;

(6) $\iint\limits_D e^{x^2 + y^2} d\sigma$，其中 D 是由 $x^2 + y^2 \leqslant 4$，$0 \leqslant y \leqslant x$ 所围成的闭区域;

(7) $\iint\limits_D y d\sigma$，其中 D 是由 $x^2 + y^2 \leqslant 2y$ 所围成的闭区域;

(8) $\iint\limits_D \frac{xy^2}{\sqrt{x^2 + y^2}} d\sigma$，其中 D 是由$(x - a)^2 + y^2 \leqslant a^2$ 在第一象限的闭区域.

5. 求由圆柱面 $x^2 + y^2 = R^2$ 与 $x^2 + z^2 = R^2$ 所围成的立体的体积.

6. 平面 $2x + 3y + z - 6 = 0$ 与三个坐标平面所围成的立体.

7. 求半径为 a 的球的表面积.

第 11 章　线性代数

线性代数是现代科学技术所必需的一门技术基础课. 本章主要初步介绍行列式、矩阵，并用它们讨论线性方程组的解法. 线性代数教学，同样需要培养学生的全息意识，提升学生的思维能力. 在正确地选择全息元、形成全息意识的前提条件下，我们还需要从已掌握的信息(全息元)与推知事物之间的联系上去把握线性代数课程的数学思想和方法.

11.1　行列式

行列式是研究线性代数的一个工具，它是为求解线性方程组而引入的.

11.1.1　二阶和三阶行列式

1. 定义

定义 1　符号 $\begin{vmatrix} a_{11} & a_{12} \\ a_{21} & a_{22} \end{vmatrix}$ 称为**二阶行列式**. 它由两行两列 2^2 个数组成，它代表一个算式，等于数 $a_{11}a_{22}-a_{12}a_{21}$，即 $\begin{vmatrix} a_{11} & a_{12} \\ a_{21} & a_{22} \end{vmatrix}=a_{11}a_{22}-a_{12}a_{21}$，

其中 $a_{ij}(i,\ j=1,\ 2)$ 称为行列式的元素，第一个下标 i 表示第 i 行，第二个下标 j 表示第 j 列. a_{ij} 就表示第 i 行第 j 列相交处的那个元素.

定义 2　符号

$$D=\begin{vmatrix} a_{11} & a_{12} & a_{13} \\ a_{21} & a_{22} & a_{23} \\ a_{31} & a_{32} & a_{33} \end{vmatrix}$$

称为**三阶行列式**，它由 3^2 个数组成，也代表一个算式，即

$$D=\begin{vmatrix} a_{11} & a_{12} & a_{13} \\ a_{21} & a_{22} & a_{23} \\ a_{31} & a_{32} & a_{33} \end{vmatrix}=a_{11}a_{22}a_{33}+a_{12}a_{23}a_{31}+a_{13}a_{21}a_{32}-a_{13}a_{22}a_{31}-a_{11}a_{23}a_{32}-a_{12}a_{21}a_{33}.$$

2. 二、三阶行列式的计算

二、三阶行列式常用对角线法计算，如图 11－1－1 所示，实对角线为主对角线，元素之积为正，虚对角线为副对角线，元素之积为负，把这些积相加就是行列式的值.

例 1　计算下列行列式.

(1) $\begin{vmatrix} \cos^2\alpha & \sin^2\alpha \\ \sin^2\alpha & \cos^2\alpha \end{vmatrix}$;　　(2) $\begin{vmatrix} 2 & -3 & 1 \\ 1 & 1 & 1 \\ 3 & 1 & -2 \end{vmatrix}$.

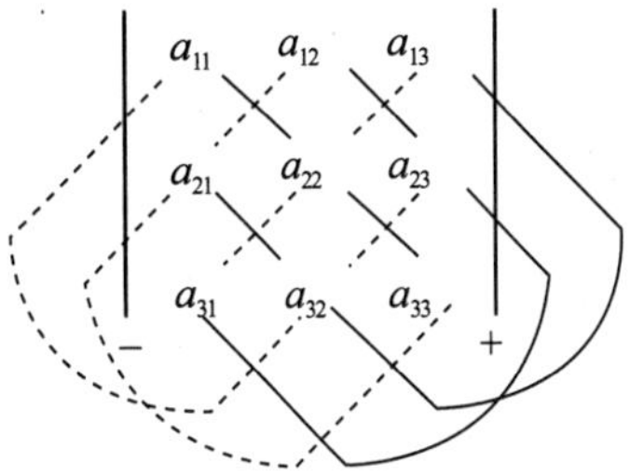

图　11-1-1

解　(1) $\begin{vmatrix} \cos^2\alpha & \sin^2\alpha \\ \sin^2\alpha & \cos^2\alpha \end{vmatrix} = \cos^4\alpha - \sin^4\alpha$

$= (\cos^2\alpha - \sin^2\alpha)(\cos^2\alpha + \sin^2\alpha)$

$= \cos 2\alpha$.

(2) $\begin{vmatrix} 2 & -3 & 1 \\ 1 & 1 & 1 \\ 3 & 1 & -2 \end{vmatrix} = 2\times1\times(-2) + (-3)\times1\times3 + 1\times1\times1 -$

$1\times1\times3 - 2\times1\times1 - (-3)\times1\times(-2) = -23.$

11.1.2　*n* 阶行列式

定义 3　n 阶行列式由 n^2 个元素构成，记为

$$D = \begin{vmatrix} a_{11} & a_{12} & \cdots & a_{1n} \\ a_{21} & a_{22} & \cdots & a_{2n} \\ \vdots & \vdots & & \vdots \\ a_{n1} & a_{n2} & \cdots & a_{nn} \end{vmatrix},$$

其中 $a_{ij}(i, j=1, 2, \cdots, n)$称为行列式第 i 行第 j 列的元素.

特殊的，

$$D = \begin{vmatrix} a_{11} & 0 & \cdots & 0 \\ 0 & a_{22} & \cdots & 0 \\ \vdots & \vdots & & \vdots \\ 0 & 0 & \cdots & a_{nn} \end{vmatrix}$$

称为**主对角行列式**.

$$D = \begin{vmatrix} a_{11} & a_{12} & \cdots & a_{1n} \\ 0 & a_{22} & \cdots & a_{2n} \\ \vdots & \vdots & & \vdots \\ 0 & 0 & \cdots & a_{nn} \end{vmatrix}$$

称为**上三角行列式**.

$$D = \begin{vmatrix} a_{11} & 0 & \cdots & 0 \\ a_{21} & a_{22} & \cdots & 0 \\ \vdots & \vdots & & \vdots \\ a_{n1} & a_{n2} & \cdots & a_{nn} \end{vmatrix}$$

称为**下三角行列式**. 这三个行列式的值都为 $a_{11}a_{22}\cdots a_{nn}$.

11.1.3　行列式的性质

定义 4　将行列式 D 的行与相应的列互换后得到的新行列式，称为 D 的**转置行列式**，记为 D^{T}. 即

$$若\ D=\begin{vmatrix} a_{11} & a_{12} & a_{13} \\ a_{21} & a_{22} & a_{23} \\ a_{31} & a_{32} & a_{33} \end{vmatrix}，则\ D^{\mathrm{T}}=\begin{vmatrix} a_{11} & a_{21} & a_{31} \\ a_{12} & a_{22} & a_{32} \\ a_{13} & a_{23} & a_{33} \end{vmatrix}.$$

行列式具有如下性质：

性质 1　行列式转置后，其值不变，即 $D=D^{\mathrm{T}}$.

性质 2　互换行列式中的任意两行(列)，行列式仅改变符号.

性质 3　如果行列式中有两行(列)的对应元素相同，则此行列式为零.

性质 4　如果行列式中有一行(列)元素全为零，则这个行列式等于零.

性质 5　把行列式的某一行(列)的每一个元素同乘以数 k，等于以数 k 乘该行列式，

即
$$\begin{vmatrix} a_{11} & a_{12} & a_{13} \\ ka_{21} & ka_{22} & ka_{23} \\ a_{31} & a_{32} & a_{33} \end{vmatrix}=k\begin{vmatrix} a_{11} & a_{12} & a_{13} \\ a_{21} & a_{22} & a_{23} \\ a_{31} & a_{32} & a_{33} \end{vmatrix}.$$

推论 1　如果行列式某行(列)的所有元素有公因子，则公因子可以提到行列式外面.

推论 2　如果行列式有两行(列)的对应元素成比例，则行列式等于零.

性质 6　如果行列式中的某一行(列)所有元素都是两个数的和，则此行列式等于两个行列式的和，而且这两个行列式除了这一行(列)以外，其余的元素与原行列式的对应元素相同，即

$$\begin{vmatrix} a_{11} & a_{12} & a_{13} \\ a_{21}+b_{21} & a_{22}+b_{22} & a_{23}+b_{23} \\ a_{31} & a_{32} & a_{33} \end{vmatrix}=\begin{vmatrix} a_{11} & a_{12} & a_{13} \\ a_{21} & a_{22} & a_{23} \\ a_{31} & a_{32} & a_{33} \end{vmatrix}+\begin{vmatrix} a_{11} & a_{12} & a_{13} \\ b_{21} & b_{22} & b_{23} \\ a_{31} & a_{32} & a_{33} \end{vmatrix}.$$

性质 7　以数 k 乘行列式的某一行(列)的所有元素，然后加到另一行(列)的对应元素上，则行列式的值不变，即

$$\begin{vmatrix} a_{11} & a_{12} & a_{13} \\ a_{21} & a_{22} & a_{23} \\ a_{31} & a_{32} & a_{33} \end{vmatrix}=\begin{vmatrix} a_{11} & a_{12} & a_{13} \\ ka_{11}+a_{21} & ka_{12}+a_{22} & ka_{13}+a_{23} \\ a_{31} & a_{32} & a_{33} \end{vmatrix}.$$

规定：

1) $r_i\leftrightarrow r_j$ $(c_i\leftrightarrow c_j)$ 表示第 i 行(列)与第 j 行(列)交换位置.

2) kr_i+r_j (kc_i+c_j) 表示第 i 行(列)的元素乘数 k 加到第 j 行(列)上.

11.1.4　行列式运算

为了介绍行列式的展开，先引入余子式和代数余子式的概念.

定义 5　在 n 阶行列式中划去元素 a_{ij} 所在的第 i 行和第 j 列的元素，剩下的元素按原次序构成的 $n-1$ 阶行列式称为 a_{ij} 的**余子式**，记作 M_{ij}. a_{ij} 的余子式乘上 $(-1)^{i+j}$ 称为 a_{ij} 的**代数余子式**，记作 A_{ij}，即 $A_{ij}=(-1)^{i+j}M_{ij}$.

例如，三阶行列式 $\begin{vmatrix} a_{11} & a_{12} & a_{13} \\ a_{21} & a_{22} & a_{23} \\ a_{31} & a_{32} & a_{33} \end{vmatrix}$ 中元素 a_{23} 的代数余子式是

$$A_{23}=(-1)^{2+3}M_{23}=-\begin{vmatrix} a_{11} & a_{12} \\ a_{31} & a_{32} \end{vmatrix}.$$

定理　行列式 D 等于它的任一行(列)的各元素与对应的代数余子式的乘积之和，即

$$\begin{aligned} D &= a_{i1}A_{i1}+a_{i2}A_{i2}+\cdots+a_{in}A_{in}=\sum_{j=1}^{n}a_{ij}A_{ij} \\ &= a_{1j}A_{1j}+a_{2j}A_{2j}+\cdots+a_{nj}A_{nj}=\sum_{i=1}^{n}a_{ij}A_{ij} \qquad (11-1) \\ & (i=1,\ 2,\ \cdots,\ n;\ j=1,\ 2,\ \cdots,\ n). \end{aligned}$$

这样，我们可以通过计算 n 个 $n-1$ 阶行列式来计算 n 阶行列式.

例 2　将行列式 $\begin{vmatrix} 2 & 3 & -1 \\ 1 & -4 & 1 \\ 5 & -2 & 3 \end{vmatrix}$ 按第一行和第三列展开.

解　按第一行展开得

$$\begin{vmatrix} 2 & 3 & -1 \\ 1 & -4 & 1 \\ 5 & -2 & 3 \end{vmatrix}=2(-1)^{1+1}\begin{vmatrix} -4 & 1 \\ -2 & 3 \end{vmatrix}+3(-1)^{1+2}\begin{vmatrix} 1 & 1 \\ 5 & 3 \end{vmatrix}+(-1)(-1)^{1+3}\begin{vmatrix} 1 & -4 \\ 5 & -2 \end{vmatrix}=-32;$$

按第三列展开得

$$\begin{vmatrix} 2 & 3 & -1 \\ 1 & -4 & 1 \\ 5 & -2 & 3 \end{vmatrix}=(-1)(-1)^{1+3}\begin{vmatrix} 1 & -4 \\ 5 & -2 \end{vmatrix}+(-1)^{2+3}\begin{vmatrix} 2 & 3 \\ 5 & -2 \end{vmatrix}+3(-1)^{3+3}\begin{vmatrix} 2 & 3 \\ 1 & -4 \end{vmatrix}=-32.$$

从上例可以看到行列式按不同行或不同列展开计算的结果相等.

推论　行列式的某一行(列)的元素与另一行(列)对应元素的代数余子式乘积之和等于零，即

$$\begin{aligned} & a_{i1}A_{j1}+a_{i2}A_{j2}+\cdots+a_{in}A_{jn}=0,\ i\neq j, \\ & a_{1i}A_{1j}+a_{2i}A_{2j}+\cdots+a_{ni}A_{nj}=0,\ i\neq j \qquad (11-2) \\ & (i=1,\ 2,\ \cdots,\ n;\ j=1,\ 2,\ \cdots,\ n) \end{aligned}$$

把式(11-1)和式(11-2)结合起来可写成：

$$\sum_{k=1}^{n}a_{ik}A_{jk}=\sum_{k=1}^{n}a_{ki}A_{kj}=\begin{cases} D, i=j, \\ 0, i\neq j. \end{cases}$$

把定理和行列式的性质结合起来，可以使行列式的计算大为简化. 计算行列式时，常常利用行列式的性质使某一行(列)的元素出现尽可能多的零，这种运算叫作化零运算.

例 3　计算下列行列式.

(1) $\begin{vmatrix} 3 & 1 & 1 \\ 297 & 101 & 99 \\ 5 & -3 & 2 \end{vmatrix}$；　　(2) $\begin{vmatrix} 1 & 2 & 0 & 1 \\ 1 & 3 & 5 & 0 \\ 0 & 1 & 5 & 6 \\ 1 & 2 & 3 & 4 \end{vmatrix}$.

解　(1)
$$\begin{vmatrix}3&1&1\\297&101&99\\5&-3&2\end{vmatrix}=\begin{vmatrix}3&1&1\\300-3&100+1&100-1\\5&-3&2\end{vmatrix}$$

$$=\begin{vmatrix}3&1&1\\300&100&100\\5&-3&2\end{vmatrix}+\begin{vmatrix}3&1&1\\-3&1&-1\\5&-3&2\end{vmatrix}$$

$$=2\times\begin{vmatrix}3&1&1\\0&1&0\\5&-3&2\end{vmatrix}$$

$$=2\times(-1)^{2+2}\begin{vmatrix}3&1\\5&2\end{vmatrix}=2.$$

(2)
$$\begin{vmatrix}1&2&0&1\\1&3&5&0\\0&1&5&6\\1&2&3&4\end{vmatrix}\xlongequal[-r_1+r_4]{-r_1+r_2}\begin{vmatrix}1&2&0&1\\0&1&5&-1\\0&1&5&6\\0&0&3&3\end{vmatrix}$$

$$\xlongequal{-r_2+r_3}\begin{vmatrix}1&2&0&1\\0&1&5&1\\0&0&0&7\\0&0&3&3\end{vmatrix}$$

$$\xlongequal{r_3\leftrightarrow r_4}-\begin{vmatrix}1&2&0&1\\0&1&5&1\\0&0&3&3\\0&0&0&7\end{vmatrix}=-21.$$

11.1.5　克拉默法则

含有 n 个未知量 n 个方程的线性方程组为

$$\begin{cases}a_{11}x_1+a_{12}x_2+\cdots+a_{1n}x_n=b_1,\\a_{21}x_1+a_{22}x_2+\cdots+a_{2n}x_n=b_2,\\\qquad\vdots\\a_{n1}x_1+a_{n2}x_2+\cdots+a_{nn}x_n=b_n.\end{cases}\tag{11-3}$$

将线性方程组系数组成的行列式记为 D，即

$$D=\begin{vmatrix}a_{11}&a_{12}&\cdots&a_{1n}\\a_{21}&a_{22}&\cdots&a_{2n}\\\vdots&\vdots&&\vdots\\a_{n1}&a_{n2}&\cdots&a_{nn}\end{vmatrix},$$

用常数项 b_1，b_2，…，b_n 代替 D 中的第 j 列，组成的行列式记为 D_j，即

$$D_j=\begin{vmatrix} a_{11} & \cdots & a_{1,j-1} & b_1 & a_{1,j+1} & \cdots & a_{1n} \\ a_{21} & \cdots & a_{2,j-1} & b_2 & a_{2,j+1} & \cdots & a_{2n} \\ \vdots & & \vdots & \vdots & \vdots & & \vdots \\ a_{n1} & \cdots & a_{n,j-1} & b_n & a_{n,j+1} & \cdots & a_{nn} \end{vmatrix}(j=1,\ 2,\ \cdots,\ n).$$

克拉默法则　若线性方程组(11－3)的系数行列式 $D\neq 0$，则存在唯一解

$$x_1=\frac{D_1}{D},\ x_2=\frac{D_2}{D},\ \cdots,\ x_n=\frac{D_n}{D},$$

即
$$x_j=\frac{D_j}{D}(j=1,\ 2,\ \cdots,\ n).$$

例 4　解线性方程组

$$\begin{cases} x_1+x_2+2x_3+3x_4=1, \\ 3x_1-x_2-x_3-2x_4=-4, \\ 2x_1+3x_2-x_3-x_4=-6, \\ x_1+2x_2+3x_3-x_4=-4. \end{cases}$$

解　因为

$$D=\begin{vmatrix} 1 & 1 & 2 & 3 \\ 3 & -1 & -1 & -2 \\ 2 & 3 & -1 & -1 \\ 1 & 2 & 3 & -1 \end{vmatrix}=-9\times 17=-153\neq 0,$$

$$D_1=\begin{vmatrix} 1 & 1 & 2 & 3 \\ -4 & -1 & -1 & -2 \\ -6 & 3 & -1 & -1 \\ -4 & 2 & 3 & -1 \end{vmatrix}=9\times 17,$$

$$D_2=\begin{vmatrix} 1 & 1 & 2 & 3 \\ 3 & -4 & -1 & -2 \\ 2 & -6 & -1 & -1 \\ 1 & -4 & 3 & -1 \end{vmatrix}=9\times 17,$$

$$D_3=\begin{vmatrix} 1 & 1 & 1 & 3 \\ 3 & -1 & -4 & -2 \\ 2 & 3 & -6 & -1 \\ 1 & 2 & -4 & -1 \end{vmatrix}=0,$$

$$D_4=\begin{vmatrix} 1 & 1 & 2 & 1 \\ 3 & -1 & -1 & -4 \\ 2 & 3 & -1 & -6 \\ 1 & 2 & 3 & -4 \end{vmatrix}=-9\times 17,$$

所以线性方程组的解为

$$x_1=\frac{D_1}{D}=-1,\quad x_2=\frac{D_2}{D}=-1,\quad x_3=\frac{D_3}{D}=0,\quad x_4=\frac{D_4}{D}=1.$$

克拉默法则揭示了线性方程组的解与它的系数和常数项之间的关系，用克拉默法则解 n 元线性方程组时有两个前提条件：

1）方程个数与未知数个数相等；

2）系数行列式 D 不等于零.

如果方程组(11-3)的常数项全都为零，即

$$\begin{cases} a_{11}x_1+a_{12}x_2+\cdots+a_{1n}x_n=0 \\ a_{21}x_1+a_{22}x_2+\cdots+a_{2n}x_n=0 \\ \quad\vdots \\ a_{n1}x_1+a_{n2}x_2+\cdots+a_{nn}x_n=0 \end{cases} \tag{11-4}$$

则方程组(11-4)称为齐次线性方程组，而方程组(11-3)称为非齐次线性方程组.

推论　如果齐次线性方程组(11-4)的系数行列式 D 不等于零，则它只有零解，即只有解 $x_1=x_2=\cdots=x_n=0$.

由推论可知齐次线性方程组(11-4)有非零解的条件为：它的系数行列式 D 等于零.

例 5　设方程组

$$\begin{cases} x_1+2x_2+3x_3=mx_1, \\ 2x_1+x_2+3x_3=mx_2, \\ 3x_1+3x_2+6x_3=mx_3. \end{cases}$$

有非零解，求 m 的值.

解　将方程组改写成

$$\begin{cases} (1-m)x_1+2x_2+3x_3=0, \\ 2x_1+(1-m)x_2+3x_3=0, \\ 3x_1+3x_2+(6-m)x_3=0. \end{cases}$$

根据推论，它有非零解的条件为

$$\begin{vmatrix} 1-m & 2 & 3 \\ 2 & 1-m & 3 \\ 3 & 3 & 6-m \end{vmatrix}=0.$$

展开此行列式，得

$$m(m+1)(m-9)=0,$$

所以

$$m_1=0,\ m_2=-1,\ m_3=9.$$

习题 11.1

1. 计算下列行列式.

(1) $\begin{vmatrix} 3 & 2 \\ -1 & 4 \end{vmatrix}$;　(2) $\begin{vmatrix} a+b & -(a-b) \\ a-b & a+b \end{vmatrix}$;　(3) $\begin{vmatrix} 2 & 3 & 5 \\ 3 & -1 & 1 \\ 4 & -2 & -5 \end{vmatrix}$;

(4) $\begin{vmatrix} 0 & a & b \\ a & 0 & c \\ b & c & 0 \end{vmatrix}$;　(5) $\begin{vmatrix} 6 & 19 & -23 \\ 0 & 7 & 35 \\ 0 & 0 & 5 \end{vmatrix}$.

2. 计算下列行列式.

(1) $\begin{vmatrix} 3 & 6 & 2 \\ 2 & 3 & 6 \\ 6 & 2 & 3 \end{vmatrix}$； (2) $\begin{vmatrix} 1 & 1 & 1 \\ 1 & 1+a & 1 \\ 1 & 1 & 1+b \end{vmatrix}$； (3) $\begin{vmatrix} 5 & 0 & 4 & 2 \\ 1 & 1 & 2 & 1 \\ 4 & 1 & 2 & 0 \\ 1 & 1 & 1 & 1 \end{vmatrix}$.

3. 证明下列等式.

(1) $\begin{vmatrix} a & b & c \\ x & y & z \\ h & q & r \end{vmatrix} = \begin{vmatrix} y & b & q \\ x & a & h \\ z & c & r \end{vmatrix}$； (2) $\begin{vmatrix} b & a & a \\ a & b & a \\ a & a & b \end{vmatrix} = (2a+b)(b-a)^2$.

4. 解方程.

$$\begin{vmatrix} 2+x & x & x \\ x & 3+x & x \\ x & x & 4+x \end{vmatrix} = 0.$$

5. 用克拉默法则解下列线性方程组.

(1) $\begin{cases} x+3y+z-5=0, \\ x+y+5z+7=0, \\ 2x+3y-3z-14=0; \end{cases}$ (2) $\begin{cases} x_1-x_2-x_3-x_4=2, \\ x_1-x_2+x_3+x_4=3, \\ x_1+x_2-x_3+x_4=4, \\ x_1+x_2+x_3-x_4=4. \end{cases}$

6. 设下列齐次线性方程组有非零解，求 m 的值.

$$\begin{cases} (m-2)x+y=0, \\ x+(m-2)y+z=0, \\ y+(m-2)z=0. \end{cases}$$

11.2 矩阵

在实际问题中，还会出现未知数的个数与方程个数不相等的方程组，为了讨论一般的线性方程组，我们需要引入一个数学工具——矩阵.

11.2.1 矩阵的概念

1. 引例

引例 1 在物资调运中，经常要考虑如何供应销地，使物资的总运费最低. 如果某个地区的煤有三个产地 x_1，x_2，x_3，有四个销地 y_1，y_2，y_3，y_4，可以用表 11-2-1 来表示煤的调运方案.

表 11-2-1

产地 \ 销地	x_1	x_2	x_3
y_1	a_{11}	a_{12}	a_{13}
y_2	a_{21}	a_{22}	a_{23}
y_3	a_{31}	a_{32}	a_{33}
y_4	a_{41}	a_{42}	a_{43}

表 11－2－1 中数字 a_{ij} 表示由产地 x_i 运到销地 y_j 的数量，这个按一定次序排列的数表

$$\begin{pmatrix} a_{11} & a_{12} & a_{13} \\ a_{21} & a_{22} & a_{23} \\ a_{31} & a_{32} & a_{33} \\ a_{41} & a_{42} & a_{43} \end{pmatrix}$$

表示了煤的调运方案.

引例 2 线性方程组

$$\begin{cases} a_{11}x_1 + a_{12}x_2 + \cdots + a_{1n}x_n = b_1, \\ a_{21}x_1 + a_{22}x_2 + \cdots + a_{2n}x_n = b_2, \\ \quad \vdots \\ a_{m1}x_1 + a_{m2}x_2 + \cdots + a_{mn}x_n = b_m, \end{cases} \tag{11-5}$$

把它的系数按原来的次序排成系数表

$$\begin{pmatrix} a_{11} & a_{12} & \cdots & a_{1n} \\ a_{21} & a_{22} & \cdots & a_{2n} \\ \vdots & \vdots & & \vdots \\ a_{m1} & a_{m2} & \cdots & a_{mn} \end{pmatrix},$$

常数项也排成一个表

$$\begin{pmatrix} b_1 \\ b_2 \\ \vdots \\ b_m \end{pmatrix},$$

有了两个表，方程组(11－5)就完全确定了.

类似这种矩形表，在自然科学、工程技术及经济领域中常常被应用，这种数表在数学上就叫矩阵，下面我们对它进行研究.

2. 矩阵的概念

定义 1 由 $m\times n$ 个数 $a_{ij}(i=1, 2, \cdots, m, j=1, 2, \cdots, n)$ 排成的矩形数表

$$\begin{pmatrix} a_{11} & a_{12} & \cdots & a_{1n} \\ a_{21} & a_{22} & \cdots & a_{2n} \\ \vdots & \vdots & & \vdots \\ a_{m1} & a_{m2} & \cdots & a_{mn} \end{pmatrix}$$

叫作一个 m **行** n **列的矩阵**，简称 $m\times n$ **矩阵**，这 $m\times n$ 个数叫作**矩阵的元素**. a_{ij} 称为该矩阵第 i **行第** j **列的元素**.

$m\times n$ 矩阵可记作 $\boldsymbol{A}_{m\times n}$ 或 $(a_{ij})_{m\times n}$，有时简记作 $\boldsymbol{A}$ 或 (a_{ij})（矩阵常用大写字母 $\boldsymbol{A}$，$\boldsymbol{B}$，$\boldsymbol{C}\cdots$ 来表示）.

当 $m=n$ 时，矩阵 $\boldsymbol{A}$ 称为 n **阶方阵**.

当 $m=1$ 时，矩阵 $\boldsymbol{A}$ 称为**行矩阵**，即

$$\boldsymbol{A}_{1\times n}=(a_{11} \quad a_{12} \quad \cdots \quad a_{1n}).$$

当 $n=1$ 时，矩阵 $\boldsymbol{A}$ 称为**列矩阵**，即

$$A_{m\times 1}=\begin{pmatrix} a_{11} \\ a_{21} \\ \vdots \\ a_{m1} \end{pmatrix}.$$

若矩阵的元素全为零，则称 $\boldsymbol{A}$ 为**零矩阵**，记作 $\mathbf{0}$.

$$\mathbf{0}_{m\times n}=\mathbf{0}=\begin{pmatrix} 0 & 0 & \cdots & 0 \\ 0 & 0 & \cdots & 0 \\ \vdots & \vdots & & \vdots \\ 0 & 0 & \cdots & 0 \end{pmatrix}.$$

在 n 阶方阵中，若主对角线左下方的元素全为零，则称为**上三角矩阵**，即

$$\begin{pmatrix} a_{11} & a_{12} & \cdots & a_{1n} \\ 0 & a_{22} & \cdots & a_{2n} \\ \vdots & \vdots & & \vdots \\ 0 & 0 & \cdots & a_{nn} \end{pmatrix}.$$

若主对角线右上方的元素全为零，则称为**下三角矩阵**，即

$$\begin{pmatrix} a_{11} & 0 & \cdots & 0 \\ a_{21} & a_{22} & \cdots & 0 \\ \vdots & \vdots & & \vdots \\ a_{n1} & a_{n2} & \cdots & a_{nn} \end{pmatrix}.$$

若一个方阵主对角线以外的元素全为零，则这个方阵称为**对角方阵**，即

$$\begin{pmatrix} a_{11} & 0 & \cdots & 0 \\ 0 & a_{22} & \cdots & 0 \\ \vdots & \vdots & & \vdots \\ 0 & 0 & \cdots & a_{nn} \end{pmatrix}.$$

在 n 阶对角方阵中，当对角线上的元素都为 1 时，称为 n 阶**单位矩阵**，记作 $\boldsymbol{E}$，即

$$\boldsymbol{E}=\begin{pmatrix} 1 & 0 & \cdots & 0 \\ 0 & 1 & \cdots & 0 \\ \vdots & \vdots & & \vdots \\ 0 & 0 & \cdots & 1 \end{pmatrix}.$$

如果矩阵 $\boldsymbol{A}=(a_{ij})$、$\boldsymbol{B}=(b_{ij})$ 的行数与列数分别相同，并且各对应位置的元素也相等，那么称**矩阵 $\boldsymbol{A}$ 与矩阵 $\boldsymbol{B}$ 相等**，记作 $\boldsymbol{A}=\boldsymbol{B}$，即如果 $\boldsymbol{A}=(a_{ij})_{m\times n}$，$\boldsymbol{B}=(b_{ij})_{m\times n}$，且 $a_{ij}=b_{ij}(i=1, 2, \cdots, m; j=1, 2, \cdots, n)$，那么 $\boldsymbol{A}=\boldsymbol{B}$.

例 1　设矩阵

$$\boldsymbol{A}=\begin{pmatrix} a & -1 & 3 \\ 0 & b & -4 \\ -5 & 6 & 7 \end{pmatrix},\quad \boldsymbol{B}=\begin{pmatrix} -2 & -1 & c \\ 0 & 1 & -4 \\ d & 6 & 7 \end{pmatrix},$$

且 $\boldsymbol{A}=\boldsymbol{B}$，求 a、b、c、d.

解　由 $\boldsymbol{A}=\boldsymbol{B}$ 得　　$a=-2,\ b=1,\ c=3,\ d=-5.$

将 $m\times n$ 矩阵 $\boldsymbol{A}_{m\times n}$ 的行换成列，列换成行，所得到的 $n\times m$ 矩阵称为 $\boldsymbol{A}_{m\times n}$ 的**转置矩阵**，记作 $\boldsymbol{A}^{\mathrm{T}}$，即

$$\text{若 }\boldsymbol{A}=\begin{pmatrix} a_{11} & a_{12} & \cdots & a_{1n} \\ a_{21} & a_{22} & \cdots & a_{2n} \\ \vdots & \vdots & & \vdots \\ a_{m1} & a_{m2} & \cdots & a_{mn} \end{pmatrix},\ \text{则 }\boldsymbol{A}^{\mathrm{T}}=\begin{pmatrix} a_{11} & a_{21} & \cdots & a_{m1} \\ a_{12} & a_{22} & \cdots & a_{m2} \\ \vdots & \vdots & & \vdots \\ a_{1n} & a_{2n} & \cdots & a_{mn} \end{pmatrix}.$$

例 2　求矩阵的转置矩阵.

$$\boldsymbol{A}=(1\quad -1\quad 2),\ \boldsymbol{B}=\begin{pmatrix} 2 & -1 & 0 \\ 1 & 1 & 3 \\ 4 & 2 & 1 \end{pmatrix}.$$

解　$\boldsymbol{A}^{\mathrm{T}}=\begin{pmatrix} 1 \\ -1 \\ 2 \end{pmatrix}$，　　$\boldsymbol{B}^{\mathrm{T}}=\begin{pmatrix} 2 & 1 & 4 \\ -1 & 1 & 2 \\ 0 & 3 & 1 \end{pmatrix}$.

转置矩阵具有下列性质：

1）$(\boldsymbol{A}^{\mathrm{T}})^{\mathrm{T}}=\boldsymbol{A}$；

2）$(\boldsymbol{A}+\boldsymbol{B})^{\mathrm{T}}=\boldsymbol{A}^{\mathrm{T}}+\boldsymbol{B}^{\mathrm{T}}$；

3）$(\lambda\boldsymbol{A})^{\mathrm{T}}=\lambda\boldsymbol{A}^{\mathrm{T}}$；

4）$(\boldsymbol{A}\boldsymbol{B})^{\mathrm{T}}=\boldsymbol{B}^{\mathrm{T}}\boldsymbol{A}^{\mathrm{T}}$.

如果方阵 $\boldsymbol{A}$ 满足 $\boldsymbol{A}^{\mathrm{T}}=\boldsymbol{A}$，那么 $\boldsymbol{A}$ 为**对称矩阵**，即 $a_{ij}=a_{ji}(i、j=1,\ 2,\ \cdots,\ n)$.

例如，矩阵 $\boldsymbol{A}=\begin{pmatrix} 1 & 3 & 7 \\ 3 & 0 & 2 \\ 7 & 2 & -12 \end{pmatrix}$ 是一个三阶对称矩阵.

矩阵与行列式是完全不同的两个概念，两者有本质区别. 行列式可以展开，它的值是一个算式或一个数，矩阵是一个数表，它不表示一个算式或一个数，也没有展开式.

通常把方阵 $\boldsymbol{A}_{n\times n}$ 的元素按原来顺序所构成的行列式，称为方阵 $\boldsymbol{A}_{n\times n}$ 的**行列式**，记作 $\det\boldsymbol{A}$.

若方阵 $\boldsymbol{A}$ 满足 $\det\boldsymbol{A}\neq 0$，则称 $\boldsymbol{A}$ 为**非奇异方阵**；否则，称 $\boldsymbol{A}$ 为**奇异方阵**.

11.2.2　矩阵的运算

1. 矩阵的加减运算

定义 2　设两个 $m\times n$ 矩阵 $\boldsymbol{A}=(a_{ij})$、$\boldsymbol{B}=(b_{ij})$，将其对应位置元素相加（或相减）得到的 $m\times n$ 矩阵，称为**矩阵与矩阵的和（或差）**，记作 $\boldsymbol{A}\pm\boldsymbol{B}$，即

$$\boldsymbol{A}=\begin{pmatrix} a_{11} & a_{12} & \cdots & a_{1n} \\ a_{21} & a_{22} & \cdots & a_{2n} \\ \vdots & \vdots & & \vdots \\ a_{m1} & a_{m2} & \cdots & a_{mn} \end{pmatrix},\quad \boldsymbol{B}=\begin{pmatrix} b_{11} & b_{12} & \cdots & b_{1n} \\ b_{21} & b_{22} & \cdots & b_{2n} \\ \vdots & \vdots & & \vdots \\ b_{m1} & b_{m2} & \cdots & b_{mn} \end{pmatrix},$$

$$A \pm B = \begin{pmatrix} a_{11} \pm b_{11} & a_{12} \pm b_{12} & \cdots & a_{1n} \pm b_{1n} \\ a_{21} \pm b_{21} & a_{22} \pm b_{22} & \cdots & a_{2n} \pm b_{2n} \\ \vdots & \vdots & & \vdots \\ a_{m1} \pm b_{m1} & a_{m2} \pm b_{m2} & \cdots & a_{mn} \pm b_{mn} \end{pmatrix}.$$

例 3　设 $\boldsymbol{A} = \begin{pmatrix} 3 & 0 & -4 \\ -2 & 5 & -1 \end{pmatrix}$，$\boldsymbol{B} = \begin{pmatrix} -2 & 3 & 2 \\ 0 & -3 & 1 \end{pmatrix}$，求 $\boldsymbol{A}+\boldsymbol{B}$，$\boldsymbol{A}-\boldsymbol{B}$.

解

$$\begin{aligned} \boldsymbol{A}+\boldsymbol{B} &= \begin{pmatrix} 3 & 0 & -4 \\ -2 & 5 & -1 \end{pmatrix} + \begin{pmatrix} -2 & 3 & 2 \\ 0 & -3 & 1 \end{pmatrix} \\ &= \begin{pmatrix} 3+(-2) & 0+3 & -4+2 \\ -2+0 & 5+(-3) & -1+1 \end{pmatrix} \\ &= \begin{pmatrix} 1 & 3 & -2 \\ -2 & 2 & 0 \end{pmatrix}. \end{aligned}$$

$$\begin{aligned} \boldsymbol{A}-\boldsymbol{B} &= \begin{pmatrix} 3 & 0 & -4 \\ -2 & 5 & -1 \end{pmatrix} - \begin{pmatrix} -2 & 3 & 2 \\ 0 & -3 & 1 \end{pmatrix} \\ &= \begin{pmatrix} 3-(-2) & 0-3 & -4-2 \\ -2-0 & 5-(-3) & -1-1 \end{pmatrix} \\ &= \begin{pmatrix} 5 & -3 & -6 \\ -2 & 8 & -2 \end{pmatrix}. \end{aligned}$$

注意：只有在两个矩阵的行数和列数都对应相同时才能作加法(或减法)运算.

由定义，可得矩阵的加法具有以下性质：

1) $\boldsymbol{A}+\boldsymbol{B}=\boldsymbol{B}+\boldsymbol{A}$;

2) $(\boldsymbol{A}+\boldsymbol{B})+\boldsymbol{C}=\boldsymbol{A}+(\boldsymbol{B}+\boldsymbol{C})$;

3) $\boldsymbol{A}+\boldsymbol{0}=\boldsymbol{A}$,

其中，$\boldsymbol{A}$、$\boldsymbol{B}$、$\boldsymbol{C}$、$\boldsymbol{0}$ 都是 $m \times n$ 矩阵.

2. 数与矩阵的乘法

定义 3　设 k 为任意数，以数 k 乘矩阵 $\boldsymbol{A}$ 中的每一个元素所得到的矩阵叫作 k 与 $\boldsymbol{A}$ 的积，记为 $k\boldsymbol{A}$(或 $\boldsymbol{A}k$)，即

$$k\boldsymbol{A} = (ka_{ij})_{m\times n} = \begin{pmatrix} ka_{11} & ka_{12} & \cdots & ka_{1n} \\ ka_{21} & ka_{22} & \cdots & ka_{2n} \\ \vdots & \vdots & & \vdots \\ ka_{m1} & ka_{m2} & \cdots & ka_{mn} \end{pmatrix}.$$

易证数乘具有以下运算规律：

1) $k(\boldsymbol{A}+\boldsymbol{B}) = k\boldsymbol{A}+k\boldsymbol{B}$;

2) $(k+h)\boldsymbol{A} = k\boldsymbol{A}+h\boldsymbol{A}$;

3) $(kh)\boldsymbol{A} = k(h\boldsymbol{A})$,

其中 A、B 都是 $m\times n$ 矩阵，k、h 为任意实数.

例 4　已知

$$A=\begin{pmatrix}3 & -1 & 2 & 0\\ 1 & 5 & 7 & 9\\ 2 & 4 & 6 & 8\end{pmatrix},\quad B=\begin{pmatrix}7 & 5 & -2 & 4\\ 5 & 1 & 9 & 7\\ 3 & 2 & -1 & 6\end{pmatrix},$$

且 $A+2Z=B$，求 Z.

解　$Z=\frac{1}{2}(B-A)$

$$=\frac{1}{2}\begin{pmatrix}4 & 6 & -4 & 4\\ 4 & -4 & 2 & -2\\ 1 & -2 & -7 & -2\end{pmatrix}$$

$$=\begin{pmatrix}2 & 3 & -2 & 2\\ 2 & -2 & 1 & -1\\ \frac{1}{2} & -1 & -\frac{7}{2} & -1\end{pmatrix}.$$

3. 矩阵与矩阵相乘

定义 4　设矩阵 $A=(a_{ik})_{m\times s}$，矩阵 $B=(b_{kj})_{s\times n}$（A 的列数与 B 的行数相等），那么，矩阵 $C=(c_{ij})_{m\times n}$ 称为**矩阵 A 与矩阵 B 的乘积**，其中

$$c_{ij}=a_{i1}b_{1j}+a_{i2}b_{2j}+\cdots+a_{is}b_{sj}$$
$$=\sum_{k=1}^{s}a_{ik}b_{kj}(i=1,2,\cdots,m;j=1,2,\cdots,n)$$

（即表示 A 的第 i 行元素依次乘 B 的第 j 列相应元素后相加）记作 $C=AB$.

例如计算 c_{23} 这个元素（即 $i=2$，$j=3$）就是用 A 的第 2 行元素分别乘以 B 的第 3 列相应的元素，然后相加就得 c_{23}.

注意：两个矩阵 A，B 相乘只有当矩阵 A 的列数等于矩阵 B 的行数时，才有意义. 为此，我们常用下面方法来记：$A_{m\times s}B_{s\times n}=C_{m\times n}$.

例 5　设 $A=\begin{pmatrix}3 & 2 & -1\\ 2 & -3 & 5\end{pmatrix}$，$B=\begin{pmatrix}1 & 3\\ -5 & 4\\ 3 & 6\end{pmatrix}$.　求 AB 及 BA.

解　$AB=\begin{pmatrix}3 & 2 & -1\\ 2 & -3 & 5\end{pmatrix}\begin{pmatrix}1 & 3\\ -5 & 4\\ 3 & 6\end{pmatrix}$

$$=\begin{pmatrix}3\times1+2\times(-5)+(-1)\times3 & 3\times3+2\times4+(-1)\times6\\ 2\times1+(-3)\times(-5)+5\times3 & 2\times3+(-3)\times4+5\times6\end{pmatrix}$$

$$=\begin{pmatrix}-10 & 11\\ 32 & 24\end{pmatrix},$$

$$BA=\begin{pmatrix}1 & 3\\ -5 & 4\\ 3 & 6\end{pmatrix}\begin{pmatrix}3 & 2 & -1\\ 2 & -3 & 5\end{pmatrix}$$

$$=\begin{pmatrix}1\times3+3\times2 & 1\times2+3\times(-3) & 1\times(-1)+3\times5\\ -5\times3+4\times2 & -5\times2+4\times(-3) & -5\times(-1)+4\times5\\ 3\times3+6\times2 & 3\times2+6\times(-3) & 3\times(-1)+6\times5\end{pmatrix}$$

$$=\begin{pmatrix}9 & -7 & 14\\ -7 & -22 & 25\\ 21 & -12 & 27\end{pmatrix}.$$

这里 $\boldsymbol{AB}\neq\boldsymbol{BA}$，说明矩阵乘法不满足交换律.

注： $\boldsymbol{AB}=\boldsymbol{0}$ 推不出 $\boldsymbol{A}=\boldsymbol{0}$ 或 $\boldsymbol{B}=\boldsymbol{0}$；

$\boldsymbol{AC}=\boldsymbol{BC}$ 推不出 $\boldsymbol{A}=\boldsymbol{B}$.

例如，$\boldsymbol{A}=\begin{pmatrix}1 & 1\\ 1 & 1\end{pmatrix}$，$\boldsymbol{B}=\begin{pmatrix} & 1\\ & -1\end{pmatrix}$，有 $\begin{pmatrix}1 & 1\\ 1 & 1\end{pmatrix}\begin{pmatrix} & 1\\ & -1\end{pmatrix}=\begin{pmatrix}0\\ 0\end{pmatrix}$；

$\begin{pmatrix}3 & 1\\ 4 & 6\end{pmatrix}\begin{pmatrix}0 & 0\\ 1 & 1\end{pmatrix}=\begin{pmatrix}2 & 1\\ 4 & 6\end{pmatrix}\begin{pmatrix}0 & 0\\ 1 & 1\end{pmatrix}$，而 $\begin{pmatrix}3 & 1\\ 4 & 6\end{pmatrix}\neq\begin{pmatrix}2 & 1\\ 4 & 6\end{pmatrix}$.

矩阵的乘法满足下列运算规律：

1) $(\boldsymbol{AB})\boldsymbol{C}=\boldsymbol{A}(\boldsymbol{BC})$；

2) $\boldsymbol{A}(\boldsymbol{B}+\boldsymbol{C})=\boldsymbol{AB}+\boldsymbol{AC}$，$(\boldsymbol{B}+\boldsymbol{C})\boldsymbol{A}=\boldsymbol{BA}+\boldsymbol{CA}$；

3) $k(\boldsymbol{AB})=(k\boldsymbol{A})\boldsymbol{B}=\boldsymbol{A}(k\boldsymbol{B})$；

4) $\boldsymbol{AE}=\boldsymbol{EA}=\boldsymbol{A}$；

5) $\boldsymbol{A}^k=\underbrace{\boldsymbol{A}\cdot\boldsymbol{A}\cdots\boldsymbol{A}}_{k个}$，$\boldsymbol{A}^k\cdot\boldsymbol{A}^l=\boldsymbol{A}^{k+l}$，$(\boldsymbol{A}^k)^l=\boldsymbol{A}^{kl}$，

其中 $\boldsymbol{A}$ 为 n 阶方阵.

4. 矩阵的初等变换

定义 5　对矩阵的行(或列)做下列三种变换称为矩阵的**初等变换**：

1)互换变换：交换矩阵的某两行(列)，用记号 $r_i\leftrightarrow r_j$($c_i\leftrightarrow c_j$)表示.

2)倍法变换：用一个不为零的数乘矩阵的某一行(列)，用记号 kr_i(kc_i)表示.

3)消去变换：用一个数乘矩阵的某一行(列)加到另一行(列)上，用记号 kr_i+r_j(kc_i+c_j)表示.

例 6　利用初等变换，将矩阵

$$\boldsymbol{A}=\begin{pmatrix}2 & 3 & 1\\ 0 & 1 & 3\\ 1 & 2 & 5\end{pmatrix}$$

化成单位矩阵.

解　$\boldsymbol{A}=\begin{pmatrix}2 & 3 & 1\\ 0 & 1 & 3\\ 1 & 2 & 5\end{pmatrix}\xrightarrow{r_1\leftrightarrow r_3}\begin{pmatrix}1 & 2 & 5\\ 0 & 1 & 3\\ 2 & 3 & 1\end{pmatrix}\xrightarrow{-2r_1+r_3}\begin{pmatrix}1 & 2 & 5\\ 0 & 1 & 3\\ 0 & -1 & -9\end{pmatrix}\xrightarrow{r_2+r_3}\begin{pmatrix}1 & 2 & 5\\ 0 & 1 & 3\\ 0 & 0 & -6\end{pmatrix}\xrightarrow{-\frac{1}{6}r_3}$

$\begin{pmatrix}1 & 2 & 5\\ 0 & 1 & 3\\ 0 & 0 & 1\end{pmatrix}\xrightarrow[-3r_3+r_2]{-5r_3+r_1}\begin{pmatrix}1 & 2 & 0\\ 0 & 1 & 0\\ 0 & 0 & 1\end{pmatrix}\xrightarrow{-2r_2+r_1}\begin{pmatrix}1 & 0 & 0\\ 0 & 1 & 0\\ 0 & 0 & 1\end{pmatrix}$.

习题 11.2

1. 判断题.

(1) n 阶方阵是可以求值的.

(2) 用同一组数组成的两个矩阵是相等的.

(3) 两个行数、列数都相同的矩阵是相等的.

(4) 矩阵都有行列式.

(5) 两个矩阵的行列式相等，则两个矩阵相等.

(6) 两个矩阵相等，则其行列式对应相等.

(7) 如果矩阵 $\boldsymbol{A}$ 的行列式 $\det\boldsymbol{A}=0$，则 $\boldsymbol{A}=\boldsymbol{0}$.

2. 填空题.

(1) 如果 $\boldsymbol{A}$ 是一个 $m\times n$ 矩阵，那么，$\boldsymbol{A}$ 有________行________列；当 $m=1$ 时，$1\times n$ 矩阵是________矩阵；当 $n=1$ 时，$m\times 1$ 矩阵是________矩阵.

(2) 设矩阵

$$\boldsymbol{A}=\begin{pmatrix}3 & 2 & -1\\ 0 & -2 & 4\end{pmatrix},\ \boldsymbol{B}=\begin{pmatrix}a & 2 & c\\ 0 & b & 4\end{pmatrix}.$$

当 $\boldsymbol{A}=\boldsymbol{B}$ 时，$a=$__________，$b=$__________，$c=$__________.

(3) 设 $\boldsymbol{A}$ 既是上三角矩阵，又是下三角矩阵，则 $\boldsymbol{A}$ 是一个__________矩阵.

(4) 如果矩阵 $\boldsymbol{A}$ 满足 $\boldsymbol{A}^{\mathrm{T}}=\boldsymbol{A}$，那么 $\boldsymbol{A}$ 是__________矩阵，它的元素 $a_{ij}=$__________.

(5) 设 $\boldsymbol{A}$ 是三角矩阵，且 $\det\boldsymbol{A}=0$，那么其对角线上的元素__________.

(6) 两个矩阵 $\boldsymbol{A}$ 与 $\boldsymbol{B}$ 可作加、减运算的条件是这两个矩阵的________________.

(7) 数 k 乘矩阵 $\boldsymbol{A}$ 是把 k 乘以 $\boldsymbol{A}$ 的________________.

(8) 两个矩阵 $\boldsymbol{A}$ 与 $\boldsymbol{B}$ 可作乘法运算的条件是________________.

(9) 设 $\boldsymbol{A}$ 是一个 $m\times n$ 矩阵，$\boldsymbol{B}$ 是一个 $n\times 5$ 矩阵，那么 $\boldsymbol{AB}$ 是__________矩阵，第 i 行第 j 列的元素为__________.

(10) 设 $\boldsymbol{A}$、$\boldsymbol{B}$ 是两个上三角矩阵，那么，$(\boldsymbol{AB})^{\mathrm{T}}$ 是________矩阵，$(k\boldsymbol{A}-l\boldsymbol{B})$ 是________矩阵，其中 k、l 是常数.

3. 设矩阵

$$\boldsymbol{A}=\begin{pmatrix}1 & -2 & 1 & 2\\ 2 & 3 & -4 & 0\\ -3 & 5 & 0 & -4\end{pmatrix},\ \boldsymbol{B}=\begin{pmatrix}-3 & 3 & 0 & -3\\ 0 & -4 & 9 & 12\\ 6 & -8 & -9 & 5\end{pmatrix}.$$

求 (1) $3\boldsymbol{A}-\boldsymbol{B}$；(2) $2\boldsymbol{A}+3\boldsymbol{B}$；(3) 若 $\boldsymbol{X}$ 满足 $\boldsymbol{A}+\boldsymbol{X}=\boldsymbol{B}$，求 $\boldsymbol{X}$.

4. 计算.

(1) $\begin{pmatrix}1 & 0\\ 0 & 1\end{pmatrix}\begin{pmatrix}3 & 2\\ 5 & 6\end{pmatrix}$；

(2) $\begin{pmatrix}2 & -1\\ -3 & 3\end{pmatrix}^2-5\begin{pmatrix}2 & -1\\ -3 & 3\end{pmatrix}+2\begin{pmatrix}1 & 0\\ 0 & 1\end{pmatrix}$.

5. 设 n 阶方阵 $\boldsymbol{A}$ 和 $\boldsymbol{B}$ 满足 $\boldsymbol{AB}=\boldsymbol{BA}$，证明

(1) $(\boldsymbol{A}+\boldsymbol{B})^2=\boldsymbol{A}^2+2\boldsymbol{AB}+\boldsymbol{B}^2$；

(2)$A^2-B^2=(A+B)(A-B)$.

6. 若矩阵

$$A=\begin{pmatrix}1&3\\0&2\\-1&0\end{pmatrix},\ B=\begin{pmatrix}1&0&1\\-1&1&0\end{pmatrix}.$$

验证：$(AB)^{\mathrm T}=B^{\mathrm T}A^{\mathrm T}$.

11.3　逆矩阵与矩阵的秩

11.3.1　逆矩阵的概念

利用矩阵的乘法和矩阵相等的含义，可以把线性方程组写成矩阵形式. 对于线性方程组

$$\begin{cases}a_{11}x_1+a_{12}x_2+\cdots+a_{1n}x_n=b_1,\\a_{21}x_1+a_{22}x_2+\cdots+a_{2n}x_n=b_2,\\\qquad\vdots\\a_{m1}x_1+a_{m2}x_2+\cdots+a_{mn}x_n=b_m,\end{cases}$$

令 $A=\begin{pmatrix}a_{11}&a_{12}&\cdots&a_{1n}\\a_{21}&a_{22}&\cdots&a_{2n}\\\vdots&\vdots&&\vdots\\a_{m1}&a_{m2}&\cdots&a_{mn}\end{pmatrix}$，$X=\begin{pmatrix}x_1\\x_2\\\vdots\\x_n\end{pmatrix}$，$B=\begin{pmatrix}b_1\\b_2\\\vdots\\b_m\end{pmatrix}$，

则方程组可写成 $AX=B$.

方程 $AX=B$ 是线性方程组的矩阵表达形式，称为**矩阵方程**，其中 A 称为方程组的**系数矩阵**，X 称为**未知矩阵**，B 称为**常数项矩阵**.

这样，解线性方程组的问题就变成求矩阵方程中未知矩阵 X 的问题. 类似于一元一次方程 $ax=b(a\neq0)$ 的解可以写成 $x=a^{-1}b$，矩阵方程 $AX=B$ 的解是否也可以表示为 $X=A^{-1}B$ 的形式？如果可以，则 X 可求出，但 A^{-1} 的含义和存在的条件是什么呢？下面来讨论这些问题.

定义 1　对于 n 阶方阵 A，若存在 n 阶方阵 C，使得 $AC=CA=E$（E 为 n 阶单位矩阵），则把方阵 C 称为 A 的**逆矩阵**（简称**逆阵**）记作 A^{-1}，即 $C=A^{-1}$.

例如，$A=\begin{pmatrix}1&3\\2&5\end{pmatrix}$，$C=\begin{pmatrix}-5&3\\2&-3\end{pmatrix}$，

因为 $AC=\begin{pmatrix}1&3\\2&5\end{pmatrix}\begin{pmatrix}-5&3\\2&-3\end{pmatrix}=\begin{pmatrix}1&0\\0&1\end{pmatrix}$，

$CA=\begin{pmatrix}-5&3\\2&-3\end{pmatrix}\begin{pmatrix}1&3\\2&5\end{pmatrix}=\begin{pmatrix}1&0\\0&1\end{pmatrix}$，

所以 C 是 A 的逆矩阵，即 $C=A^{-1}$.

由定义可知，$AC=CA=E$，C 是 A 的逆矩阵，也可以称 A 是 C 的逆矩阵，即 $A=C^{-1}$. 因此，A 与 C 称为**互逆矩阵**.

可以证明，逆矩阵有如下性质：

1）若 A 是可逆的，则逆矩阵唯一；

2)若 $\boldsymbol{A}$ 可逆，则$(\boldsymbol{A}^{-1})^{-1}=\boldsymbol{A}$；

3)若 $\boldsymbol{A}$、$\boldsymbol{B}$ 为同阶方阵且均可逆，则 $\boldsymbol{AB}$ 可逆，且$(\boldsymbol{AB})^{-1}=\boldsymbol{B}^{-1}\boldsymbol{A}^{-1}$；

4)若 $\boldsymbol{A}$ 可逆，则 $\det\boldsymbol{A}\neq 0$. 反之，若 $\det\boldsymbol{A}\neq 0$，则 $\boldsymbol{A}$ 是可逆的.

11.3.2　逆矩阵的求法

1. 用伴随矩阵求逆矩阵

定义 2　矩阵

$$\boldsymbol{A}=\begin{pmatrix} a_{11} & a_{12} & \cdots & a_{1n} \\ a_{21} & a_{22} & \cdots & a_{2n} \\ \vdots & \vdots & & \vdots \\ a_{n1} & a_{n2} & \cdots & a_{nn} \end{pmatrix}$$

所对应的行列式 $\det\boldsymbol{A}$ 中元素 a_{ij} 的代数余子式矩阵

$$\boldsymbol{A}^*=\begin{pmatrix} A_{11} & A_{21} & \cdots & A_{n1} \\ A_{12} & A_{22} & \cdots & A_{n2} \\ \vdots & \vdots & & \vdots \\ A_{1n} & A_{2n} & \cdots & A_{nn} \end{pmatrix}$$

称为 $\boldsymbol{A}$ 的伴随矩阵.

显然，$\boldsymbol{AA}^*=\begin{pmatrix} a_{11} & a_{12} & \cdots & a_{1n} \\ a_{21} & a_{22} & \cdots & a_{2n} \\ \vdots & \vdots & & \vdots \\ a_{n1} & a_{n2} & \cdots & a_{nn} \end{pmatrix}\begin{pmatrix} A_{11} & A_{21} & \cdots & A_{n1} \\ A_{12} & A_{22} & \cdots & A_{n2} \\ \vdots & \vdots & & \vdots \\ A_{1n} & A_{2n} & \cdots & A_{nn} \end{pmatrix}$

仍是一个 n 阶方阵，其中第 i 行第 j 列的元素为

$$a_{i1}A_{j1}+a_{i2}A_{j2}+\cdots+a_{in}A_{jn}.$$

由行列式按一行(列)展开式可知

$$a_{i1}A_{j1}+a_{i2}A_{j2}+\cdots+a_{in}A_{jn}=\begin{cases}\det\boldsymbol{A}, & i=j,\\ 0, & i\neq j,\end{cases}$$

所以

$$\boldsymbol{AA}^*=\begin{pmatrix} \det\boldsymbol{A} & 0 & \cdots & 0 \\ 0 & \det\boldsymbol{A} & \cdots & 0 \\ \vdots & \vdots & & \vdots \\ 0 & 0 & \cdots & \det\boldsymbol{A} \end{pmatrix}=\det\boldsymbol{A}\cdot\boldsymbol{E}. \tag{11-6}$$

同理　$\boldsymbol{AA}^*=\det\boldsymbol{A}\cdot\boldsymbol{E}=\boldsymbol{A}^*\boldsymbol{A}$.

定理 1　n 阶方阵 $\boldsymbol{A}$ 可逆的充分必要条件是 $\boldsymbol{A}$ 为非奇异矩阵，而且

$$\boldsymbol{A}^{-1}=\frac{1}{\det\boldsymbol{A}}\boldsymbol{A}^*=\frac{1}{\det\boldsymbol{A}}\begin{pmatrix} A_{11} & A_{21} & \cdots & A_{n1} \\ A_{12} & A_{22} & \cdots & A_{n2} \\ \vdots & \vdots & & \vdots \\ A_{1n} & A_{2n} & \cdots & A_{nn} \end{pmatrix}$$

例 1　求矩阵 $\boldsymbol{A}=\begin{pmatrix} 1 & 0 & 1 \\ 2 & 1 & 0 \\ -3 & 2 & -5 \end{pmatrix}$的逆矩阵.

解　因为 $\det\boldsymbol{A}=\begin{vmatrix}1&0&1\\2&1&0\\-3&2&-5\end{vmatrix}=2\neq 0$，所以 $\boldsymbol{A}$ 是可逆的．又因为

$$A_{11}=\begin{vmatrix}1&0\\2&-5\end{vmatrix}=-5,\ A_{12}=-\begin{vmatrix}2&0\\-3&-5\end{vmatrix}=10,\ A_{13}=\begin{vmatrix}2&1\\-3&2\end{vmatrix}=7,$$

$$A_{21}=-\begin{vmatrix}0&1\\2&-5\end{vmatrix}=2,\ A_{22}=\begin{vmatrix}1&1\\-3&-5\end{vmatrix}=-2,\ A_{23}=-\begin{vmatrix}1&0\\-3&2\end{vmatrix}=-2,$$

$$A_{31}=\begin{vmatrix}0&1\\1&0\end{vmatrix}=-1,\quad A_{32}=-\begin{vmatrix}1&1\\2&0\end{vmatrix}=2,\quad A_{33}=\begin{vmatrix}1&0\\2&1\end{vmatrix}=1,$$

所以 $$\boldsymbol{A}^{-1}=\frac{1}{\det\boldsymbol{A}}\boldsymbol{A}^{*}=\frac{1}{2}\begin{pmatrix}-5&2&-1\\10&-2&2\\7&-2&1\end{pmatrix}=\begin{pmatrix}-\frac{5}{2}&1&-\frac{1}{2}\\5&-1&1\\\frac{7}{2}&-1&\frac{1}{2}\end{pmatrix}.$$

2. 用初等变换求逆矩阵

用初等变换求一个可逆矩阵 $\boldsymbol{A}$ 的逆矩阵，其具体方法为：把方阵 $\boldsymbol{A}$ 和同阶的单位矩阵 $\boldsymbol{E}$，写成一个长方形矩阵 $(\boldsymbol{A}\vdots\boldsymbol{E})$，对该矩阵的行实施初等变换，当虚线左边的 $\boldsymbol{A}$ 变成单位矩阵 $\boldsymbol{E}$ 时，虚线右边的 $\boldsymbol{E}$ 变成了 $\boldsymbol{A}^{-1}$ 即

$$(\boldsymbol{A}\vdots\boldsymbol{E})\xrightarrow{\text{初等行变换}}(\boldsymbol{E}\vdots\boldsymbol{A}^{-1})\text{从而可求 }\boldsymbol{A}^{-1}.$$

例 2　用初等变换求

$$\boldsymbol{A}=\begin{pmatrix}0&1&2\\1&1&4\\2&-1&0\end{pmatrix}$$

的逆矩阵．

解　因为 $$(\boldsymbol{A}\vdots\boldsymbol{E})=\begin{pmatrix}0&1&2&\vdots&1&0&0\\1&1&4&\vdots&0&1&0\\2&-1&0&\vdots&0&0&1\end{pmatrix}$$

$$\xrightarrow{r_2\leftrightarrow r_1}\begin{pmatrix}1&1&4&\vdots&0&1&0\\0&1&2&\vdots&1&0&0\\2&-1&0&\vdots&0&0&1\end{pmatrix}\xrightarrow{-2r_1+r_3}\begin{pmatrix}1&1&4&\vdots&0&1&0\\0&1&2&\vdots&1&0&0\\0&-3&-8&\vdots&0&-2&1\end{pmatrix}$$

$$\xrightarrow[-r_2+r_1]{3r_2+r_3}\begin{pmatrix}1&0&2&\vdots&-1&1&0\\0&1&2&\vdots&1&0&0\\0&0&-2&\vdots&3&-2&1\end{pmatrix}\xrightarrow{-\frac{1}{2}r_3}\begin{pmatrix}1&0&2&\vdots&-1&1&0\\0&1&2&\vdots&1&0&0\\0&0&1&\vdots&-\frac{3}{2}&1&-\frac{1}{2}\end{pmatrix}$$

$$\xrightarrow[-2r_3+r_2]{-2r_3+r_1}\begin{pmatrix}1 & 0 & 0 & \vdots & 2 & -1 & 1\\ 0 & 1 & 0 & \vdots & 4 & -2 & 1\\ 0 & 0 & 1 & \vdots & -\frac{3}{2} & 1 & -\frac{1}{2}\end{pmatrix},$$

所以$A^{-1}=\begin{pmatrix}2 & -1 & 1\\ 4 & -2 & 1\\ -\frac{3}{2} & 1 & -\frac{1}{2}\end{pmatrix}$.

例 3　解线性方程组

$$\begin{cases}x_2+2x_3=1,\\ x_1+x_2+4x_3=0,\\ 2x_1-x_2=-1.\end{cases}$$

解　方程组可写成

$$\begin{pmatrix}0 & 1 & 2\\ 1 & 1 & 4\\ 2 & -1 & 0\end{pmatrix}\begin{pmatrix}x_1\\ x_2\\ x_3\end{pmatrix}=\begin{pmatrix}1\\ 0\\ -1\end{pmatrix}.$$

设$A=\begin{pmatrix}0 & 1 & 2\\ 1 & 1 & 4\\ 2 & -1 & 0\end{pmatrix}$, $X=\begin{pmatrix}x_1\\ x_2\\ x_3\end{pmatrix}$, $B=\begin{pmatrix}1\\ 0\\ -1\end{pmatrix}$, 则$AX=B$.

由例 2 知A可逆，且$A^{-1}=\begin{pmatrix}2 & -1 & 1\\ 4 & -2 & 1\\ -\frac{3}{2} & 1 & -\frac{1}{2}\end{pmatrix}$,

所以$X=A^{-1}B$，即$\begin{pmatrix}x_1\\ x_2\\ x_3\end{pmatrix}=A^{-1}B=\begin{pmatrix}2 & -1 & 1\\ 4 & -2 & 1\\ -\frac{3}{2} & 1 & -\frac{1}{2}\end{pmatrix}\begin{pmatrix}1\\ 0\\ -1\end{pmatrix}=\begin{pmatrix}1\\ 3\\ -1\end{pmatrix}$.

于是，方程组的解是

$$\begin{cases}x_1=1,\\ x_2=3,\\ x_3=-1.\end{cases}$$

11.3.3　矩阵的秩

为了进一步讨论方程组解的问题，有必要引进矩阵秩的概念，先介绍矩阵子式的概念.

定义 3　从矩阵A中任取r行及r列，将这r行r列中的r^2个数按原次序做成一个行列式，称为矩阵A的一个r阶**子行列式**(或称r**阶子式**).

例如，矩阵$A=\begin{pmatrix}1 & 2 & -1 & 2\\ 2 & -1 & 3 & 5\\ 5 & 5 & 0 & -1\end{pmatrix}$中，位于第 1、2 行与第 3、4 列相交处的元素构成

一个二阶子式是$\begin{vmatrix} -1 & 2 \\ 3 & 5 \end{vmatrix}$，位于第 1、2、3 行与第 1、2、4 列相交处的元素构成一个三阶子式是$\begin{vmatrix} 1 & 2 & 2 \\ 2 & -1 & 5 \\ 5 & 5 & -1 \end{vmatrix}$. 显然，$n$ 阶方阵 $\boldsymbol{A}$ 的 n 阶子式就是方阵 $\boldsymbol{A}$ 的行列式 $\det\boldsymbol{A}$.

定义 4　矩阵中 $\boldsymbol{A}=(a_{ij})_{m\times n}$不为零的子式的最高阶数 r 称为**矩阵 $\boldsymbol{A}$ 的秩** r，记作 $r_{\boldsymbol{A}}=\boldsymbol{r}$.

显然，对任意矩阵 $\boldsymbol{A}=(a_{ij})_{m\times n}$都有 $r_{\boldsymbol{A}}\leqslant\min(m, n)$. 若方阵 $\boldsymbol{A}_{n\times n}$的 $\det\boldsymbol{A}\neq 0$，那么一定有 $r_{\boldsymbol{A}}=n$，则称方阵 $\boldsymbol{A}$ 是**满秩**的.

由定义可知，如果矩阵 $\boldsymbol{A}$ 的秩是 r，则至少有一个 $\boldsymbol{A}$ 的 r 阶子式不为零，而 $\boldsymbol{A}$ 的所有高于 r 阶的子式全为零.

11.3.4　用初等变换求矩阵的秩

根据定义计算矩阵的秩，需要计算很多个很列式，显然是很麻烦的事. 下面我们来讨论通过初等变换求矩阵的秩，为此先给出下面的定理：

定理 2　矩阵 $\boldsymbol{A}$ 经过初等变换变为矩阵 $\boldsymbol{B}$，矩阵的秩不变，即 $r_{\boldsymbol{A}}=r_{\boldsymbol{B}}$.

根据定理，可以利用初等变换把矩阵 $\boldsymbol{A}$ 变成一个容易求秩的阶梯形矩阵 $\boldsymbol{B}$，从而求出 $\boldsymbol{A}$ 的秩.

满足下列两个条件的矩阵为阶梯形矩阵：

1)矩阵的零行在矩阵的最下方；

2)非零行的第一个不为零的元素的列标随着行标的增大而增大.

例 4　求矩阵

$$\boldsymbol{A}=\begin{pmatrix} 1 & 2 & -1 & 4 \\ 2 & 4 & 3 & 5 \\ -1 & -2 & 6 & -7 \end{pmatrix}\text{的秩.}$$

解　因为 $\boldsymbol{A}=\begin{pmatrix} 1 & 2 & -1 & 4 \\ 2 & 4 & 3 & 5 \\ -1 & -2 & 6 & -7 \end{pmatrix}\xrightarrow[r_1+r_3]{-2r_1+r_2}\begin{pmatrix} 1 & 2 & -1 & 4 \\ 0 & 0 & 5 & -3 \\ 0 & 0 & 5 & -3 \end{pmatrix}$

$$\xrightarrow{-r_2+r_3}\begin{pmatrix} 1 & 2 & -1 & 4 \\ 0 & 0 & 5 & -3 \\ 0 & 0 & 0 & 0 \end{pmatrix}=\boldsymbol{B},$$

所以 $r_{\boldsymbol{A}}=r_{\boldsymbol{B}}=2$.

习题 11.3

1. 用伴随矩阵求矩阵$\begin{pmatrix} 2 & 1 \\ 1 & 2 \end{pmatrix}$的逆矩阵.

2. 用初等变换求逆矩阵.

(1) $\begin{pmatrix}5 & 7\\8 & 11\end{pmatrix}$;　　(2) $\begin{pmatrix}1 & 0 & 1\\-1 & 1 & 1\\-2 & -1 & 1\end{pmatrix}$.

3. 解矩阵方程.

(1) $X\begin{pmatrix}2 & 5\\1 & 3\end{pmatrix}=\begin{pmatrix}4 & -6\\2 & 1\end{pmatrix}$;　　(2) $\begin{pmatrix}3 & -1\\5 & -2\end{pmatrix}X\begin{pmatrix}5 & 6\\7 & 8\end{pmatrix}=\begin{pmatrix}14 & 16\\9 & 10\end{pmatrix}$.

4. 解线性方程组.

$$\begin{cases}x_1+x_2-x_3=2,\\-2x_1+x_2+x_3=3,\\x_1+x_2+x_3=6.\end{cases}$$

5. 用定义求矩阵.

$$A=\begin{pmatrix}2 & 1 & -1 & 1\\3 & -2 & 1 & -3\\1 & 4 & -3 & 5\end{pmatrix}\text{的秩.}$$

6. 求下列矩阵的秩.

(1) $\begin{pmatrix}0 & 0 & 2\\1 & 0 & 0\end{pmatrix}$;　　(2) $\begin{pmatrix}1 & 2 & -4\\1 & 7 & -9\\-2 & 1 & 3\end{pmatrix}$.

11.4 线性方程组

前面我们已经讨论了含有 n 个方程、n 个未知数的线性方程组的求解问题，可以用克拉默法则或逆矩阵的方法求解. 本节将进一步研究含有 m 个方程、n 个未知数的一般的线性方程组，讨论它们是否有解，有多少解以及怎样求解.

11.4.1 高斯消元法

下面用一简单例题说明高斯-约当消元法的基本思想.

例如，线性方程组

$$\begin{cases}3x_1+2x_2+6x_3=6,\\3x_1+5x_2+9x_3=9,\\6x_1+4x_2+15x_3=6.\end{cases}$$

首先，把方程组的系数及常数项矩阵写成如下形式：

$$\widetilde{A}=\begin{pmatrix}3 & 2 & 6 & 6\\3 & 5 & 9 & 9\\6 & 4 & 15 & 6\end{pmatrix},$$

称 $\widetilde{A}$ 为原方程组的**增广矩阵**. 我们将方程组消元过程与方程组的增广矩阵的变换过程对应着列成表 11-4-1.

表　11-4-1

方程组消元过程	增广矩阵的变换过程
$\begin{cases}3x_1+2x_2+6x_3=6(1)\\3x_1+5x_2+9x_3=9(2)\\6x_1+4x_2+15x_3=6(3)\end{cases}$	$\widetilde{A}=\begin{pmatrix}3&2&6&6\\3&5&9&9\\6&4&15&6\end{pmatrix}$
$\xrightarrow{\substack{(-1)\times(1)+(2)\\(-2)\times(1)+(3)}}\begin{cases}3x_1+2x_2+6x_3=6 & (1)'\\3x_2+3x_3=3 & (2)'\\3x_3=-6 & (3)'\end{cases}$	$\xrightarrow{\substack{-1r_1+r_2\\-2r_1+r_3}}\begin{pmatrix}3&2&6&6\\0&3&3&3\\0&0&3&-6\end{pmatrix}$
$\xrightarrow{\substack{(-2)\times(3)'+(1)'\\(-1)\times(3)'+(2)'}}\begin{cases}3x_1+2x_2=18 & (1)''\\3x_2=9 & (2)''\\3x_3=-6 & (3)''\end{cases}$	$\xrightarrow{\substack{-2r_3+r_1\\-r_3+r_2}}\begin{pmatrix}3&2&0&18\\0&3&0&9\\0&0&3&-6\end{pmatrix}$
$\xrightarrow{\left(-\frac{2}{3}\right)\times(2)''+(1)''}\begin{cases}3x_1=12 & (1)'''\\3x_2=9 & (2)'''\\3x_3=-6 & (3)'''\end{cases}$	$\xrightarrow{-\frac{2}{3}r_2+r_1}\begin{pmatrix}3&0&0&12\\0&3&0&9\\0&0&3&-6\end{pmatrix}$
$\xrightarrow{\substack{\frac{1}{3}\times(1)'''\\\frac{1}{3}\times(2)'''\\\frac{1}{3}\times(3)'''}}\begin{cases}x_1=4\\x_2=3\\x_3=-2\end{cases}$	$\xrightarrow{\substack{\frac{1}{3}r_1\\\frac{1}{3}r_2\\\frac{1}{3}r_3}}\begin{pmatrix}1&0&0&4\\0&1&0&3\\0&0&1&-2\end{pmatrix}$

从上表可看出，用消元法解线性方程组，其实质是对方程组的增广矩阵施行初等变换，使它变为一个简化阶梯形矩阵(首非零元都是 1，且首非零元所在列的其余元素均为零的阶梯形矩阵). 所以用消元法解线性方程组的步骤为：

第一步，写出方程组的增广矩阵 $\widetilde{A}$；

第二步，对 $\widetilde{A}$ 施行一系列初等行变换成为简化阶梯形矩阵 B；

第三步，由 B 写方程组的相应解.

例 1　解方程组

$$\begin{cases}x_1+2x_2-3x_3=13,\\2x_1+3x_2+x_3=4,\\3x_1-x_2+2x_3=-1,\\x_1-x_2+3x_3=-8.\end{cases}$$

解　对方程组的增广矩阵做初等变换如下：

$$\widetilde{A}=\begin{pmatrix}1&2&-3&13\\2&3&1&4\\3&-1&2&-1\\1&-1&3&-8\end{pmatrix}\xrightarrow[-r_1+r_4]{\substack{-2r_1+r_2\\-3r_1+r_3}}\begin{pmatrix}1&2&-3&13\\0&-1&7&-22\\0&-7&11&-40\\0&-3&6&-21\end{pmatrix}\xrightarrow[-3r_2+r_4]{-7r_2+r_3}$$

$$\begin{pmatrix}1&2&-3&13\\0&-1&7&-22\\0&0&-38&114\\0&0&-15&45\end{pmatrix}\xrightarrow[-\frac{1}{15}r_4]{-\frac{1}{38}r_3}\begin{pmatrix}1&2&-3&13\\0&-1&7&-22\\0&0&1&-3\\0&0&1&-3\end{pmatrix}\xrightarrow{-r_3+r_4}\begin{pmatrix}1&2&-3&13\\0&-1&7&-22\\0&0&1&-3\\0&0&0&0\end{pmatrix}$$

$$\xrightarrow[3r_3+r_1]{-7r_3+r_2}\begin{pmatrix}1&2&0&4\\0&-1&0&-1\\0&0&1&-3\\0&0&0&0\end{pmatrix}\xrightarrow{-r_2}\begin{pmatrix}1&2&0&4\\0&1&0&1\\0&0&1&-3\\0&0&0&0\end{pmatrix}\xrightarrow{-2r_2+r_1}\begin{pmatrix}1&0&0&2\\0&1&0&1\\0&0&1&-3\\0&0&0&0\end{pmatrix},$$

于是方程组的解为

$$x_1=2,\ x_2=1,\ x_3=-3.$$

例 2　解线性方程组

$$\begin{cases}x_1+x_2-2x_3-x_4=1,\\2x_1+x_2-2x_3-3x_4=2,\\x_1+3x_2-x_3-2x_4=0.\end{cases}$$

解　$$\widetilde{A}=\begin{pmatrix}1&1&-2&-1&1\\2&1&-2&-3&2\\1&3&-1&-2&0\end{pmatrix}\xrightarrow[-r_1+r_3]{-2r_1+r_2}\begin{pmatrix}1&1&-2&-1&1\\0&-1&2&-1&0\\0&2&1&-1&-1\end{pmatrix}\xrightarrow{-r_2}$$

$$\begin{pmatrix}1&1&-2&-1&1\\0&1&-2&1&0\\0&2&1&-1&-1\end{pmatrix}\xrightarrow{-2r_2+r_3}\begin{pmatrix}1&1&-2&-1&1\\0&1&-2&1&0\\0&0&5&-3&-1\end{pmatrix}\xrightarrow{\frac{1}{5}r_3}$$

$$\begin{pmatrix}1&1&-2&-1&1\\0&1&-2&1&0\\0&0&1&-\frac{3}{5}&-\frac{1}{5}\end{pmatrix},$$

与矩阵相应的方程组为$\begin{cases}x_1+x_2-2x_3-x_4=1,\\x_2-2x_3+x_4=0,\\x_3-\frac{3}{5}x_4=-\frac{1}{5},\end{cases}$

化简方程组得$\begin{cases}x_1=2x_4+1,\\x_2=\frac{1}{5}x_4-\frac{2}{5},\\x_3=\frac{3}{5}x_4-\frac{1}{5}.\end{cases}$

方程组中未知量 x_4 称为自由未知量，就是说 x_4 在方程组中可以取任意值，得到的都是方程组的解，故方程组有无数组解.

例 3　解方程组

$$\begin{cases} x_1+3x_2+5x_3+2x_4=2, \\ 3x_1+5x_2+6x_3+4x_4=4, \\ x_1+7x_2+14x_3+4x_4=4, \\ 3x_1+x_2-3x_3+2x_4=5. \end{cases}$$

解

$$\widetilde{A}=\begin{pmatrix} 1 & 3 & 5 & 2 & 2 \\ 3 & 5 & 6 & 4 & 4 \\ 1 & 7 & 14 & 4 & 4 \\ 3 & 1 & -3 & 2 & 5 \end{pmatrix} \xrightarrow[-3r_1+r_4]{\substack{-3r_1+r_2 \\ -r_1+r_3}} \begin{pmatrix} 1 & 3 & 5 & 2 & 2 \\ 0 & -4 & -9 & -2 & -2 \\ 0 & 4 & 9 & 2 & 2 \\ 0 & -8 & -18 & -4 & -1 \end{pmatrix} \xrightarrow[-2r_2+r_4]{r_2+r_3}$$

$$\begin{pmatrix} 1 & 3 & 5 & 2 & 2 \\ 0 & -4 & -9 & -2 & -2 \\ 0 & 0 & 0 & 0 & 0 \\ 0 & 0 & 0 & 0 & 3 \end{pmatrix},$$

与矩阵相对应的线性方程组为
$$\begin{cases} x_1+3x_2+5x_3+2x_4=2, \\ -4x_2-9x_3-2x_4=-2, \\ 0=0, \\ 0=3, \end{cases}$$

从方程组中可以看到，不论 x_1、x_2、x_3、x_4 取怎样的一组数，都不能使方程组中的“$0=3$”成立，这样的方程组无解.

11.4.2　线性方程组的基本定理

设含有 n 个未知数 m 个方程的线性方程组为

$$\begin{cases} a_{11}x_1+a_{12}x_2+\cdots+a_{1n}x_n=b_1, \\ a_{21}x_1+a_{22}x_2+\cdots+a_{2n}x_n=b_2, \\ \qquad\qquad\vdots \\ a_{m1}x_1+a_{m2}x_2+\cdots+a_{mn}x_n=b_m, \end{cases} \tag{11-7}$$

它的系数矩阵和增广矩阵分别为

$$\boldsymbol{A}=\begin{pmatrix} a_{11} & a_{12} & \cdots & a_{1n} \\ a_{21} & a_{22} & \cdots & a_{2n} \\ \vdots & \vdots & & \vdots \\ a_{m1} & a_{m2} & \cdots & a_{mn} \end{pmatrix}, \quad \widetilde{\boldsymbol{A}}=\begin{pmatrix} a_{11} & a_{12} & \cdots & a_{1n} & b_1 \\ a_{21} & a_{22} & \cdots & a_{2n} & b_2 \\ \vdots & \vdots & & \vdots & \vdots \\ a_{m1} & a_{m2} & \cdots & a_{mn} & b_m \end{pmatrix}.$$

定理　若线性方程组(11-7)有解，则它的系数矩阵的秩等于它的增广矩阵的秩，即 $r_A=r_{\tilde{A}}$；反之亦对. 在有解时：

1) 若 $r_A=r_{\tilde{A}}<n$，则方程组有无数多组解.

2) 若 $r_A=r_{\tilde{A}}=n$，则方程组有唯一组解，其中 n 是未知数的个数.

例 4　判断下列方程组是否有解，若有解，其解是否唯一.

(1) $\begin{cases} x_1+x_2-2x_3=2, \\ 2x_1-3x_2+5x_3=1, \\ 4x_1-x_2-x_3=5, \\ 5x_1-x_3=2; \end{cases}$　(2) $\begin{cases} x_1+x_2-2x_3=2, \\ 2x_1-3x_2+5x_3=1, \\ 4x_1-x_2+x_3=5, \\ 5x_1-x_3=7; \end{cases}$　(3) $\begin{cases} x_1+x_2-2x_3=2, \\ 2x_1-3x_2+5x_3=1, \\ 4x_1-x_2+x_3=5, \\ 5x_1+x_3=7. \end{cases}$

解　(1) $\widetilde{\boldsymbol{A}}=\begin{pmatrix} 1 & 1 & -2 & 2 \\ 2 & -3 & 5 & 1 \\ 4 & -1 & -1 & 5 \\ 5 & 0 & -1 & 2 \end{pmatrix} \xrightarrow[-2r_1+r_2]{\substack{-5r_1+r_4 \\ -4r_1+r_3}} \begin{pmatrix} 1 & 1 & 2 & 2 \\ 0 & -5 & 9 & -3 \\ 0 & -5 & 7 & -3 \\ 0 & -5 & 9 & -8 \end{pmatrix} \xrightarrow[-r_2+r_3]{-r_2+r_4}$

$\begin{pmatrix} 1 & 1 & 2 & 2 \\ 0 & -5 & 9 & -3 \\ 0 & 0 & -2 & 0 \\ 0 & 0 & 0 & -5 \end{pmatrix}$;

(2) $\widetilde{\boldsymbol{A}}=\begin{pmatrix} 1 & 1 & -2 & 2 \\ 2 & -3 & 5 & 1 \\ 4 & -1 & 1 & 5 \\ 5 & 0 & -1 & 7 \end{pmatrix} \xrightarrow{\text{做初等行变换}} \begin{pmatrix} 1 & 1 & 2 & 2 \\ 0 & -5 & 9 & -3 \\ 0 & 0 & 0 & 0 \\ 0 & 0 & 0 & 0 \end{pmatrix}$;

(3) $\widetilde{\boldsymbol{A}}=\begin{pmatrix} 1 & 1 & -2 & 2 \\ 2 & -3 & 5 & 1 \\ 4 & -1 & 1 & 5 \\ 5 & 0 & 1 & 7 \end{pmatrix} \xrightarrow{\text{做初等行变换}} \begin{pmatrix} 1 & 1 & -2 & 2 \\ 0 & -5 & 9 & -3 \\ 0 & 0 & 2 & 0 \\ 0 & 0 & 0 & 0 \end{pmatrix}$.

由此可知，

(1) $r_{\boldsymbol{A}}=3$，$r_{\widetilde{\boldsymbol{A}}}=4$，两者不等，方程组无解；

(2) $r_{\boldsymbol{A}}=r_{\widetilde{\boldsymbol{A}}}=2<n=3$，方程组有无穷多组解；

(3) $r_{\boldsymbol{A}}=\boldsymbol{r}_{\widetilde{\boldsymbol{A}}}=3=n$，方程组有唯一组解.

例 5　λ 为何值时，线性方程组

$$\begin{cases} \lambda x_1+x_2+x_3=1, \\ x_1+\lambda x_2+x_3=\lambda, \\ x_1+x_2+\lambda x_3=\lambda^2 \end{cases}$$

(1)有唯一组解；(2)有无穷多组解；(3)无解.

解　(1)按克拉默法则，当系数行列式

$\det\boldsymbol{A}=\begin{vmatrix} \lambda & 1 & 1 \\ 1 & \lambda & 1 \\ 1 & 1 & \lambda \end{vmatrix}=(\lambda-1)^2(\lambda+2)\neq 0$ 即当 $\lambda\neq 1$ 且 $\lambda\neq -2$ 时，方程组有唯一组解.

(2)当 $\lambda=1$ 时，其增广矩阵为 $\widetilde{\boldsymbol{A}}=\begin{pmatrix} 1 & 1 & 1 & 1 \\ 1 & 1 & 1 & 1 \\ 1 & 1 & 1 & 1 \end{pmatrix} \xrightarrow[-r_1+r_3]{-r_1+r_2} \begin{pmatrix} 1 & 1 & 1 & 1 \\ 0 & 0 & 0 & 0 \\ 0 & 0 & 0 & 0 \end{pmatrix}$

因为，$r_A = r_{\widetilde{A}} = 1 < n = 3$，故方程组有无穷多组解.

(3) 当 $\lambda = -2$ 时，其增广矩阵为 $\widetilde{A} = \begin{pmatrix} -2 & 1 & 1 & 1 \\ 1 & -2 & 1 & -2 \\ 1 & 1 & -2 & 4 \end{pmatrix} \xrightarrow{r_2 + r_1} \begin{pmatrix} -1 & -1 & 2 & -1 \\ 1 & -2 & 1 & -2 \\ 1 & 1 & -2 & 4 \end{pmatrix}$

$$\xrightarrow[r_1 + r_3]{r_1 + r_2} \begin{pmatrix} -1 & -1 & 2 & -1 \\ 0 & -3 & 3 & -3 \\ 0 & 0 & 0 & 3 \end{pmatrix}.$$

因为 $r_A = 2 \neq r_{\widetilde{A}} = 3$，故方程组无解.

例 6　交通流量问题

如图 11-4-1 所示是某地区的交通网络图，设所有道路均为单行道，且道路边不能停车，图中的箭头标识了交通的方向，标识的数为高峰期每小时进出道路网络的车辆数. 设进出道路网络的车辆相同，总数各有 800 辆，若进入每个交叉点的车辆数等于离开该点的车辆数，则交通流量平衡条件满足，交通就不出现堵塞. 求各支路交通流量为多少时，此交通网络交通流量达到平衡.

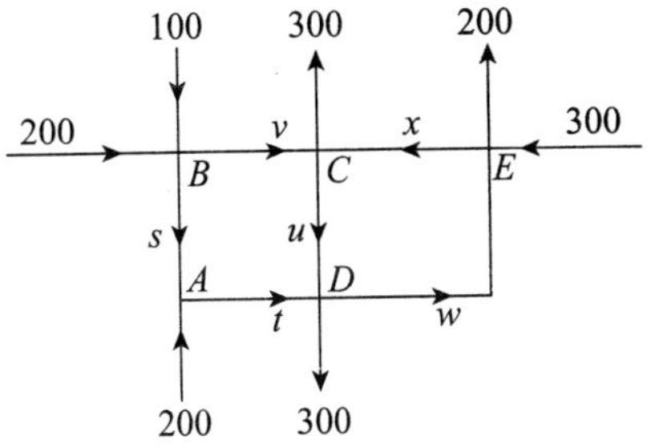

图　11-4-1

分析　对每一个道路交叉点的平衡条件，即道路交叉点的车辆进出平衡建立一个方程.

解　设每小时进出交叉点的未知车辆如图 11-4-1 所示，根据“进入该点的车辆数 = 离开该点的车辆数”建立如下方程

A 点：$200 + s = t$，

B 点：$200 + 100 = s + v$，

C 点：$v + x = 300 + u$，

D 点：$u + t = 300 + w$，

E 点：$300 + w = 200 + x$，

从而，得到一个描述交通网络的线性方程组

$$\begin{cases} s - t = -200, \\ s + v = 300, \\ -u + v + x = 300, \\ t + u - w = 300, \\ -w + x = 100. \end{cases}$$

可利用初等变换解此方程组如下：

$$\widetilde{A} = \begin{pmatrix} s & t & u & v & w & x & \\ 1 & -1 & 0 & 0 & 0 & 0 & -200 \\ 1 & 0 & 0 & 1 & 0 & 0 & 300 \\ 0 & 0 & -1 & 1 & 0 & 1 & 300 \\ 0 & 1 & 1 & 0 & -1 & 0 & 300 \\ 0 & 0 & 0 & 0 & -1 & 1 & 100 \end{pmatrix} \xrightarrow{-r_1 + r_2} \begin{pmatrix} 1 & -1 & 0 & 0 & 0 & 0 & -200 \\ 0 & 1 & 0 & 1 & 0 & 0 & 500 \\ 0 & 0 & -1 & 1 & 0 & 1 & 300 \\ 0 & 1 & 1 & 0 & -1 & 0 & 300 \\ 0 & 0 & 0 & 0 & -1 & 1 & 100 \end{pmatrix} \xrightarrow[-r_2 + r_4]{r_2 + r_1}$$

$$\begin{pmatrix}1&0&0&1&0&0&300\\0&1&0&1&0&0&500\\0&0&-1&1&0&1&300\\0&0&1&-1&-1&0&-200\\0&0&0&0&-1&1&100\end{pmatrix}\xrightarrow{r_3+r_4}\begin{pmatrix}1&0&0&1&0&0&300\\0&1&0&1&0&0&500\\0&0&-1&1&0&1&300\\0&0&0&0&-1&1&100\\0&0&0&0&-1&1&100\end{pmatrix},$$

其中 v，x 为自由变量，分别设为 c_1 与 c_2，由此可知方程组有无穷多组解，方程组的解为

$$\begin{cases}s=300-c_1,\\t=500-c_1,\\u=c_1+c_2-300,\\w=-100+c_2,\\v=c_1\\x=c_2,\end{cases}$$

由于出入各交叉点的车辆数不能为负数，即各未知数必须为正. 因此 c_1、c_2 必须满足以下条件：$c_2>100$，$0<c_1<300$ 且 $c_1+c_2>300$，才可得到实际问题的解. 如取 $c_1=150$，$c_2=200$，则可得到实际问题的一组解(150　350　50　150　100　200).

对于 n 个未知数 m 个方程的齐次线性方程组

$$\begin{cases}a_{11}x_1+a_{12}x_2+\cdots+a_{1n}x_n=0,\\a_{21}x_1+a_{22}x_2+\cdots+a_{2n}x_n=0,\\\qquad\vdots\\a_{m1}x_1+a_{m2}x_2+\cdots+a_{mn}x_n=0\end{cases}\qquad(11-8)$$

由于其系数矩阵 $\boldsymbol{A}$ 的秩与它的增广矩阵 $\widetilde{\boldsymbol{A}}$ 的秩总相等，因此齐次线性方程组总有解，且当 $r_{\boldsymbol{A}}=r_{\widetilde{\boldsymbol{A}}}=n$ 时，方程组只有零解.

推论　齐次线性方程组(11－8)有非零解的充要条件为 $r_{\boldsymbol{A}}<n$，即系数矩阵的秩小于未知数的个数.

习题 11.4

1. 解下列线性方程组.

(1) $\begin{cases}x_1-2x_2+3x_3=4,\\2x_1+x_2-3x_3=5,\\-x_1+2x_2+2x_3=6,\\3x_1-3x_2+2x_3=7;\end{cases}$　　(2) $\begin{cases}2x_1-3x_2+x_3+5x_4=6,\\-3x_1+x_2+2x_3-4x_4=5,\\-x_1-2x_2+3x_3+x_4=2;\end{cases}$

(3) $\begin{cases} x_1-3x_2-2x_3-x_4=6, \\ 3x_1-8x_2+x_3+5x_4=0, \\ -2x_1+x_2-4x_3+x_4=-12, \\ -x_1+4x_2-x_3-3x_4=2. \end{cases}$

2. 设方程组.

$\begin{cases} \lambda x_1+x_2+x_3=2, \\ x_1+\lambda x_2+x_3=0, \\ x_1+x_2+\lambda x_3=-1, \end{cases}$ 试就 λ 取何值时讨论方程组解的情况.

3. 判定下列方程组是否有解.

(1) $\begin{cases} 2x_1+x_2+x_3=2, \\ x_1+3x_2+x_3=5, \\ x_1+x_2+5x_3=-7, \\ 2x_1+3x_2-3x_3=14; \end{cases}$　(2) $\begin{cases} x_1+x_2-3x_3=-3, \\ 2x_1+2x_2-2x_3=-2, \\ x_1+x_2+x_3=1, \\ 3x_1+3x_2-5x_3=-5; \end{cases}$

(3) $\begin{cases} 2x_1+x_2-x_3+x_4=1, \\ 3x_1-2x_2+2x_3-3x_4=2, \\ 5x_1+x_2-x_3+2x_4=-1, \\ 2x_1-x_2+x_3-3x_4=4. \end{cases}$

4. 若下列线性方程组有非零解，试确定 m 之值，并求出它们的解.

(1) $\begin{cases} (m-6)x_1+2x_2-2x_3=0, \\ 2x_1+(m-3)x_2-4x_3=0, \\ -2x_1-4x_2+(m-3)x_3=0; \end{cases}$　(2) $\begin{cases} x_1+2x_2+3x_3=0, \\ x_1+x_2+2x_3=0, \\ x_1-x_2+mx_3=0. \end{cases}$

本章小结

本章主要学习了 n 阶行列式的概念、性质和计算方法；矩阵的概念和计算；矩阵的逆矩阵、矩阵的秩，以及用行列式、逆矩阵解线性方程组等.

1）二、三阶行列式、n 阶行列式、余子式和代数余子式，n 阶行列式的七条性质和三条推论，矩阵、逆矩阵、矩阵的初等变换等.

要注意，行列式与矩阵是两个不同的概念，两者之间有本质区别，行列式的意义是表示一个算式或一个数，通过计算可求得它的值，而矩阵仅仅是一个数表.

2）二、三阶行列式的对角线展开法则；n 阶行列式的两种计算方法：一种是“化三角形法”，即利用性质（主要是性质 2 和性质 5）将行列式化为三角形行列式并求其值；另一种是“降阶法”，即利用性质（主要是性质 5，还有性质 2、性质 3 和性质 6）将阶数较高的行列式化为阶数较低的行列式，再求其值.

3）矩阵的加减法、数乘法、乘法，矩阵的初等行变换等，要求掌握这些运算的方法和规则，记住矩阵运算必须满足的条件（两个同型的矩阵才能相加减、左矩阵的列数等于右矩阵的行数才能相乘），注意矩阵的运算与数的运算的不同之处（矩阵乘法不满足交换律和消去律，两个非零矩阵的乘积可能为零矩阵）.

4）用克拉默法则、逆矩阵和矩阵的初等变换解线性方程组，要注意，克拉默法则只能解特殊的（方程个数与未知数相等且满足系数行列式不等于零）线性方程组，而矩阵的初等行变换，不但能解特殊的线性方程组，还可解一般的线性方程组.

5）依据全息元重演性原理，把握课程的框架结构. 本章讨论的核心问题是线性方程组的求解，线性方程组的求解问题以 $m\times n$ 矩阵作为信息元，利用矩阵的初等变换为工具来解决问题；同时还要对所有的知识点进行排队，系统地加以梳理，使之成为一条条清楚明晰的知识链.

复习题 11

1. 选择题.

（1）设 A_{ij} 是行列式 D 的元素 a_{ij}（$i=1, 2, \cdots, n$；$j=1, 2, \cdots, n$）的代数余子式，那么当 $i\neq j$ 时，下列式子中（　　）是正确的.

A. $a_{i1}A_{j1}+\cdots+a_{in}A_{jn}=0$　　B. $a_{i1}A_{i1}+\cdots+a_{in}A_{in}=0$

C. $a_{1j}A_{1j}+\cdots+a_{nj}A_{nj}=0$　　D. $a_{11}A_{11}+\cdots+a_{1n}A_{1n}=0$

（2）方阵 $\boldsymbol{A}$ 可逆的充要条件是（　　）.

A. $\boldsymbol{A}>0$　　B. $\det\boldsymbol{A}\neq 0$　　C. $\det\boldsymbol{A}>0$　　D. $\boldsymbol{A}\neq 0$

（3）设 $\boldsymbol{A}$、$\boldsymbol{B}$ 是两个 $m\times n$ 矩阵，$\boldsymbol{C}$ 是 n 阶方阵，那么（　　）.

A. $\boldsymbol{C}(\boldsymbol{A}+\boldsymbol{B})=\boldsymbol{CA}+\boldsymbol{CB}$　　B. $(\boldsymbol{A}^{\mathrm{T}}+\boldsymbol{B}^{\mathrm{T}})\boldsymbol{C}=\boldsymbol{A}^{\mathrm{T}}\boldsymbol{C}+\boldsymbol{B}^{\mathrm{T}}\boldsymbol{C}$

C. $\boldsymbol{C}^{\mathrm{T}}(\boldsymbol{A}+\boldsymbol{B})=\boldsymbol{C}^{\mathrm{T}}\boldsymbol{A}+\boldsymbol{C}^{\mathrm{T}}B$　　D. $(\boldsymbol{A}+\boldsymbol{B})\boldsymbol{C}=\boldsymbol{AC}+\boldsymbol{BC}$

2. 计算下列行列式.

（1）$\begin{vmatrix} -ab & ac & ac \\ bd & -cd & de \\ bf & cf & -ef \end{vmatrix}$；　　（2）$\begin{vmatrix} 1 & 1 & 1 & 1 \\ a & x & b & b \\ b & b & x & c \\ c & c & c & x \end{vmatrix}$；

（3）$\begin{vmatrix} -8 & 1 & 7 & -3 \\ 1 & 3 & 2 & 4 \\ 3 & 0 & 4 & 0 \\ 4 & 0 & 1 & 0 \end{vmatrix}$；　　（4）$\begin{vmatrix} \cos\alpha & \sin\alpha & 0 & 0 & 0 \\ -\sin\alpha & \cos\alpha & 0 & 0 & 0 \\ 0 & 0 & 1 & 0 & 0 \\ 0 & 0 & 0 & \cos\alpha & \sin\alpha \\ 0 & 0 & 0 & -\sin\alpha & \cos\alpha \end{vmatrix}$.

3. 证明.

(1) $\begin{vmatrix} \cos(\alpha-\beta) & \sin\alpha & \cos\alpha \\ \sin(\alpha+\beta) & \cos\alpha & \sin\alpha \\ 1 & \sin\beta & \cos\beta \end{vmatrix}=0$；　　(2) $\begin{vmatrix} a-b-c & 2a & 2a \\ 2b & b-c-a & 2b \\ 2c & 2c & c-a-b \end{vmatrix}=(a+b+c)^3$.

4. 求下列矩阵的逆矩阵.

(1) $\begin{pmatrix} 2 & 0 & 0 & 0 \\ 0 & 1 & 4 & 0 \\ 0 & 0 & -1 & 1 \\ 0 & 0 & 0 & 9 \end{pmatrix}$；　　(2) $\begin{pmatrix} 1 & -1 & 1 & 1 \\ -1 & 0 & 1 & 0 \\ 1 & -1 & 1 & 0 \\ 1 & 0 & 0 & 2 \end{pmatrix}$.

5. 求 λ 取何值时，方程组 $\begin{cases} x_1+x_2+\lambda x_3=1, \\ x_1+\lambda x_2+x_3=\lambda, \\ \lambda x_1+x_2-x_3=\lambda^2, \end{cases}$

(1) 有唯一解；　(2) 无解；　(3) 有无穷多组解.

6. 解下列各线性方程组.

(1) $\begin{cases} x_1+3x_2-7x_3=-8, \\ 2x_1+5x_2+4x_3=4, \\ -3x_1-7x_2-2x_3=-3, \\ x_1+4x_2-12x_3=-15; \end{cases}$　　(2) $\begin{cases} x_1-x_2+5x_3-x_4=0, \\ x_1+x_2-2x_3+3x_4=0, \\ 3x_1-x_2+8x_3+x_4=0, \\ x_1+3x_2-9x_3+7x_4=0. \end{cases}$

第 12 章　概率论

概率论是研究随机现象的数量规律的科学，是统计学的理论基础. 概率广泛应用于自然科学、社会科学、工程技术等各个领域，已渗透到整个社会的各个层次. 本章主要介绍随机事件、概率的概念及其运算、条件概率及事件独立性、随机变量及其分布、随机变量的数字特征等相关内容.

12.1　随机事件

12.1.1　随机事件的有关概念

1. 随机现象

在自然界与人类社会实践活动中普遍存在着两类现象：一类是在一定条件下必然出现的现象，称为**确定性现象**.

例如：1）在标准大气压下，纯水加热到 100℃就沸腾.

2）异性电荷相互吸引，同性电荷相互排斥，等.

另一类则是在一定条件下我们事先无法准确预知其结果的现象，称为**随机现象**.

例如：1）在相同的条件下抛掷同一枚硬币，可能正面向上，也可能反面向上.

2）掷一颗骰子可能“出现 1 点”“出现 2 点”…，“出现 6 点”，每掷一次，六种结果都有可能出现.

2. 随机试验与随机事件

随机现象表面上看结果是不可捉摸的，实际上随机现象还有规律性的一面，在相同的条件下进行大量的重复试验，会呈现出某种规律性，这种规律性通常称为统计规律性.

在概率论中，对随机现象所进行的一次观察称为一次试验. 若试验满足以下条件：

1）允许在相同的条件下重复进行；

2）每次试验结果不一定相同；

3）试验之前不会知道出现哪种结果，但一切可能的结果都是已知的，每次试验有且仅有一个结果出现，

则把该试验称为**随机试验**，简称**试验**.

在一定条件下，对随机现象进行试验的每一个可能的结果称为**随机事件**，简称**事件**，通常用字母 A，B，C，…表示. 如抛掷一枚骰子，观察它出现的点数“1 点”“2 点”“3 点”“4 点”“5 点”“6 点”“出现偶数点”“出现点数不大于 6”“出现点数大于 6”都是随机事件，这些事件可分别记为 $A=\{$出现 1 点$\}$，$B=\{$出现 2 点$\}$，…. 可以看出随机事件是随机试验中可能发生也可能不发生的事件.

在每次试验中，一定发生的事件称为**必然事件**，如事件“出现点数不大于 6”．在每次试验中不可能发生的事件称为**不可能事件**，如事件“出现点数大于 6”．必然事件和不可能事件实质上都是确定性现象的表现，为了便于讨论，通常把它们当作随机事件的特殊情况来看待．

在随机事件中，有些事件可以看作由某些更简单的事件复合而成的．如事件“出现偶数点”是可分解的事件，可看作由“出现 2 点”“出现 4 点”“出现 6 点”三个事件复合而成的，而“出现 2 点”“出现 4 点”“出现 6 点”是不能再分解的事件．在随机试验中，不能再分解的事件称为**基本事件**．一个随机试验的全体基本事件组成的集合称为**样本空间**，记为 Ω，每个基本事件称为**样本点**．

例 1　从编号分别为 1，2，3，…，10 的 10 个球中任取一个观察其编号数，试验的样本空间为 $\Omega=\{1, 2, 3, \cdots, 10\}$，样本点为“1”“2”，…，“10”．

事件 $A=\{$取到 5 号球$\}$所包含的基本事件“5”，记为 $A=\{5\}$；

事件 $B=\{$取到奇数号球$\}$所包含的基本事件“1”“3”“5”“7”“9”，记为 $B=\{1, 3, 5, 7, 9\}$；

事件 $C=\{$取到编号数大于 4 的球$\}$所包含的基本事件“5”“6”“7”“8”“9”“10”，记为 $C=\{5, 6, 7, 8, 9, 10\}$．

对于一个随机试验，它的随机事件或为样本点本身，或由样本点所组成，因此，随机事件是样本空间 Ω 的子集．一个事件发生，当且仅当该子集中的一个基本事件发生．因为 Ω 本身就是 Ω 的子集，且它包含了试验的所有基本事件，所以对每一次试验，Ω 必然发生，即 Ω 作为一个事件时就是一个必然事件．同时，空集 $\varnothing$ 是 Ω 的子集．因此必然事件用 Ω 表示，不可能事件用 $\varnothing$ 表示．

12.1.2　随机事件间的关系和运算

研究一个随机事件，常常同时涉及许多事件，而这些事件之间往往是有联系的．因为概率论中的随机事件是赋予了具体含义的集合，我们可以借助于集合论的方法作为讨论事件之间关系的工具．

随机事件可以看作样本空间 Ω 的子集，在下面的讨论中，假定样本空间 Ω 已给定，且所涉及的事件都是指同一试验中的事件．

1. 事件的包含与相等

若事件 A 发生必然导致事件 B 发生，则称事件 B **包含**事件 A，记为 $A\subset B$ 或 $B\supset A$．事件间的包含关系可用图 12－1－1 直观说明．

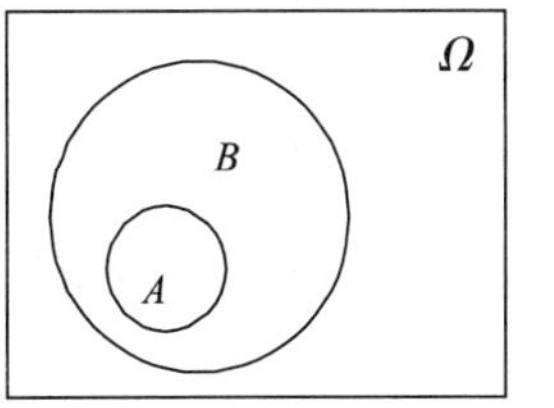

图　12－1－1

例 2　若以直径和长度作为衡量一种产品是否合格的指标，规定两项指标中有一项不合格，则认为此产品不合格，设 $A=\{$产品的直径不合格$\}$，$B=\{$产品不合格$\}$，那么事件 A 发生必然导致 B 发生，所以有 $A\subset B$．

若事件 $A\subset B$ 且 $B\subset A$，则称事件 A 与 B **相等**，记为 $A=B$，它表示 A 与 B 在本质上是同一事件．

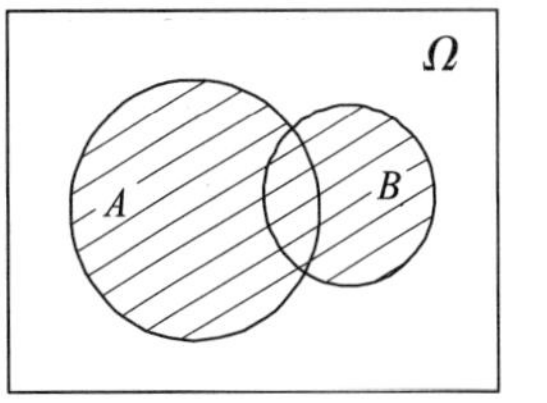

图　12－1－2

2. 事件的和

事件 A 和事件 B 中至少有一个发生的事件称为事件 A 与 B 的**和**(或**并**)，记为 $A+B$(或 $A\cup B$)．图 12－1－2 中阴影部分表示的就是 $A+B$．

显然 $A+B\supset A$，$A+B\supset B$，$A+A=A$，$A+\Omega=\Omega$，$A+\varnothing=A$.

从图 12-1-2 中可以看出，$A+B$ 的基本事件就是 A 和 B 所包含的所有基本事件.

例 3　在例 2 中，设 $C=\{$产品的长度不合格$\}$，则事件 $A+C$ 表示事件 A 与事件 C 至少有一个发生，所以 $A+C=B=\{$产品不合格$\}$.

事件和的概念可推广到 n 个事件的和的情形：

设 A_1，A_2，$\cdots$，A_n 为 n 个事件，则"A_1，A_2，$\cdots$，A_n 至少有一个发生"的事件称为这 n 个事件的和(或并)，记为

$$A_1+A_2+\cdots+A_n=\sum_{i=1}^{n}A_i(\text{或 }A_1\cup A_2\cup\cdots\cup A_n=\bigcup_{i=1}^{n}A_i).$$

3. 事件的积

事件 A 与事件 B 同时发生的事件，称为事件 A 与 B 的**积**(或**交**)，记为 AB(或 $A\cap B$). 图 12-1-3 中阴影部分表示 AB.

显然 $AB\subset A$，$AB\subset B$，$AA=A$，$A\Omega=A$，$A\varnothing=\varnothing$.

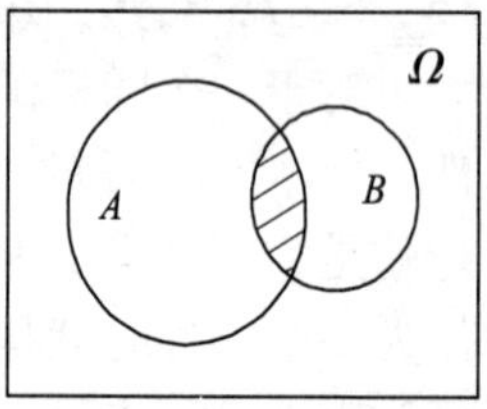

图　12-1-3

例 4　在例 2 中，设 $D=\{$产品的直径合格$\}$，$E=\{$产品的长度合格$\}$，$F=\{$产品合格$\}$，则事件 F 的发生必然要事件 D 与 E 同时发生，所以有 $F=DE$.

同样，事件积的概念可推广到 n 个事件的积的情形：

设 A_1，A_2，$\cdots$，A_n 为 n 个事件，则"A_1，A_2，$\cdots$，A_n 同时发生"的事件称为这 n 个事件的积，记为

$$A_1A_2\cdots A_n=\prod_{i=1}^{n}A_i(\text{或 }A_1\cap A_2\cap\cdots\cap A_n=\bigcap_{i=1}^{n}A_i).$$

4. 事件的差

事件 A 发生而事件 B 不发生的事件称为事件 A 与 B 的**差**，记为 $A-B$. 图 12-1-4 中阴影部分表示事件 $A-B$.

例 5　设 $A=\{$甲厂生产的产品$\}$，$B=\{$甲厂生产的合格品$\}$，$C=\{$甲厂生产的不合格品$\}$，则 $C=A-B$.

5. 互不相容事件(互斥事件)

若事件 A 与 B 不能同时发生，即 $AB=\varnothing$(或 $A\cap B=\varnothing$)，则称事件 A 与 B **互不相容**(或**互斥**). 图 12-1-5 表示事件 A 与事件 B 不相容(或事件 A 与事件 B 互斥).

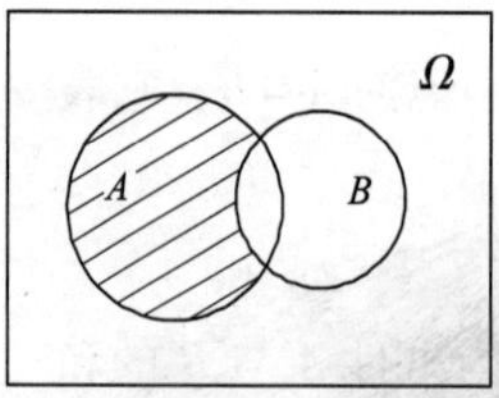

图　12-1-4

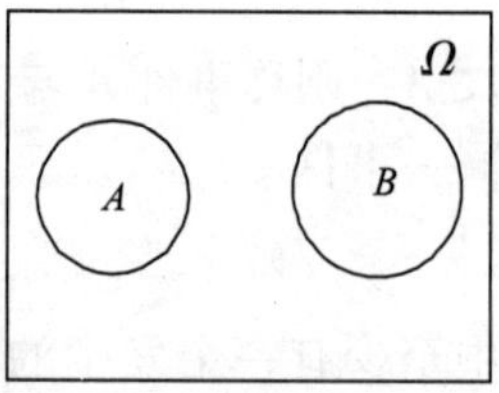

图　12-1-5

例6 观察某十字路口在某时刻的红绿灯：若 $A=\{$红灯亮$\}$，$B=\{$绿灯亮$\}$，则 A 与 B 便是互不相容的.

互不相容事件的概念可推广到 n 个事件的情形：

若 n 个事件 A_1，A_2，…，A_n 中任何两个事件都不能同时发生，即 $A_iA_j=\varnothing(i\neq j;\ i,\ j=1,\ 2,\ \cdots,\ n)$，则称这 n 个事件为两两互不相容事件.

6. 对立事件

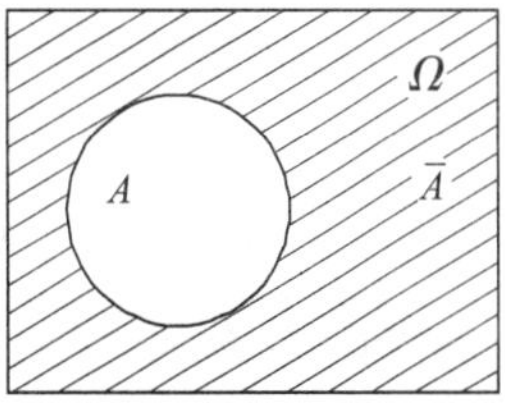

图 12-1-6

若事件 A 与 B 满足 $AB=\varnothing$，且 $A+B=\Omega$，则称事件 A 与 B 为相互**对立事件**(或**逆事件**). A 的对立事件记为 $\overline{A}$，即 $B=\overline{A}$. 图12-1-6中阴影部分表示 $\overline{A}$.

例7 在10件产品中，有3件正品，从中任意取出2件，用 A 表示$\{$2件全是正品$\}$，B 表示$\{$2件中至少有1件次品$\}$，则 $B=\overline{A}$.

可以看出：$\overline{A}=\Omega-A$，$\overline{\overline{A}}=A$，$\overline{A}+A=\Omega$，$\overline{A}A=\varnothing$.

一般的，对立事件必然是互不相容事件，但互不相容事件不一定是对立事件. 如在抛掷一枚骰子的试验中，$\{$出现奇数点$\}$与$\{$出现偶数点$\}$是互不相容的且互为对立事件；但$\{$红灯亮$\}$与$\{$绿灯亮$\}$是互不相容的，却不是对立事件(因为在观察红绿灯的试验中，还有事件$\{$黄灯亮$\}$).

7. 事件的运算律

1)交换律：$A+B=B+A$，$AB=BA$；

2)结合律：$(A+B)+C=A+(B+C)$，$(AB)C=A(BC)$；

3)分配律：$A(B+C)=AB+AC$，$(A+B)C=AC+BC$；

4)德·摩根定律：$\overline{A+B}=\overline{A}\,\overline{B}$，$\overline{AB}=\overline{A}+\overline{B}$.

例8 掷一颗均匀的骰子，观察出现的点数：事件 A 表示“奇数点”；事件 B 表示“点数小于5”；事件 C 表示“小于5的偶数点”. 用集合的列举表示法表示下列事件：Ω、A、B、C、$A+B$、$A-B$、$B-A$、AB、AC、$\overline{A}+B$.

解 $\Omega=\{1,\ 2,\ 3,\ 4,\ 5,\ 6\}$，$A=\{1,\ 3,\ 5\}$，$B=\{1,\ 2,\ 3,\ 4\}$，$C=\{2,\ 4\}$，
$A+B=\{1,\ 2,\ 3,\ 4,\ 5\}$，$A-B=\{5\}$，$B-A=\{2,\ 4\}$，$AB=\{1,\ 3\}$，$AC=\varnothing$，
$\overline{A}+B=\{1,\ 2,\ 3,\ 4,\ 6\}$.

例9 某射手向一目标连续射击3次，A_i 表示第 i 次击中目标($i=1,\ 2,\ 3$).

(1)写出样本空间；

(2)用文字叙述事件 A_1+A_2，$\overline{A_2}$，$A_1+A_2+A_3$，A_3-A_2，$\overline{A_2+A_3}$，$\overline{A_2A_3}$，$A_1A_2+A_1A_3+A_2A_3$.

解 (1)$\Omega=\{A_1A_2A_3,\ \overline{A_1}\,\overline{A_2}\,\overline{A_3},\ A_1\overline{A_2}\,\overline{A_3},\ \overline{A_1}A_2\overline{A_3},\ \overline{A_1}\,\overline{A_2}A_3,\ \overline{A_1}A_2A_3,\ A_1\overline{A_2}A_3,\ A_1A_2\overline{A_3}\}$；

(2)$A_1+A_2=\{$前两次至少击中一次$\}$，

$\overline{A_2}=\{$第二次未击中$\}$，

$A_1+A_2+A_3=\{$三次中至少有一次击中$\}$，

$A_3-A_2=\{$第三次击中而第二次未击中$\}$，

$\overline{A_2+A_3}=\overline{A_2}\,\overline{A_3}=\{$后两次均未击中$\}$，

$\overline{A_2A_3}=\overline{A_2}+\overline{A_3}=\{$后两次至少一次未击中$\}$，

$A_1A_2+A_1A_3+A_2A_3=\{$至少两次击中$\}$.

习题 12.1

1. 下列事件中哪些是必然事件？哪些是不可能事件？哪些是随机事件？

(1) $A=\{$在相同条件下生产出的灯泡，其寿命长短参差不齐$\}$；

(2) $B=\{$同性电荷相吸引$\}$；

(3) $C=\{$一个小时内，某人接到 6 个电话$\}$；

(4) $D=\{$明天降小雨$\}$；

(5) $E=\{$正常大气压下水到 100℃会沸腾$\}$.

2. 设 Ω 为样本空间，A、B、C 为 3 个随机事件，试将下列事件用 A、B、C 表示出来：

(1) A 发生，B、C 都不发生；

(2) A、B 都发生，而 C 不发生；

(3) A、B、C 都发生；

(4) A、B、C 中至少有一个发生；

(5) A、B、C 中至少有两个发生；

(6) A、B、C 都不发生.

3. 掷一颗骰子，A 表示“出现奇数点”，B 表示“出现点数小于 5”，用语言叙述“$A-B$”.

4. 写出下列随机试验的样本空间.

(1) 同时掷两颗骰子，记录两颗骰子点数之和.

(2) 8 只产品中有 2 只次品，每次从中取出一只(取后不放回)，直到将 2 只次品都取出，记录抽取的次数.

12.2　概率的定义

由于随机事件的随机性，在一次试验中可能发生，也可能不发生，但它在一次试验中发生的可能性大小是具有某种规律性的. 这种规律性常常可以通过大量重复观察来发现. 为了研究随机现象的统计规律性，必须要知道随机事件在试验中发生的可能性大小.

12.2.1　概率的统计定义

在相同的条件下进行大量重复试验，我们把 n 次试验中事件 A 发生的次数 m 称为事件 A 发生的**频数**. 频数 m 与试验次数 n 的比 $\frac{m}{n}$ 称为事件 A 发生的**频率**，记作

$$f_n(A)=\frac{m}{n}.$$

在掷一枚硬币时，既可能出现正面，也可能出现反面，预先做出确定的判断是不可能的，但是假如硬币质地均匀，直观上出现正面与出现反面的机会应该相等，即在大量试验中出现正面的频率，应接近 50%. 为了验证这点，历史上曾有不少人做过这个试验，其结果如表 12-2-1 所示.

表　12-2-1

试验者	掷币次数	出现正面次数	频率
德·摩根	2048	1061	0.5181
蒲丰	4040	2048	0.5069
皮尔逊	12000	6019	0.5016
皮尔逊	24000	12012	0.5005

从表 12-2-1 可以看出，当抛掷硬币的次数很多时，出现正面的频率是稳定的，接近于常数 0.5，且在 0.5 附近摆动，这个常数就反映了事件发生的可能性大小.

定义 1　在相同的条件下，重复进行 n 次试验，若事件 A 发生的频率总是在某个常数 p 附近摆动，则称常数 p 为事件 A 的**概率**，记为 $P(A)$，即 $P(A)=p$，这个定义称为**概率的统计定义**.

在上述抛掷硬币的试验中，事件 B“出现正面”的概率为 $P(B)=0.5$，但在一般情况下，概率值 p 不可能用统计方法精确得到，因此当 n 充分大时，通常用频率作为概率的近似值.

概率有以下基本性质：

1）对任意事件 A，有 $0\leqslant P(A)\leqslant 1$；

2）必然事件的概率为 1，即 $P(\Omega)=1$；

3）不可能事件的概率为 0，即 $P(\varnothing)=0$.

12.2.2　概率的古典定义

尽管概率是通过大量重复试验中频率的稳定性定义的，在某些特殊随机事件中，我们并不需要进行大量的重复试验去确定它的概率，而是通过研究它的内在规律去确定它的概率.

若随机试验具有以下特点：

1）全部基本事件的个数是有限的；

2）每一个基本事件发生的可能性是相等的，

则称此随机试验为**古典型随机试验**，简称为**古典概型**.

定义 2　如果古典概型中的所有基本事件的个数是 n，事件 A 包含的基本事件的个数是 m，那么事件 A 发生的概率为

$$P(A)=\frac{m}{n}=\frac{\text{事件 }A\text{ 包含的基本事件的个数}}{\text{所有基本事件的个数}}.$$

概率的这种定义，称为**概率的古典定义**.

古典概型是等可能概型，实际中古典概型的例子很多，例如袋中摸球、产品质量检查等.

要计算古典概型中事件 A 发生的概率，必须先确定清楚基本事件的含义，然后再计算基本事件总数和 A 中包含的基本事件个数. 这样，便把一个求概率的问题转化为一个计数的问题，在这些计数的计算中，排列组合是常用的知识.

例 1　掷一颗均匀的骰子，求出现点数不超过 5 的概率.

解　掷一颗均匀的骰子，样本空间 $\Omega=\{1, 2, 3, 4, 5, 6\}$，基本事件总数为 6，且出现每一点数的概率是相等的，令事件 $A=\{$出现点数不超过 5$\}$，显然事件 $A=\{1, 2, 3, 4, 5\}$，事件 A 中有 5 个基本事件，从而

$$P(A)=\frac{m}{n}=\frac{5}{6}.$$

例 2　在 100 件产品中，有 95 件是合格品，其余的为次品，从中任取 2 件，求：

(1)取出的 2 件都是合格品的概率；

(2)取出的 2 件中 1 件是合格品，1 件是次品的概率.

解　从 100 件产品中任取 2 件，共有 C_{100}^2 种取法，即基本事件总数 $n=C_{100}^2$.

(1)设事件 $A=\{$取出的 2 件都是合格品$\}$，共有 C_{95}^2 种取法，包含的基本事件的个数为 C_{95}^2，则

$$P(A)=\frac{C_{95}^2}{C_{100}^2}=\frac{893}{990}.$$

(2)设事件 $B=\{$取出的 2 件中 1 件是合格品，1 件是次品$\}$，共有 $C_{95}^1C_5^1$ 种取法，包含的基本事件的个数为 $C_{95}^1C_5^1$，则

$$P(B)=\frac{C_{95}^1C_5^1}{C_{100}^2}=\frac{19}{198}.$$

12.2.3　概率的加法公式

1. 互不相容事件的加法公式

定理 1　若事件 A 与事件 B 是互不相容的，则

$$P(A+B)=P(A)+P(B),$$

即两个互不相容事件之和的概率等于两个事件概率之和.

这个性质称为概率的可加性. 它可推广到有限个事件的情形：

推论 1　若有限个事件 A_1，A_2，…，A_n 两两互不相容，则

$$P(A_1+A_2+\cdots+A_n)=P(A_1)+P(A_2)+\cdots+P(A_n).$$

推论 2　设 A 为任一随机事件，则 $P(\overline{A})=1-P(A)$ 或 $P(A)=1-P(\overline{A})$.

推论 3　若事件 $B\subset A$，则 $P(A-B)=P(A)-P(B)$.

例 3　一批产品共有 100 件，其中合格品有 90 件，其余 10 件为废品. 现从中任取 2 件产品，求这 2 件产品中至少含有 1 件废品的概率.

解　设 $A=\{$2 件产品中至少含有 1 件废品$\}$，$A_i=\{$2 件中有 i 件废品$\}$ $(i=0,1,2)$，则 $A=A_1\cup A_2$，且 A_i 之间是互不相容的，根据概率的古典定义，有

$$P(A_1)=\frac{C_{10}^1C_{90}^1}{C_{100}^2}=\frac{2}{11},\ P(A_2)=\frac{C_{10}^2C_{90}^0}{C_{100}^2}=\frac{1}{110},$$

由概率的可加性，得

$$P(A)=P(A_1)+P(A_2)=\frac{21}{110}.$$

另解：$\overline{A}=\{$2 件产品中没有废品$\}$，则

$$P(A)=1-P(\overline{A})=1-\frac{C_{90}^2}{C_{100}^2}=1-\frac{89}{110}=\frac{21}{110}.$$

2. 任意事件的加法公式

定理 2　(加法公式)对任意两个事件 A，B 有

$$P(A+B)=P(A)+P(B)-P(AB).$$

如图 12－2－1 所示.

任意事件的加法公式可推广到有限个事件的情形，如三个事件有

$$P(A+B+C)=P(A)+P(B)+P(C)-P(AB)-P(AC)-P(CB)+P(ABC)$$

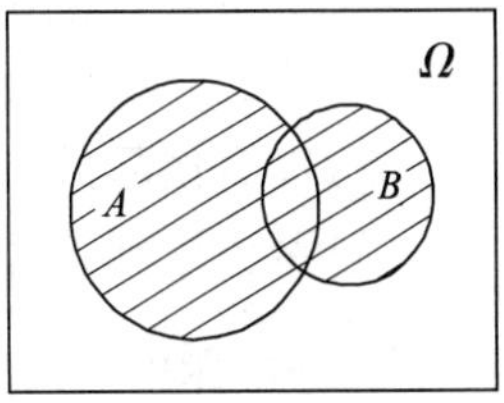

图　12－2－1

例 4　在射击训练中，选手甲击中目标的概率为 0.8，选手乙击中目标的概率为 0.85，两人同时击中目标的概率为 0.7，求至少一人击中目标的概率.

解　设 $A=\{$选手甲击中目标$\}$，$B=\{$选手乙击中目标$\}$，$AB=\{$甲乙两人同时击中目标$\}$，$C=\{$至少一人击中目标$\}$，则

$$P(A)=0.8,\ P(B)=0.85,\ P(AB)=0.7,$$

根据加法公式有

$$P(C)=P(A+B)=P(A)+P(B)-P(AB)=0.95,$$

所以至少一人击中目标的概率为 0.95.

例 5　已知一、二、三班男、女生的人数见表 12－2－2.

表　12－2－2　各班男女生的人数情况

班级 \ 性别	一班	二班	三班	总计
男	23	22	24	69
女	25	24	22	71
总计	48	46	46	140

从中随机抽取一人，求该学生是一班学生或是男学生的概率是多少.

解　设 $A=\{$一班学生$\}$，$B=\{$男学生$\}$，则

$$P(A)=\frac{48}{140},\ P(B)=\frac{69}{140},\ P(AB)=\frac{23}{140},$$

于是

$$P(A+B)=P(A)+P(B)-P(AB)=\frac{48}{140}+\frac{69}{140}-\frac{23}{140}=\frac{47}{70}\approx 0.67.$$

即该学生是一班学生或是男学生的概率是 0.67.

习题 12.2

1. 盒中有 8 个球，其中 3 个红球，5 个黑球，从中任取 2 个，求：

(1) 恰有一个红球的概率；

(2) 至少有一个红球的概率.

2. 从 0 到 9 这十个数字中任意取出两个不同的数字，求所取到的这两个数字均为奇数的概率.

3. 假设一年中，每一天人的出生率是相同的. 现任选甲、乙两人，试求两人生日不相同的概率.

4. 在 50 件产品中有 46 件合格品与 4 件次品，从中一次抽取 3 件，求：

(1) 恰好有两件次品的概率；

(2) 没有次品的概率；

(3) 至少取到一件次品的概率.

5. 某市派甲、乙两支球队参加全省足球比赛，甲、乙两队夺取冠军的概率分别是$\frac{3}{7}$和$\frac{1}{4}$，求该市夺得全省足球比赛冠军的概率.

6. 某班学生共有 50 人，学生成绩分为四级：优秀 10 人，良好 16 人，中等 18 人，不及格 6 人，求该班学生成绩的及格率与不及格率.

12.3　条件概率与乘法公式

12.3.1　条件概率

在实际问题中，除了要知道事件 A 的概率 $P(A)$ 外，有时还需要知道“在事件 B 发生的条件下，事件 A 发生的概率”. 如考虑有两个孩子的家庭，假定男女孩的出生率一样，则两个孩子(依大小排列)的性别为(男、男)(男、女)(女、男)(女、女)的可能性是一样的，如果随机地抽取一个家庭，这两个孩子为一男一女的概率显然为$\frac{1}{2}$，但是如果我们预先知道这个家庭至少有一个女孩，那么上述事件的概率就为$\frac{2}{3}$.

定义　设 A，B 为两个事件，且 $P(B)>0$，则称

$$P(A|B)=\frac{P(AB)}{P(B)}$$

为在事件 B 发生的条件下事件 A 发生的**条件概率**.

例 1　一盒子装有 5 只产品，其中有 3 只一等品，2 只二等品. 从中取产品两次，每次任取一只，作不放回抽样. 设事件 A 为“第一次取到的是一等品”，事件 B 为“第二次取到的是一等品”. 试求条件概率 $P(B|A)$.

解　将产品编号，1，2，3 号为一等品；4，5 号为二等品. 已知 A 发生，即知 1，2，3 号产品中已取走一个，于是，第二次抽取的所有可能结果的集合中共有 4 只产品，其中只有 2 只一等品，故得

$$P(B|A)=\frac{2}{4}=\frac{1}{2}.$$

例 2　全班 50 名学生中，有男生 31 人，女生 19 人，男生中有 11 人是本地人，20 人是外地人；女生中有 12 人是本地人，7 人是外地人. 从中任选一名学生参加歌唱比赛，求：

(1) 此学生是男生的概率；

(2) 已知此学生是男生的情况下，求此人是本地人的概率.

解　设 A 表示男生，B 表示本地人.

(1) $P(A)=\frac{31}{50}=0.62.$

(2) 由于事件 AB 表示既是男生又是本地人，由题意可知，$P(AB)=\frac{11}{50}=0.22.$

因此在事件 A 已经发生的条件下，事件 B 发生的概率为

$$P(B\mid A)=\frac{P(AB)}{P(A)}=\frac{0.22}{0.62}=0.3548.$$

12.3.2 乘法公式

由条件概率定义，容易推出求两个事件乘积的概率公式.

由条件概率公式直接可得

$$P(AB)=P(A)P(B\mid A)=P(B)P(A\mid B).$$

上式称为概率的**乘法公式**.

两个事件的乘法公式还可推广到 n 个事件的情况，即

$$P(A_1A_2\cdots A_n)=P(A_1)P(A_2\mid A_1)P(A_3\mid A_1A_2)\cdots P(A_n\mid A_1A_2\cdots A_{n-1}).$$

例 3 已知 100 件产品中有 4 件次品，无放回地从中抽取 2 次，每次抽取 1 件，求下列事件的概率：

(1) 第一次取到次品，第二次取到正品；

(2) 两次都取到正品；

(3) 两次抽取中恰有一次取到正品.

解 设 $A=\{$第一次取到次品$\}$，$B=\{$第二次取到正品$\}$.

(1) 第一次取到次品，第二次取到正品的事件为 AB，由题意知

$P(A)=\frac{4}{100}$，$P(B\mid A)=\frac{96}{99}$，于是 $P(AB)=P(A)P(B\mid A)=\frac{4}{100}\times\frac{96}{99}\approx 0.0388$；

(2) 两次都取到正品的事件为 $\bar{A}B$，由题意知

$P(\bar{A})=1-P(A)=\frac{96}{100}$，$P(B\mid\bar{A})=\frac{95}{99}$，于是 $P(\bar{A}B)=P(\bar{A})P(B\mid\bar{A})=\frac{96}{100}\times\frac{95}{99}\approx 0.92$；

(3) 两次抽取中恰有一次取到正品的事件为 AB 和 $\overline{AB}$ 至少有一个发生的事件，即 $AB+\overline{AB}$，所以

$$\begin{aligned}P(AB+\overline{AB})&=P(AB)+P(\overline{AB})=P(A)P(B\mid A)+P(\bar{A})P(\bar{B}\mid\bar{A})\\&=\frac{4}{100}\times\frac{96}{99}+\frac{96}{100}\times\frac{4}{99}\approx 0.0776.\end{aligned}$$

例 4 某人有 5 把钥匙，但分不清哪一把能打开房间的门，逐把打开，试求

(1) 第四次才打开房门的概率；

(2) 三次内打开房门的概率.

解 设事件 $A_i=\{$第 i 次打开房门$\}$ $(i=1, 2, 3, 4, 5)$.

(1) 设事件 $B=\{$第四次才打开房门$\}$，则

$P(B)=P(\overline{A_1A_2A_3}A_4)=P(\overline{A_1})P(\overline{A_2}\mid\overline{A_1})P(\overline{A_3}\mid\overline{A_1A_2})P(A_4\mid\overline{A_1A_2A_3})=\frac{4}{5}\cdot\frac{3}{4}\cdot\frac{2}{3}\cdot\frac{1}{2}=\frac{1}{5}=0.2$；

(2)设事件 $C=\{$三次内打开房门$\}$，则

$$P(C)=P(A_1+\overline{A_1}A_2+\overline{A_1A_2}A_3)$$
$$=P(A_1)+P(\overline{A_1}A_2)+P(\overline{A_1A_2}A_3)$$
$$=\frac{1}{5}+\frac{4}{5}\cdot\frac{1}{4}+\frac{4}{5}\cdot\frac{3}{4}\cdot\frac{1}{3}=\frac{3}{5}=0.6.$$

12.3.3　全概率公式

1. 全概率公式

在概率中，我们经常利用已知的简单事件的概率，推算出未知的复杂事件的概率. 为此，经常把一个复杂事件分解成若干个互不相容的简单事件之和的形式，然后分别计算这些简单事件的概率，最后利用概率的可加性得到最终结果.

设 B_1，B_2，…，B_n 是一组互不相容事件，且 $B_1+B_2+\cdots+B_n=\Omega$，那么，具有以上条件的事件组称为完备事件组. 如“掷一颗骰子观察其点数”的试验，其样本空间 $\Omega=\{1，2，3，4，5，6\}$，Ω 的一组事件 $B_1=\{1，2\}$，$B_2=\{3，4\}$，$B_3=\{5，6\}$ 是样本空间 Ω 的一个完备事件组，而事件组 $C_1=\{1，2，3\}$，$C_2=\{3，4\}$，$C_3=\{5，6\}$ 不是样本空间 Ω 的一个完备事件组，因为 $C_1C_2=\{3\}\neq\varnothing$.

在许多实际问题中，某一事件 A 与完备事件组中的事件之一同时发生. 如图 12－3－1 所示.

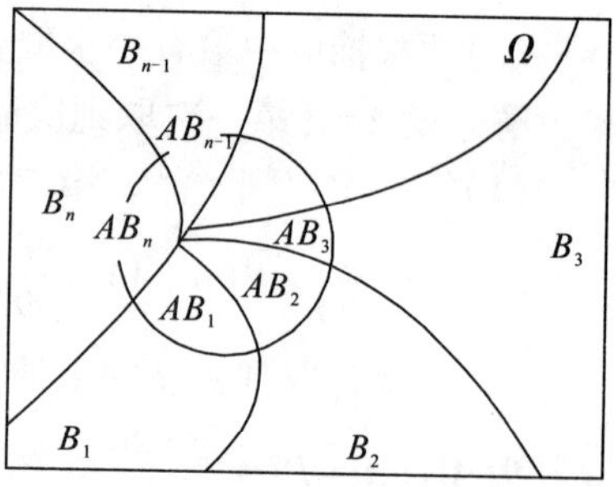

图　12－3－1

如上例中，若设事件 $A=\{$点数为奇数$\}$，则事件 A 能与 B_1，B_2，B_3 之一同时发生，即

$$A=AB_1+AB_2+AB_3,$$

于是事件 A 的概率可以用加法公式和乘法公式求得.

定理 1　一般的，如果事件 B_1，B_2，…，B_n 是一完备事件组，那么对任意一个事件 A，有

$$P(A)=\sum_{i=1}^{n}P(AB_i)=\sum_{i=1}^{n}P(B_i)P(A\mid B_i).$$

上式称为**全概率公式**.

特别的，若 $n=2$，并将 B_1 记为 B，则 B_2 就是 $\overline{B}$，于是，可得

$$P(A)=P(B)P(A\mid B)+P(\overline{B})P(A\mid\overline{B}).$$

例 5　设袋中共有 10 个球，其中 2 个带有中奖标志，两人分别从袋中任取一球，问第二个人中奖的概率是多少?

解　设事件 $A=\{$第一人中奖$\}$，事件 $B=\{$第二人中奖$\}$. 则

$$P(A)=\frac{2}{10},\ P(\overline{A})=\frac{8}{10},\ P(B\mid A)=\frac{1}{9},\ P(B\mid\overline{A})=\frac{2}{9},$$
$$P(B)=P(BA+B\overline{A})=P(BA)+P(B\overline{A})$$
$$=P(A)P(B\mid A)+P(\overline{A})P(B\mid\overline{A})$$
$$=\frac{2}{10}\times\frac{1}{9}+\frac{8}{10}\times\frac{2}{9}=\frac{1}{5}.$$

注：第二人中奖的概率与第一人中奖的概率是相等的.

例6 某工厂有甲、乙、丙三车间生产同一种产品，产量分别占25%、35%、40%，其废品率为5%、4%和2%，产品混在一起，求检测时发现废品的概率.

解 设A={生产的产品是废品}，B_1={甲车间生产的产品}，B_2={乙车间生产的产品}，B_3={丙车间生产的产品}. 则

$$P(B_1)=25\%,\ P(B_2)=35\%,\ P(B_3)=40\%,$$
$$P(A\mid B_1)=5\%,\ P(A\mid B_2)=4\%,\ P(A\mid B_3)=2\%,$$

由全概率公式，得

$$\begin{aligned}P(A)&=\sum_{i=1}^{3}P(B_i)P(A\mid B_i)\\&=P(B_1)P(A\mid B_1)+P(B_2)P(A\mid B_2)+P(B_3)P(A\mid B_3)\\&=0.25\times0.05+0.35\times0.04+0.4\times0.02\\&=0.0345.\end{aligned}$$

所以检测时发现废品的概率为3.45%.

2. 贝叶斯公式

定理2 设B_1，B_2，…，B_n是一完备事件组，则对任一事件A，$P(A)>0$，有

$$P(B_j\mid A)=\frac{P(B_j)P(A\mid B_j)}{\sum_{i=1}^{n}P(B_i)P(A\mid B_i)}\quad(j=1,2,\cdots,n).$$

上式称为**贝叶斯公式**.

例7 例6中，若检测时发现废品，求这种废品分别是由甲、乙、丙车间生产的概率.

解 设A={生产的产品是废品}，B_1={甲车间生产的产品}，B_2={乙车间生产的产品}，B_3={丙车间生产的产品}. 则由贝叶斯公式，得

$$P(B_1\mid A)=\frac{P(B_1)P(A\mid B_1)}{P(A)}=\frac{0.25\times0.05}{0.0345}\approx0.36,$$

$$P(B_2\mid A)=\frac{P(B_2)P(A\mid B_2)}{P(A)}=\frac{0.35\times0.04}{0.0345}\approx0.41,$$

$$P(B_3\mid A)=\frac{P(B_3)P(A\mid B_3)}{P(A)}=\frac{0.4\times0.02}{0.0345}\approx0.23.$$

这种废品是由甲、乙、丙车间生产的概率分别为36%，41%，23%.

习题12.3

1. 已知$P(A)=0.20$，$P(B)=0.45$，$P(AB)=0.15$，求：

(1)$P(A\mid B)$，$P(\overline{AB})$，$P(\overline{A}\mid\overline{B})$；

(2)$P(A\overline{B})$，$P(\overline{A}B)$，$P(\overline{A}\mid B)$.

2. 在50件产品中有2件次品，从中连续抽取两次，每次取一个，不放回，求下列事件的概率：

(1)第二次才取到正品；

(2)两次都取到正品；

(3)两次中恰取到一个正品.

3. 设A，B，C是三个随机事件，$P(A)=P(B)=P(C)=\frac{1}{4}$，$P(AC)=\frac{1}{6}$，$P(AB)=0$，$P(BC)=0$. 求$A$，$B$，$C$至少发生一个的概率.

4. 播种用的一等小麦种子中混合2%的二等种子，1.5%的三等种子以及1%的四等种子. 用一、二、三、四等种子长出的穗含50颗以上麦粒的概率分别是0.5，0.15，0.1，0.05. 任选一颗种子，求它所结的穗含50颗以上麦粒的概率.

5. 某电子设备厂所用的元件是由三家元件厂提供的，根据以往的记录，这三个厂家的次品率分别为0.02，0.01，0.03，提供元件的份额分别为0.15，0.8，0.05，设这三个厂家的产品在仓库是均匀混合的，且无区别的标志.

(1)在仓库中随机地取一个元件，求它是次品的概率；

(2)在仓库中随机地取一个元件，若已知它是次品，分析此次品最有可能出自何厂.

12.4 事件的独立性

12.4.1 事件的独立性

上一节我们学习了条件概率，在事件B已发生的条件下，事件A发生的条件概率为$P(A|B)=\frac{P(AB)}{P(B)}$. 在一般情况下，条件概率$P(A|B)$与概率$P(A)$不相等，但在某些情况下，却有$P(A|B)=P(A)$.

定义1 若两个事件A，B中任意一事件的发生不影响另一事件的概率，即

$$P(A|B)=P(A)\text{或}P(B|A)=P(B),$$

则称事件A与事件B**相互独立**，否则称事件A与事件B不独立.

例1 袋中有7个球，其中有4个白球，3个红球，从中抽取两球. 设事件A为“第一次抽取到的是白球”，事件B为“第二次抽取到的是白球”，求事件B的概率.

解 如果第一次抽取一球观察颜色后放回，那么事件A与事件B是相互独立的，因为

$$P(B|A)=P(B)=\frac{4}{7}.$$

如果第一次抽取后不放回，那么事件A与事件B不是独立的，因为

$$P(B|A)=\frac{3}{6}=\frac{1}{2},$$

$$P(B)=P(AB+\overline{A}B)=P(B|A)P(A)+P(B|\overline{A})P(\overline{A})=\frac{3}{6}\times\frac{4}{7}+\frac{4}{6}\times\frac{3}{7}=\frac{4}{7}.$$

定理1 两个事件A，B相互独立的充分必要条件是

$$P(AB)=P(A)P(B).$$

当事件A与事件B相互独立时，A与$\overline{B}$，$\overline{A}$与B，$\overline{A}$与$\overline{B}$也互相独立.

事件的独立性可推广到有限个事件：

n个事件A_1，A_2，…，A_n，若其中任一事件发生的概率都不受其他一个或几个事件发生与否的影响，则称这n个事件相互独立，且

$$P(A_1A_2\cdots A_n)=P(A_1)P(A_2)\cdots P(A_n),$$

$$P(A_1+A_2+\cdots+A_n)=1-P(\overline{A_1})P(\overline{A_2})\cdots P(\overline{A_n}).$$

例 2 设有甲、乙两批种子，发芽率分别为 0.9 和 0.8，在两批种子中各随机抽取一粒种子，求两粒种子都能发芽的概率.

解 设 $A_1=\{$甲批的种子发芽$\}$，$A_2=\{$乙批的种子发芽$\}$，显然 A_1，A_2 相互独立，且事件“两粒都能发芽”即为 A_1A_2，则

$$P(A_1A_2)=P(A_1)P(A_2)=0.9\times0.8=0.72.$$

例 3 甲、乙、丙三人在同一时间内分别破译某个密码. 设甲、乙、丙三人能单独破译出的概率分别为 0.8、0.7 和 0.6，求：

(1)密码能译出的概率；

(2)最多只有一人能译出的概率.

解 设 $A=\{$甲译出密码$\}$，$B=\{$乙译出密码$\}$，$C=\{$丙译出密码$\}$，$D=\{$密码能译出$\}$，$E=\{$最多只有一人能译出密码$\}$. 由题意可知，A、B、C 相互独立.

$$\begin{aligned}(1)P(D)&=P(A+B+C)\\&=P(A)+P(B)+P(C)-P(A)P(B)-P(A)P(C)-P(B)P(C)+P(A)P(B)P(C)\\&=0.976.\end{aligned}$$

或

$$P(D)=1-P(\overline{D})=1-P(\overline{A})P(\overline{B})P(\overline{C})=1-(1-0.8)\times(1-0.7)\times(1-0.6)=0.976.$$

(2)因为 $E=A\overline{B}\,\overline{C}+\overline{A}B\overline{C}+\overline{A}\,\overline{B}C+\overline{A}\,\overline{B}\,\overline{C}$，且 $A\overline{B}\,\overline{C}$、$\overline{A}B\overline{C}$、$\overline{A}\,\overline{B}C$、$\overline{A}\,\overline{B}\,\overline{C}$两两互不相容，所以

$$\begin{aligned}P(E)&=P(A\overline{B}\,\overline{C}+\overline{A}B\overline{C}+\overline{A}\,\overline{B}C+\overline{A}\,\overline{B}\,\overline{C})\\&=P(A\overline{B}\,\overline{C})+P(\overline{A}B\overline{C})+P(\overline{A}\,\overline{B}C)+P(\overline{A}\,\overline{B}\,\overline{C})\\&=P(A)P(\overline{B})P(\overline{C})+P(\overline{A})P(B)P(\overline{C})+P(\overline{A})P(\overline{B})P(C)+P(\overline{A})P(\overline{B})P(\overline{C})\\&=0.8\times0.3\times0.4+0.2\times0.7\times0.4+0.2\times0.3\times0.6+0.2\times0.3\times0.4\\&=0.212.\end{aligned}$$

注：(1)中的两种方法是计算事件之和的概率的常用方法.

12.4.2 贝努利概型

定义 2 若在相同条件下进行一系列试验，且各次试验之间的结果相互独立，则称这一系列试验为一个**独立试验序列**.

定义 3 若在相同条件下重复进行 n 次试验，且满足：

1)每次试验中，有且仅有两个可能的结果：A 与 $\overline{A}$；

2)各次试验中，概率 $P(A)=p$，$P(\overline{A})=1-p(0<p<1)$保持不变；

3)每次试验的结果相互独立.

则将这 n 次试验称为 **n 重贝努利试验**，简称**贝努利概型**.

例 4 某人对一目标独立进行了 4 次射击，每次击中目标的概率为 $p(0<p<1)$，未击中目标的概率为 $q(q=1-p)$，试求恰好有 3 次击中目标的概率.

解 设事件 $A=\{$击中目标$\}$，则 $P(A)=p$，$P(\overline{A})=q=1-p$. 4 次射击中恰好有 3 次击中的可能结果为

$$\overline{A}AAA,\ A\overline{A}AA,\ AA\overline{A}A,\ AAA\overline{A},$$

这4个结果互不相容，且概率相等，即

$$P(\bar{A}AAA)=P(A\bar{A}AA)=P(AA\bar{A}A)=P(AAA\bar{A})=p^3q,$$

由概率的加法公式得，4次射击中恰好有3次击中的概率为

$$P_4(3)=P(\bar{A}AAA)+P(A\bar{A}AA)+P(AA\bar{A}A)+P(AAA\bar{A})=4p^3q=C_4^3p^3q.$$

定理2(贝努利定理)　若事件A在每次试验中发生的概率为$p(0<p<1)$，不发生的概率为$q(q=1-p)$，则在n重贝努利试验中事件A恰好发生k次的概率为

$$P_n(k)=C_n^kp^kq^{n-k}\quad(k=0,1,2,\cdots,n;\ q=1-p).$$

例5　一批产品中有30%的一级品，进行重复抽样调查，任意抽取5件产品，求：

(1)取出的5件产品中恰好有2件一级品的概率；

(2)取出的5件产品中至少有2件一级品的概率.

解　每抽取1件产品看成是一次试验，抽取5件产品相当于做5次重复独立试验，每次试验只有“一级品”和“非一级品”两种可能的结果，所以可以看成5重贝努利试验.

(1)设A表示“任取1件是一级品”，则

$$p=P(A)=0.3,\ q=P(\bar{A})=0.7.$$

又设B表示“取出的5件产品中恰好有2件一级品”，则由贝努利定理

$$P(B)=P_5(2)=C_5^2p^2q^3=10\times0.3^2\times0.7^3=0.3087.$$

(2)设C表示“取出的5件产品中至少有2件一级品”，则由贝努利定理

$$\sum_{k=2}^{5}P_5(k)=1-P_5(0)-P_5(1)=1-C_5^0p^0q^5-C_5^1p^1q^4\approx0.472.$$

习题12.4

1. 甲、乙、丙三人对同一目标进行射击，每人各独立射击一次，命中率分别为0.4，0.5，0.7，求：

(1)三次射击中恰好命中两次的概率；

(2)三次射击中至少有一次命中的概率.

2. 三人独立地去破译一份密码，已知三个人能译出的概率分别为$\frac{1}{6}$，$\frac{1}{3}$，$\frac{1}{4}$，问三人中至少有一人能将此密码译出的概率是多少？

3. 有甲、乙两批种子，发芽率分别为0.8和0.7. 在两批种子中各随机抽一粒，求下列事件的概率：

(1)至少有一粒能发芽；

(2)恰好有一粒能发芽.

4. 射手每次击中目标的概率是0.6，如果射击5次，试求至少击中2次的概率.

12.5　随机变量及其分布

前几节中，我们学习了用随机事件描述随机试验的结果，但这种表示方式对全面讨论随机试验的统计规律性有较大的局限. 本节将引入随机变量来描述随机试验的结果.

12.5.1　随机变量的概念

为了进一步研究随机现象的统计规律性，需要把随机试验的结果数量化，即用一个变量来描述随机现象.

定义 1　用来描述随机试验的各种结果的变量称为**随机变量**.

随机变量通常用字母 ξ、η 或 X、Y、Z 等表示. 随机试验中各种事件可以用随机变量的取值来表示. 如抛掷一枚均匀的骰子一次，观察出现的点数，如果用 ξ 表示出现的点数，则 ξ 的取值可为"1，2，3，4，5，6"，"出现点数大于 3 点"可用"$\xi>3$"或"$\xi=4$"+"$\xi=5$"+"$\xi=6$"表示.

例 1　写出下列随机变量可能取的值，并说明随机变量所取的值表示的随机事件.

(1)一袋中装有 5 只同样大小的白球，编号为 1，2，3，4，5. 现从该袋内随机取出 3 只球，被取出的球的最大号码数 ξ；

(2)某单位的某部电话在单位时间内收到的呼叫次数 η.

解　(1) ξ 可取 3，4，5.

"$\xi=3$"，表示取出的 3 个球的编号为 1，2，3；

"$\xi=4$"，表示取出的 3 个球的编号为 1，2，4 或 1，3，4 或 2，3，4；

"$\xi=5$"，表示取出的 3 个球的编号为 1，2，5 或 1，3，5 或 1，4，5 或 2，3，5 或 3，4，5.

(2)η 可取 0，1，2，…，n，….

"$\eta=i$"，表示被呼叫 i 次，其中 $i=0$，1，2，….

例 2　在 10 件同类型产品中，有 3 件次品，现任取 2 件，用一个变量 X 表示"2 件中的次品数"，X 的取值是随机的，可能的取值有 0，1，2. 显然"$X=0$"表示次品数为 0，它与事件"取出的 2 件中没有次品"是等价的. 以此类推，"$X=1$"等价于"取出的 2 件中恰有 1 件次品"，"$X=2$"等价于"取出的 2 件全是次品". 由概率的古典定义可求得

$$P(X=0)=\frac{C_3^0C_7^2}{C_{10}^2}=\frac{7}{15},$$

$$P(X=1)=\frac{C_3^1C_7^1}{C_{10}^2}=\frac{7}{15},$$

$$P(X=2)=\frac{C_3^2C_7^0}{C_{10}^2}=\frac{1}{15}.$$

例 3　考虑"测试电子表元件寿命"这一实验，用 X 表示它的寿命，"$X=t$"表示"电子表元件的寿命为 t(小时)"，则 X 的取值随试验结果的不同而在连续区间$(0,\ +\infty)$上取不同的值，当试验结果确定后，X 的取值也就确定了. 而 $P(X\leqslant t)$就是事件"电子表元件的寿命不超过 t(小时)"的概率.

从以上三个例子中可看出随机变量具有下面的特征：

1)取值是随机的，事先并不知道取哪一个值；

2)所取的每一个值都对应于某一随机事件；

3)所取的每一个值的概率大小是确定的.

随机变量按其取值情况可分为离散型随机变量和连续型随机变量两类.

定义 2 若随机变量所能取的值可以一一列举(有限或无限个)，则这样的随机变量称为**离散型随机变量**.

如例 1、例 2 中的随机变量即为离散型随机变量.

定义 3 若随机变量可能取某一区间上的所有值(不能一一列举)，则这样的随机变量称为**连续型随机变量**.

如例 3 中的随机变量即为连续型随机变量.

12.5.2 离散型随机变量

1. 离散型随机变量及其概率分布

在研究离散型随机变量时，不仅要了解随机变量所能取的值，更重要的是要了解取这些值的概率.

定义 4 设 $x_k(k=1, 2, \cdots)$ 为离散型随机变量 ξ 的所有可能取值，而 $p_k(k=1, 2, \cdots)$ 是 $\xi=x_k$ 时相应的概率，即

$$P(\xi=x_k)=p_k(k=1, 2, \cdots),$$

则上式确定的概率称为离散型随机变量的**分布列**. 它可用表 12-5-1 的形式表示.

表 12-5-1

ξ	x_1	x_2	$\cdots$	x_k	$\cdots$
P	p_1	p_2	$\cdots$	p_k	$\cdots$

分布列具有下列两条基本性质：

1)非负性 $p_k \geqslant 0(k=1, 2, \cdots)$；

2)归一性 $\sum\limits_{k=1}^{n} p_k = 1$(或 $\sum\limits_{k=1}^{\infty} p_k = 1$).

例 4 写出例 1(1)中随机变量 ξ 的分布列.

解 随机变量 ξ 的可能取值为 3，4，5.

“$\xi=3$”，表示取出的 3 只球的最大号码为 3，其他两只球的编号为 1，2，故有 $P(\xi=3)=\frac{C_2^2}{C_5^3}=\frac{1}{10}=0.1$.

“$\xi=4$”，表示取出的 3 只球的最大号码为 4，其他两只球在编号为 1，2，3 的三只球中任取两只，故有 $P(\xi=4)=\frac{C_3^2}{C_5^3}=\frac{3}{10}=0.3$.

“$\xi=5$”，表示取出的 3 只球的最大号码为 5，其他两只球在编号为 1，2，3，4 的四只球中任取两只，故有 $P(\xi=5)=\frac{C_4^2}{C_5^3}=\frac{6}{10}=0.6$.

因此，ξ 的分布列如表 12-5-2 所示.

表　12-5-2

ξ	3	4	5
P	0.1	0.3	0.6

例 5　某一射手射击所得的环数 ξ 的分布列如表 12-5-3 所示.

表　12-5-3

ξ	4	5	6	7	8	9	10
P	0.02	0.04	0.06	0.09	0.28	0.29	0.22

求此射手射击一次命中环数 ξ 大于等于 7 的概率.

解　"射击一次命中环数 ξ 大于等于 7"即事件"$\xi \geqslant 7$"，这是互不相容事件"$\xi=7$""$\xi=8$""$\xi=9$""$\xi=10$"的和. 由射手射击所得的环数 ξ 的分布列，有

$$P(\xi=7)=0.09,\ P(\xi=8)=0.28,\ P(\xi=9)=0.29,\ P(\xi=10)=0.22.$$

根据概率的可加性，得

$$\begin{aligned}P(\xi \geqslant 7)&=P(\xi=7)+P(\xi=8)+P(\xi=9)+P(\xi=10)\\&=0.09+0.28+0.29+0.22=0.88.\end{aligned}$$

2. 几种常见的离散型分布

下面介绍几种常见的离散型随机变量的分布.

(1) 两点分布(0-1 分布)

定义 5　若随机变量 ξ 的可能值只有 0 和 1，它的分布列如表 12-5-4 所示.

表　12-5-4

ξ	0	1
P	$1-p$	p

则称 ξ 服从参数为 p 的**两点分布**或(0，1)**分布**，记为 $\xi \sim (0,\ 1)$.

两点分布的试验情形有很多，只要其结果有两个，就可以用两点分布来描述. 如抛掷硬币只有正面和反面；检验产品只有合格品和不合格品；射击一次中靶或不中靶等.

例 6　某射击队员射击一次击中目标的概率是 92%，现射击一次，定义随机变量 ξ 为

$$\xi=\begin{cases}1, & \text{击中目标,}\\0, & \text{未击中目标,}\end{cases}$$

则 $P(\xi=1)=0.92$，$P(\xi=0)=0.08$，即 ξ 服从两点分布.

(2) 二项分布

定义 6　若随机变量 ξ 的概率分布为 $P(\xi=k)=\mathrm{C}_n^k p^k q^{n-k}(k=0,\ 1,\ 2,\ \cdots,\ n)$，其中 $0<p<1$，$q=1-p$，则称 ξ 服从参数为 $(n,\ p)$ 的**二项分布**，记为 $\xi \sim B(n,\ p)$.

注意到 $\mathrm{C}_n^k p^k q^{n-k}$ 正好是二项式 $(p+q)^n$ 的展开式的一般项，因此称该随机变量服从二项分布.

二项分布的试验情形也常见，对只有两个试验结果的试验

$$P(A)=p,\ P(\overline{A})=1-p.$$

独立重复地进行 n 次，事件 A 发生的次数 k 服从二项分布 $B(n, p)$.

特别的，当 $n=1$ 时，二项分布变为两点分布.

二项分布运用于 n 次独立试验，特别是在产品的抽样检验中有着广泛的应用.

例 7　已知某型号电子元件的一级品率为 0.2，现从一批元件中随机抽查 10 只，求其中含一级品数的概率分别是多少.

解　检查 10 只元件是否为一级品可看作 10 重贝努力试验，ξ 服从二项分布，其中 $n=10$，$p=0.2$，即 $\xi \sim B(10, 0.2)$，计算概率值，得到

$$P(\xi=k)=C_{10}^{k}0.2^{k}0.8^{10-k}(k=0, 1, 2, \cdots, 10),$$

故 ξ 的分布列如表 12－5－5 所示：

表　12－5－5

ξ	0	1	2	3	4	5	6	7	8	9	10
P	0.11	0.27	0.30	0.20	0.09	0.03	0.01	0.00	0.00	0.00	0.00

(3) 泊松分布

二项分布虽然应用广泛，但当 n 较大时，计算仍很烦琐，这就需要研究比较简易的方法. 可以证明，当 $n\to\infty$ 时，如果 np 趋向一个常数 λ，则二项分布

$$P(\xi=k)=C_{n}^{k}p^{k}(1-p)^{n-k}$$

的极限为

$$\frac{\lambda^{k}}{k!}e^{-\lambda}(k=0, 1, 2, \cdots),$$

所以当 $n\to\infty$ 时，

$$P(\xi=k)=C_{n}^{k}p^{k}(1-p)^{n-k}\approx\frac{\lambda^{k}}{k!}e^{-\lambda}(\text{其中 }\lambda=np>0).$$

当 n 充分大且 p 很小时，应用上式计算较简便. 一般地，当 $n\geqslant100$，$np\leqslant10$ 时，可用上述公式近似替代求解.

定义 7　若随机变量 ξ 的概率分布为

$$P(\xi=k)=\frac{\lambda^{k}}{k!}e^{-\lambda}(k=0, 1, 2, \cdots),$$

则称 ξ 服从参数为 λ 的**泊松分布**，记为 $\xi\sim P(\lambda)$.

泊松分布常用于描述在某一指定时间内或在某一指定范围内，源源不断出现的稀有事件个数的分布. 具有泊松分布的随机变量在实际应用中是很多的，例如 120 急救中心每天接到要求服务的呼叫次数、某商店在一天内的顾客数、长途汽车站的乘客数、在下午(17:30－19:00)交通高峰期间通过某一道口的机动车数等.

例 8　已知某种疾病的发病率为 0.001，某单位共有 5000 人，问该单位患有这种疾病的人数超过 5 的概率为多大?

解　设该单位患有这一种疾病的人数为 ξ，则

$$P(\xi=k)=C_{5000}^{k}\cdot(0.001)^{k}\cdot(1-0.001)^{5000-k},$$

$$P(\xi>5)=\sum_{k=6}^{5000}P(\xi=k)=\sum_{k=6}^{5000}C_{5000}^{k}\cdot(0.001)^{k}\cdot(1-0.001)^{5000-k},$$

这时如果直接计算 $P(\xi>5)$，计算量很大. 由于 n 很大，p 很小，这时

$$np = 5000 \times 0.001 = 5,$$

不很大，可以利用上述泊松定理. 取 $\lambda = np = 5$，可以直接得出

$$P(\xi > 5) = 1 - P(\xi \leqslant 5) \approx 1 - \sum_{k=0}^{5} \frac{5^k}{k!}e^{-5},$$

查泊松分布表可得

$$\sum_{k=0}^{5} \frac{5^k}{k!}e^{-5} \approx 0.616,$$

于是

$$P(\xi > 5) \approx 1 - 0.616 = 0.384.$$

12.5.3　连续型随机变量的概率分布

1. 连续型随机变量及其概率分布

定义 8　对于连续型随机变量 ξ，若存在非负可积函数 $f(x)\ (-\infty < x < +\infty)$，使 ξ 在任一区间 $[a, b]$ 内取值的概率都有

$$P(a \leqslant \xi \leqslant b) = \int_a^b f(x)\,dx,$$

则称 $f(x)$ 为 ξ 的**概率密度函数**，简称为**密度函数**或**分布密度**.

由定积分的几何意义可知，它表示如图 12－5－1 阴影部分所示曲边梯形的面积.

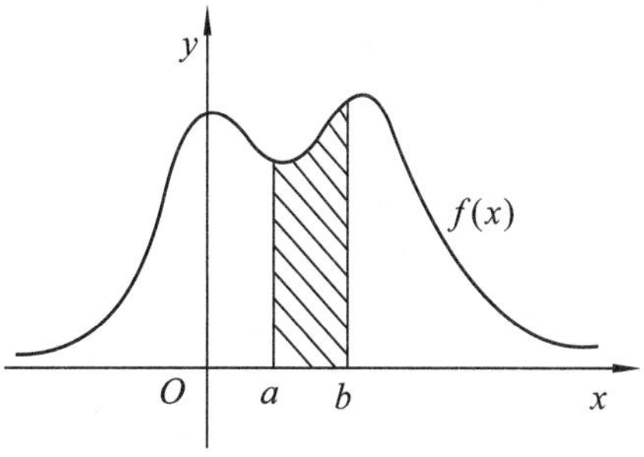

图　12－5－1

密度函数具有如下基本性质：

1) 非负性　$f(x) \geqslant 0\ (-\infty < x < +\infty)$；

2) 归一性　$\int_{-\infty}^{+\infty} f(x)\,dx = 1$.

以上性质说明，曲线 $f(x)$ 在 x 轴上方，且与 x 轴围成的面积等于 1.

由微积分的知识可知，对连续型随机变量，有 $P(\xi = a) = 0$，a 为任意实数，即连续型随机变量在任意一点处的概率都是 0，所以计算连续型随机变量落在某一区间上的概率时，不必考虑该区间是开区间还是闭区间，所有这些概率都是相等的. 即

$$P(a \leqslant \xi < b) = P(a < \xi \leqslant b) = P(a < \xi < b) = P(a \leqslant \xi \leqslant b).$$

例 9　讨论函数 $f(x) = \begin{cases} \dfrac{3}{2} - x, & x \in [0, 1], \\ 0, & x \in (-\infty, 0) \cup (1, +\infty) \end{cases}$ 能否成为密度函数.

解　因为 $x \in [0,1]$ 时，$\dfrac{3}{2} - x \geqslant 0$，又 $\int_{-\infty}^{+\infty} f(x)\,dx = \int_0^1 \left(\dfrac{3}{2} - x\right)dx = \left(\dfrac{3}{2}x - \dfrac{1}{2}x^2\right)\Big|_0^1 = 1.$

所以，$f(x)$ 能成为密度函数.

例 10　某种电子元件的寿命 ξ 是随机变量，其密度函数为

$$f(x) = \begin{cases} \dfrac{C}{x^2}, & x \geqslant 100, \\ 0, & x < 100, \end{cases}$$

(1)求常数 C;

(2)若将3个这种元件串联在一条线路上，试计算该线路使用150小时后仍能正常工作的概率.

解　(1)由 $\int_{-\infty}^{+\infty} f(x)\mathrm{d}x = \int_{100}^{+\infty} \frac{C}{x^2}\mathrm{d}x = \left(-\frac{C}{x}\right)\Big|_{100}^{+\infty} = \frac{C}{100} = 1$,可得 $C = 100$.

(2)串联线路正常工作的充要条件是每个元件都能正常工作，而这里三个元件的工作是相互独立的，因此，若用 A 表示"线路正常工作"，则 $P(A) = [P(\xi > 150)]^3$.

而 $P(\xi > 150) = \int_{150}^{+\infty} \frac{100}{x^2}\mathrm{d}x = \left(-\frac{100}{x}\right)\Big|_{150}^{+\infty} = \frac{2}{3}$,故 $P(A) = \left(\frac{2}{3}\right)^3 = \frac{8}{27}$.

2. 几种常见的连续型分布

(1)均匀分布

如果连续型随机变量 ξ 的密度函数 $f(x)$ 在 $[a, b]$ 上为一常数 λ，即

$$f(x) = \begin{cases} \lambda, & x \in [a, b], \\ 0, & x \in (-\infty, a) \cup (b, +\infty), \end{cases}$$

那么这种分布称为**均匀分布**，记为 $\xi \sim U[a, b]$.

由密度函数性质：$\int_{-\infty}^{+\infty} f(x)\mathrm{d}x = \int_a^b \lambda\mathrm{d}x = \lambda(b-a) = 1$,所以

$$\lambda = \frac{1}{b-a}.$$

因此，服从区间 $[a, b]$ 上的均匀分布的密度函数可表示为

$$f(x) = \begin{cases} \frac{1}{b-a}, & x \in [a, b], \\ 0, & x \in (-\infty, a) \cup (b, +\infty). \end{cases}$$

如图 12－5－2 所示.

若 ξ 在 $[a, b]$ 上服从均匀分布，则对任意 $a \leqslant c \leqslant d \leqslant b$ 的区间 $[c, d]$ 上有

$$P(c \leqslant \xi \leqslant d) = \int_c^d \frac{1}{b-a}\mathrm{d}x = \frac{d-c}{b-a},$$

上式表明，ξ 取值于区间 $[a, b]$ 中任一小区间的概率与该小区间的长度成正比，而与该区间的具体位置无关.

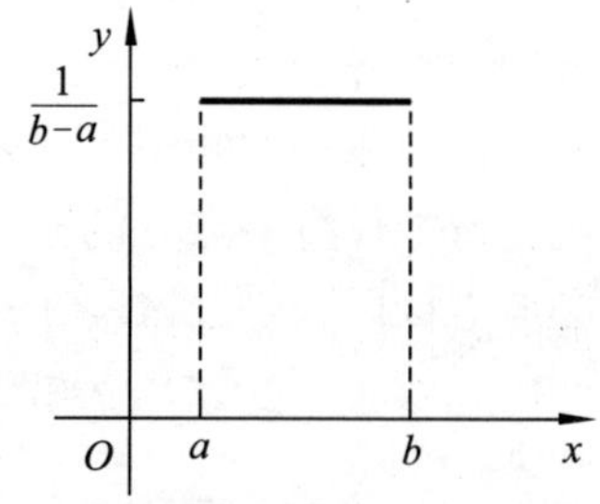

图　12－5－2

例 11　某公共汽车站每隔5分钟有一辆汽车通过，某人到达该汽车站的任一时刻是随机的、等可能的，等车时间服从 $[0, 5]$ 上的均匀分布.

1)计算他等车时间不超过3分钟的概率;

2)计算他等车时间超过2分钟的概率.

解　1)设他等车的时间为变量 ξ，已知 $\xi \sim U[0, 5]$，其分布密度函数为

$$f(x) = \begin{cases} \frac{1}{5}, & x \in [0, 5], \\ 0, & x \in (-\infty, 0) \cup (5, +\infty), \end{cases}$$

所以，乘客等车时间不超过 3 分钟的概率为

$$P(0\leqslant\xi\leqslant3)=\int_0^3 f(x)\,\mathrm{d}x=\int_0^3\frac{1}{5}\mathrm{d}x=\frac{1}{5}\times(3-0)=0.6.$$

2）乘客等车时间超过 2 分钟的概率为

$$P(2<\xi\leqslant5)=\int_2^5 f(x)\,\mathrm{d}x=\int_2^5\frac{1}{5}\mathrm{d}x=\frac{1}{5}\times(5-2)=0.6.$$

（2）正态分布

在连续型随机变量的概率分布中，最重要和最常用的是正态分布，它在实际问题中有着广泛的应用.

1）正态分布的定义

如果连续型随机变量 ξ 的密度函数为

$$f(x)=\frac{1}{\sigma\sqrt{2\pi}}\mathrm{e}^{-\frac{(x-\mu)^2}{2\sigma^2}}\ (-\infty<x<+\infty),$$

其中 μ、σ 都是常数（$\sigma>0$，$-\infty<\mu<+\infty$），则称 ξ 服从以 μ、σ 为参数的**正态分布**，记作 $\xi\sim N(\mu,\sigma^2)$.

易见：① $f(x)\geqslant0$；

② $\int_{-\infty}^{+\infty}f(x)\,\mathrm{d}x=\int_{-\infty}^{+\infty}\frac{1}{\sigma\sqrt{2\pi}}\mathrm{e}^{-\frac{(x-\mu)^2}{2\sigma^2}}\mathrm{d}x=1.$

一般来说，一个随机变量若受到许多随机因素的影响，而其中每一个因素都不起主导作用，则它服从正态分布，这是正态分布在实践中得以广泛应用的原因. 例如，某地区成年女子的身高、体重，射击目标的水平或垂直偏差，农作物的产量，某次学生的考试成绩等，都服从或近似服从正态分布.

正态分布的概率密度函数 $f(x)$ 的图像称为**正态曲线**. 如图 12-5-3 所示，正态曲线呈钟形，中间高两边低，且正态分布有如下性质：

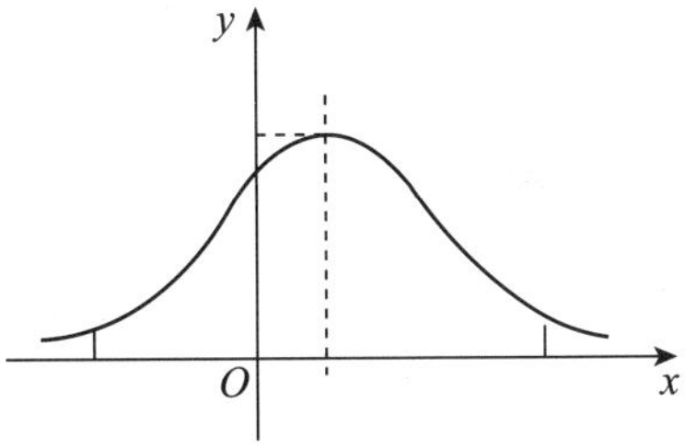

图　12-5-3

①因为 $f(x)>0$，所以曲线位于 x 轴上方；

②对称性，曲线 $f(x)$ 关于直线 $x=\mu$ 对称；

③极值，令 $f'(x)=0$，可以求出 $f(x)$ 当 $x=\mu$ 时有极大值 $f(\mu)=\frac{1}{\sigma\sqrt{2\pi}}$，且 $f(\mu)$ 也是 $f(x)$ 的最大值；

④拐点，令 $f''(x)=0$，可以求出 $f(x)$ 当 $x=\mu\pm\sigma$ 时有拐点；

⑤渐近线，因为 $\lim\limits_{x\to\infty}f(x)=\lim\limits_{x\to\infty}\frac{1}{\sigma\sqrt{2\pi}}\mathrm{e}^{-\frac{(x-\mu)^2}{2\sigma^2}}=0$，故 $f(x)$ 以 x 轴为渐近线.

由于曲线关于直线 $x=\mu$ 对称，通常把常数 μ 称为正态分布的分布中心，μ 变化，分布中心发生变化，因此参数 μ 决定曲线的位置；参数 σ 的大小决定曲线的形状，σ 越大曲线越扁平，σ 越小曲线越陡峭.

2）标准正态分布

当 $\mu=0$，$\sigma=1$ 时，正态分布称为**标准正态分布**，记为 $\xi\sim N(0,1)$，如图 12-5-4 所示曲线为标准正态曲线.

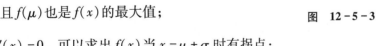

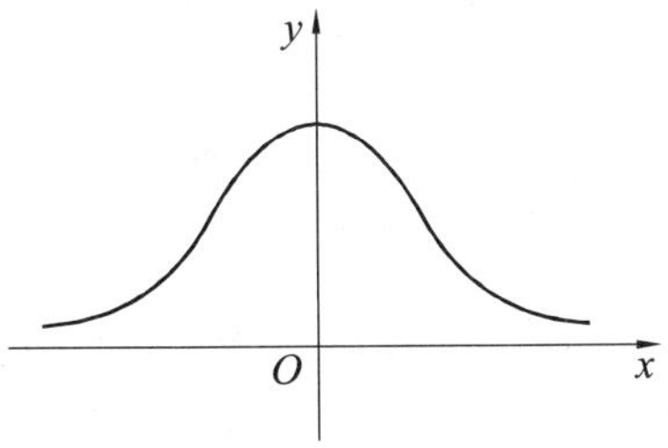

图　12-5-4

标准正态分布的密度函数为

$$\varphi(x)=\frac{1}{\sqrt{2\pi}}\mathrm{e}^{-\frac{x^2}{2}}(-\infty<x<+\infty).$$

习题 12.5

1. 若ξ的概率分布表为：

ξ	0	1	2	3
P	c	$2c$	$3c$	$4c$

求：(1)c；(2)$P(\xi<3)$；(3)$P(\xi\geqslant1)$.

2. 盒内有 12 个乒乓球，其中 9 个是新球，3 个是旧球. 采取不放回抽取，每次取一个，直到取到新球为止，求抽取次数ξ的概率分布.

3. 某班级学生的数学考试成绩及格率为$p=95\%$，用$\{X=1\}$表示及格的事件，用$\{X=0\}$表示不及格的事件，求离散型随机变量X的分布列.

4. 一办公室内有 8 台计算机，在任一时刻每台计算机被使用的概率为 0.6，计算机是否被使用相互独立，问在同一时刻：

(1)恰有 3 台计算机被使用的概率是多少？

(2)至多有 2 台计算机被使用的概率是多少？

(3)至少有 2 台计算机被使用的概率是多少？

5. 统计资料表明某路口每月交通事故发生次数服从参数为 6 的泊松分布，求该路口一个月内至少发生两起交通事故的概率.

6. 假设某种电子元件的次品率为2‰，随机抽取1000 件该种电子元件，试求次品数为 1、2、3 的概率.

7. 确定下列函数中的常数A，使该函数成为一元分布的密度函数.

(1)$P(x)=A\mathrm{e}^{-|x|}$；

(2)$P(x)=\begin{cases}A\cos x, & -\dfrac{\pi}{2}\leqslant x\leqslant\dfrac{\pi}{2}.\\ 0, & 其他.\end{cases}$

8. 设连续型随机变量X的密度函数为$f(x)=\begin{cases}Ax, & 0\leqslant x\leqslant1,\\ 0, & 其他,\end{cases}$ 求：

(1)常数A；

(2)$P(0<X<0.5)$；

(3)$P(0.25<X\leqslant2)$.

9. 设电阻值R是一个随机变量，均匀分布在 900Ω 至 1100Ω. 求R的概率密度及R落在 950Ω 至 1050Ω 的概率.

12.6　随机变量的分布函数

当我们要描述一个随机变量时，不仅要说明它能够取哪些值，还要指出它取这些值的概率. 只有这样，才能真正完整地刻画一个随机变量. 为此，我们引入随机变量的分布函数的概念.

12.6.1 随机变量的分布函数

定义 设 ξ 为一随机变量，则把函数 $F(x)=P(\xi<x)(-\infty<x<\infty)$，称为随机变量 ξ 的**概率分布函数**，简称**分布函数**.

随机变量的分布函数 $F(x)$ 具有以下基本性质：

性质 1 $F(x)$ 是一个单调不减的函数. 若 $x_1<x_2$，则 $F(x_1)\leqslant F(x_2)$.

性质 2 $F(x)$ 的值在 0 与 1 之间，即 $0\leqslant F(x)\leqslant 1$.

性质 3 $F(-\infty)=\lim\limits_{x\to-\infty}F(x)=0$，$x\to-\infty$ 时，$\{\xi<x\}$ 可看作不可能事件；

$F(+\infty)=\lim\limits_{x\to+\infty}F(x)=1$，$x\to+\infty$ 时，$\{\xi<x\}$ 可看作必然事件.

性质 4 $P(a\leqslant\xi<b)=P(\xi<b)-P(\xi<a)=F(b)-F(a)$.

特别的，$P(\xi\geqslant x)=1-P(\xi<x)=1-F(x)$.

由性质 4 可知，只要 ξ 的分布函数 $F(x)$ 已知，就可以求得 ξ 落入任一区间 $(a, b]$ 的概率，所以分布函数能较完整地描述随机变量的统计规律.

1. 离散型随机变量的分布函数

设离散型随机变量 ξ 的分布列如表 12－6－1 所示.

表 12－6－1

ξ	x_1	x_2	…	x_n
P	p_1	p_2	…	p_n

则其分布函数为 $F(x)=P(\xi<x)=\sum\limits_{x_i<x}p_i$.

离散型随机变量的分布函数为阶梯形函数.

例 1 设随机变量 ξ 的分布列如表 12－6－2 所示.

表 12－6－2

ξ	0	1	2
P	0.22	0.48	0.3

求：(1) 随机变量 ξ 的分布函数；

(2) 分布函数的图像；

(3) $P(\xi<1.2)$ 和 $P(0.5<\xi\leqslant 1.5)$.

解 (1) 当 $x\leqslant 0$ 时，因为 ξ 不取小于 0 的数，所以 $F(x)=P(\xi<x)=0$；
当 $0<x\leqslant 1$ 时，则 $F(x)=P(\xi<x)=P(\xi=0)=0.22$；
当 $1<x\leqslant 2$ 时，则 $F(x)=P(\xi<x)=P(\xi=0)+P(\xi=1)=0.22+0.48=0.7$；
当 $x>2$，则 $F(x)=P(\xi<x)=P(\xi=0)+P(\xi=1)+P(\xi=2)=0.22+0.48+0.3=1$；

从而随机变量 ξ 的分布函数为 $F(x)=\begin{cases}0, & x\leqslant 0,\\ 0.22, & 0<x\leqslant 1,\\ 0.7, & 1<x\leqslant 2,\\ 1, & x>2.\end{cases}$

(2)$F(x)$的图像如图 12-6-1 所示.

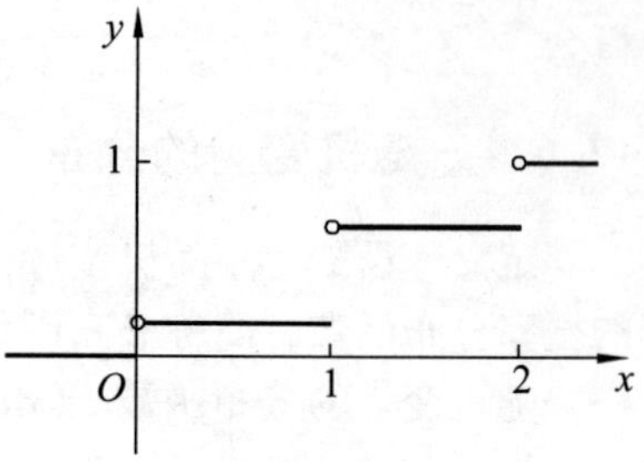

图 12-6-1

(3)$P(\xi<1.2)=F(1.2)=0.7$;

$P(0.5<\xi\leqslant 1.5)=F(1.5)-F(0.5)=0.7-0.22=0.48$.

2. 连续型随机变量的分布函数

设连续型随机变量ξ的概率密度函数为$f(x)$，对任意的$x\in(-\infty,+\infty)$，则

$$F(x)=P(\xi<x)=\int_{-\infty}^{x}f(t)\mathrm{d}t$$

为连续型随机变量ξ的分布函数.

连续型随机变量ξ的分布函数有下列性质：

1)$F(x)$是连续函数；

2)若$f(x)$在点x处连续，则$F'(x)=f(x)$，即分布函数$F(x)$是密度函数$f(x)$的原函数.

所以分布函数和密度函数只要知道其一，就可以求出另外一个.

例 2 若连续型随机变量ξ的密度函数为

$$f(x)=\begin{cases}2x, & x\in[0,1],\\0, & x\in(-\infty,0)\cup(1,+\infty),\end{cases}$$

求：(1)随机变量ξ的分布函数；

(2)分布函数的图像；

(3)$P(\xi<0.2)$、$P(\xi<1.9)$和$P(0.5<\xi<0.6)$.

解 (1)当$x<0$时，$F(x)=P(\xi<x)=\int_{-\infty}^{x}f(t)\mathrm{d}t=\int_{-\infty}^{x}0\mathrm{d}t=0$;

当$0\leqslant x\leqslant 1$时，$F(x)=P(\xi<x)=\int_{-\infty}^{x}f(t)\mathrm{d}t=\int_{-\infty}^{0}0\mathrm{d}t+\int_{0}^{x}2t\mathrm{d}t=x^2$;

当$x>1$时，$F(x)=P(\xi<x)=\int_{-\infty}^{x}f(t)\mathrm{d}t=\int_{-\infty}^{0}0\mathrm{d}t+\int_{0}^{1}2t\mathrm{d}t+\int_{1}^{x}0\mathrm{d}t=0+t^2\Big|_0^1+0=1$;

故所求分布函数为$F(x)=\begin{cases}0, & x<0,\\x^2, & 0\leqslant x\leqslant 1;\\1, & x>1.\end{cases}$

(2)$F(x)$的图像如图 12-6-2 所示.

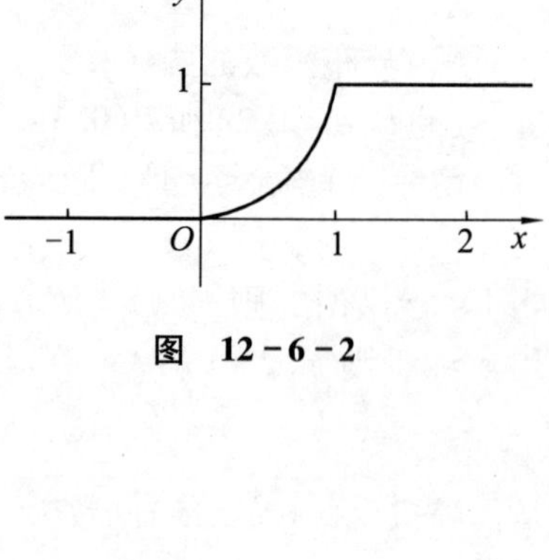

图 12-6-2

(3)$P(\xi<0.2)=F(0.2)=(0.2)^2=0.04$;

$P(\xi<1.9)=F(1.9)=1$;

$P(0.5<\xi<0.6)=F(0.6)-F(0.5)=(0.6)^2-(0.5)^2=0.11$.

例 3 设随机变量ξ的概率密度为

$$f(x)=\begin{cases}k\mathrm{e}^{-3x}, & x\geqslant 0,\\0, & x<0.\end{cases}$$

试确定常数k，并求其分布函数$F(x)$和$P(\xi\geqslant 0.1)$.

解 由$\int_{-\infty}^{+\infty}f(x)\mathrm{d}x=1$得

$$\int_{-\infty}^{+\infty} f(x)\mathrm{d}x = \int_{-\infty}^{0} f(x)\mathrm{d}x + \int_{0}^{+\infty} f(x)\mathrm{d}x = \int_{0}^{+\infty} k\mathrm{e}^{-3x}\mathrm{d}x = \left(-\frac{k}{3}\mathrm{e}^{-3x}\right)_{0}^{+\infty} = \frac{k}{3} = 1,$$

故 $k=3$, $f(x)=\begin{cases}3\mathrm{e}^{-3x}, & x\geqslant 0,\\ 0, & x<0.\end{cases}$

当 $x<0$ 时，$F(x)=\int_{-\infty}^{x} 0\mathrm{d}t = 0$；

当 $x\geqslant 0$ 时，$F(x)=\int_{-\infty}^{0} 0\mathrm{d}t + \int_{0}^{x} 3\mathrm{e}^{-3t}\mathrm{d}t = 1-\mathrm{e}^{-3x}$；

于是

$$F(x)=\begin{cases}1-\mathrm{e}^{-3x}, & x\geqslant 0,\\ 0, & x<0.\end{cases}$$

$P(\xi\geqslant 0.1)=1-P(\xi<0.1)=1-F(0.1)=1-(1-\mathrm{e}^{-0.3})=\mathrm{e}^{-0.3}\approx 0.74.$

12.6.2　常见的分布函数

1. 均匀分布

如果随机变量 ξ 服从均匀分布，即 $\xi\sim U[a, b]$，分析 ξ 的分布函数 $F(x)$.

因为密度函数为

$$f(x)=\begin{cases}\dfrac{1}{b-a}, & x\in[a, b],\\ 0, & x\in(-\infty, a)\cup(b, +\infty),\end{cases}$$

若 $x<a$，$f(x)=0$，显然 $F(x)=0$；

若 $a\leqslant x<b$，$F(x)=P(\xi<x)=\int_{-\infty}^{x} f(t)\mathrm{d}t = \int_{-\infty}^{a} 0\mathrm{d}t + \int_{a}^{x}\frac{1}{b-a}\mathrm{d}t = \frac{x-a}{b-a}$；

若 $x\geqslant b$，$F(x)=P(\xi<x)=\int_{-\infty}^{x} f(t)\mathrm{d}t = \int_{-\infty}^{a} 0\mathrm{d}t + \int_{a}^{b}\frac{1}{b-a}\mathrm{d}t + \int_{b}^{x} 0\mathrm{d}t = 1.$

综上所述，得 ξ 的分布函数为

$$F(x)=\begin{cases}0, & x<a,\\ \dfrac{x-a}{b-a}, & a\leqslant x<b,\\ 1, & x\geqslant b.\end{cases}$$

2. 正态分布

如果随机变量 ξ 服从正态分布，即 $\xi\sim N(\mu, \sigma^2)$，分析 ξ 的分布函数 $F(x)$.

因为概率密度函数为

$$f(x)=\frac{1}{\sigma\sqrt{2\pi}}\mathrm{e}^{-\frac{(x-\mu)^2}{2\sigma^2}}\ (-\infty<x<+\infty),$$

其中 μ、σ 都是常数（$\sigma>0$，$-\infty<\mu<+\infty$），则 ξ 的分布函数为

$$F(x)=\int_{-\infty}^{x} f(t)\mathrm{d}t = \int_{-\infty}^{x}\frac{1}{\sigma\sqrt{2\pi}}\mathrm{e}^{-\frac{(t-\mu)^2}{2\sigma^2}}\mathrm{d}t\ (-\infty<x<+\infty).$$

若 $\xi\sim N(0, 1)$，则标准正态分布的分布函数为

$$\Phi(x)=\int_{-\infty}^{x}\varphi(t)\mathrm{d}t = \int_{-\infty}^{x}\frac{1}{\sqrt{2\pi}}\mathrm{e}^{-\frac{t^2}{2}}\mathrm{d}t\ (-\infty<x<+\infty).$$

$\Phi(x)$的几何意义为如图 12－6－3 所示阴影部分的面积.

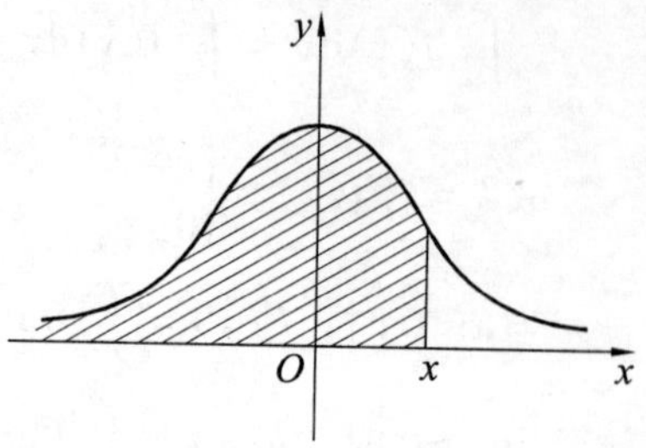

图 12－6－3

利用密度函数$f(x)$的对称性和分布函数$\Phi(x)$的概率意义，从图中可直接得出

$$\Phi(-x)=1-\Phi(x),$$

$$\Phi(-\infty)=0,\ \Phi(+\infty)=1,\ \Phi(0)=0.5.$$

如果随机变量ξ服从标准正态分布，我们可以直接利用标准正态分布数值表计算事件$(\xi<x)$的概率，即

$$P(\xi<x)=\frac{1}{\sqrt{2\pi}}\int_{-\infty}^{x}e^{-\frac{t^2}{2}}dt=\Phi(x).$$

当$x\geqslant0$时，$\Phi(x)$的值可以由数值表直接查得；当$x<0$时，可利用$\Phi(-x)=1-\Phi(x)$后再查表. 这样，若$\xi\sim N(0,1)$，a，b为已知时(a，b可以是无穷大)，有

1) $P(\xi<a)=P(\xi\leqslant a)=\Phi(a)$;

2) $P(\xi>b)=P(\xi\geqslant b)=1-\Phi(b)$;

3) $P(a<\xi<b)=P(a\leqslant\xi<b)=P(a<\xi\leqslant b)=P(a\leqslant\xi\leqslant b)=\Phi(b)-\Phi(a)$;

4) $P(-a<\xi<a)=P(|\xi|<a)=2\Phi(a)-1$.

例 4 设$\xi\sim(0,1)$，求：(1)$P(-0.4<\xi<0.4)$；(2)$P(\xi>1.2)$；(3)$P(-1<\xi<3)$.

解 (1)$P(-0.4<\xi<0.4)=2\Phi(0.4)-1=2\times0.6554-1=0.3108$;

(2)$P(\xi>1.2)=1-P(\xi<1.2)=1-\Phi(1.2)=1-0.8849=0.1151$;

(3)$P(-1<\xi<3)=\Phi(3)-\Phi(-1)=\Phi(3)+\Phi(1)-1=0.9987+0.8413-1=0.84$.

若ξ服从非标准正态分布，即$\xi\sim N(\mu,\sigma^2)$，则可通过变换将其化为标准正态分布.

定理 若随机变量$\xi\sim N(\mu,\sigma^2)$，则随机变量$\eta=\frac{\xi-\mu}{\sigma}\sim N(0,1)$.

证明 $\eta=\frac{\xi-\mu}{\sigma}$的分布函数为

$$P(\eta<x)=P\left(\frac{\xi-\mu}{\sigma}<x\right)=P(\xi<\mu+\sigma x)=\int_{-\infty}^{\mu+\sigma x}\frac{1}{\sigma\sqrt{2\pi}}e^{-\frac{(t-\mu)^2}{2\sigma^2}}dt=\frac{1}{\sqrt{2\pi}}\int_{-\infty}^{x}e^{-\frac{\mu^2}{2}}d\mu=\Phi(x),$$

所以

$$\eta=\frac{\xi-\mu}{\sigma}\sim N(0,1).$$

对标准正态分布的分布函数$\Phi(x)$，人们利用近似计算方法求出其近似值，并编制了标准正态分布表供查表使用.

从而，当$\xi\sim N(\mu,\sigma^2)$，a，b为已知时，利用标准正态分布数值表，有

1) $P(\xi<a)=\Phi\left(\frac{a-\mu}{\sigma}\right)$;

2) $P(\xi>b)=1-\Phi\left(\frac{b-\mu}{\sigma}\right)$;

3) $P(a<\xi<b)=\Phi\left(\frac{b-\mu}{\sigma}\right)-\Phi\left(\frac{a-\mu}{\sigma}\right)$.

例5 已知 $\xi \sim N(1, 4)$，求 $P(5<\xi\leqslant 7.2)$ 和 $P(0<\xi\leqslant 1.6)$.

解 $\mu=1$，$\sigma=2$，

$$P(5<\xi\leqslant 7.2)=\Phi\left(\frac{7.2-1}{2}\right)-\Phi\left(\frac{5-1}{2}\right)$$
$$=\Phi(3.1)-\Phi(2)=0.9990-0.9772=0.0218,$$
$$P(0<\xi\leqslant 1.6)=\Phi\left(\frac{1.6-1}{2}\right)-\Phi\left(\frac{0-1}{2}\right)$$
$$=\Phi(0.3)-\Phi(-0.5)=\Phi(0.3)-[1-\Phi(0.5)]$$
$$=0.6179-(1-0.6915)=0.3094.$$

例6 将一温度调节器放置在贮存着某种液体的容器内，调节器的温度定在 d℃，液体的温度 X(以℃计)是一个随机变量，且 $X\sim N(d, 0.5^2)$.

(1)若 $d=90$℃，求 X 小于 89℃ 的概率；

(2)若要求保持液体的温度至少为 80℃ 的概率不低于 0.99，问 d 至少为多少？

解 (1)所求概率为

$$P(X<89)=P\left(\frac{X-90}{0.5}<\frac{89-90}{0.5}\right)=\Phi\left(\frac{89-90}{0.5}\right)=\Phi(-2)$$
$$=1-\Phi(2)=1-0.9772=0.0228.$$

(2)依题意，所求 d 满足

$$0.99\leqslant P(X\geqslant 80)=P\left(\frac{X-d}{0.5}\geqslant\frac{80-d}{0.5}\right)=1-P\left(\frac{X-d}{0.5}<\frac{80-d}{0.5}\right)=1-\Phi\left(\frac{80-d}{0.5}\right),$$

即
$$\Phi\left(\frac{80-d}{0.5}\right)\leqslant 1-0.99=1-\Phi(2.325)=\Phi(-2.325),$$

亦即
$$\frac{80-d}{0.5}\leqslant -2.325.$$

所以
$$d\geqslant 81.1625.$$

注：设 $X\sim N(\mu, \sigma^2)$，则

1) $P(\mu-\sigma<X\leqslant\mu+\sigma)=P\left(-1<\frac{X-\mu}{\sigma}\leqslant 1\right)=\Phi(1)-\Phi(-1)=2\Phi(1)-1=0.6826$;

2) $P(\mu-2\sigma<X\leqslant\mu+2\sigma)=\Phi(2)-\Phi(-2)=0.9544$;

3) $P(\mu-3\sigma<X\leqslant\mu+3\sigma)=\Phi(3)-\Phi(-3)=0.9974$.

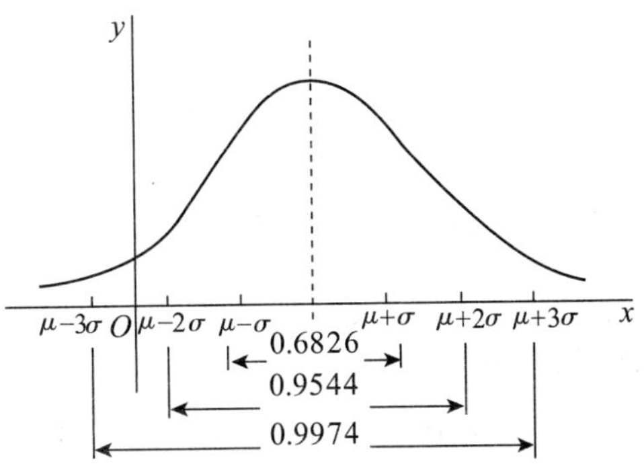

图 12－6－4

如图 12－6－4 所示，尽管正态随机变量 X 的取值范围是 $(-\infty, +\infty)$，但它的值几乎全部集中在 $(\mu-3\sigma, \mu+3\sigma)$ 区间内，超出这个范围的可能性仅占不到 0.3%，这在统计学上称为 3σ **准则(三倍标准差原则)**.

习题 12.6

1. 已知随机变量 X 的分布列为

X	-1	1	2
P	$\frac{1}{2}$	$\frac{1}{3}$	$\frac{1}{6}$

求：(1)X 的分布函数，并作出 $F(x)$ 的图形；(2)$P(0<X\leqslant 2)$ 及 $P(0<X<2)$.

2. 已知随机变量 ξ 的密度函数为 $f(x)=\begin{cases}x, & 0<x\leqslant 1,\\ 2-x, & 1<x\leqslant 2,\\ 0, & \text{其他}.\end{cases}$

(1)求相应的分布函数 $F(x)$；

(2)求 $P(\xi<0.5)$、$P(\xi>1.3)$ 和 $P(0.2<\xi<1.2)$.

3. 设随机变数 ξ 的分布函数为

$$F(x)=\begin{cases}1-(1+x)\mathrm{e}^{-x}, & x\geqslant 0,\\ 0, & x<0.\end{cases}$$

求：(1)相应的密度函数；(2)$P(\xi\leqslant 1)$.

4. 设随机变量 X 的分布函数为 $F(x)=\begin{cases}0, & x<-1,\\ 0.2, & -1\leqslant x<2,\\ 0.7, & 2\leqslant x<4,\\ 1, & x\geqslant 4.\end{cases}$ 求 X 的分布列.

5. 假设 $\xi\sim N(0,1)$，查表求下列概率.

(1)$P(\xi<1)$；　(2)$P(\xi<-2.3)$；　(3)$P(\xi>1.5)$；　(4)$P(-1.27<\xi<1.27)$.

6. 设 $\xi\sim N(1,0.04)$，求：(1)$P(\xi<1.2)$；(2)$P(0.7<\xi\leqslant 1.1)$.

7. 某学校学生的身高近似地服从 μ 的值为 1.72m，σ 的值为 0.06m 的正态分布，试估算该学生中身高在 1.75m 以上的学生是学校总人数的百分之几.

8. 某电子元件，其使用寿命近似服从 μ 为 1000 小时，σ 为 50 小时的正态分布，任取一个电子元件，求其使用寿命在 950 到 1050 小时和 850 到 1150 小时之间的概率.

12.7　随机变量的数字特征

前面讨论的随机变量的分布，是对随机变量的一种全面的描述，完整地刻画了随机变量取值的规律性. 但实际问题中概率分布往往不易确定，而它的某些数字特征却较容易估算出来. 在很多情况下，我们并不需要去全面地考察随机变量的变化情况，而只要知道它的某些数字特征就可以了. 本节介绍随机变量中最常用的两种数字特征——数学期望与方差.

12.7.1　随机变量的数学期望

1. 离散型随机变量的数学期望

对于一个随机变量 ξ，若它全部可能取的值是 x_1，x_2，…，相应的概率为 p_1，p_2，…，则对 ξ 作一系列观察(试验)所得的试验值的平均值是随机的. 但是，如果试验次数很大，出现

x_k 的频率会接近于 p_k，于是试验值的平均值应接近 $\sum_{k=1}^{\infty} x_k p_k$.

定义 1 设离散型随机变量 ξ 的分布列如表 12-7-1 所示，

表 12-7-1

ξ	x_1	x_2	…	x_n
P	p_1	p_2	…	p_n

则把

$$x_1p_1 + x_2p_2 + \cdots + x_np_n = \sum_{k=1}^{n} x_k p_k$$

称为随机变量 ξ 的**数学期望**(又称**期望值**或**均值**)，记为 $E(\xi)$，即

$$E(\xi) = \sum_{k=1}^{n} x_k p_k.$$

由定义可知，数学期望是随机变量 ξ 可能取值的一切值及以其概率为权数的加权平均值. 由于随机变量取什么值试验前是不确定的，所以数学期望可以作为试验之前的一个估算值，与通常所说的“平均数”是有区别的.

例 1 某工厂年获利润 30 万元，40 万元，50 万元，60 万元的概率分别为 0.1，0.3，0.4，0.2，试求平均获利润是多少.

解 工厂年获利润 ξ 是一个随机变量，它的分布列为

ξ	30	40	50	60
P	0.1	0.3	0.4	0.2

所以 $E(\xi) = 30\times0.1 + 40\times0.3 + 50\times0.4 + 60\times0.2 = 47$.

即该工厂平均获利润为 47 万元.

2. 连续型随机变量的数学期望

定义 2 设 ξ 是连续型随机变量，其密度函数为 $f(x)$，且 $\int_{-\infty}^{+\infty} |x| f(x)\mathrm{d}x$ 存在,则广义积分 $\int_{-\infty}^{+\infty} xf(x)\mathrm{d}x$ 称为随机变量 ξ 的**数学期望**,记作 $E(\xi)$,即 $E(\xi) = \int_{-\infty}^{+\infty} xf(x)\mathrm{d}x$.

例 2 设 ξ 在区间 $[a, b]$ 上服从均匀分布，其密度函数为

$$f(x) = \begin{cases} \dfrac{1}{b-a}, & x \in [a, b], \\ 0, & x \in (-\infty, a) \cup (b, +\infty). \end{cases}$$

求 ξ 的数学期望.

解 $E(\xi) = \int_a^b \dfrac{x}{b-a}\mathrm{d}x = \dfrac{1}{b-a} \times \left(\dfrac{1}{2}x^2\right)\Big|_a^b = \dfrac{a+b}{2}$.

例 3 设随机变量 ξ 的密度函数为 $f(x) = \begin{cases} 1+x, & -1 \leqslant x \leqslant 0, \\ 1-x, & 0 < x \leqslant 1, \\ 0, & \text{其他}, \end{cases}$ 求 $E(\xi)$.

解 $E(\xi) = \int_{-1}^{0} x(1+x)\mathrm{d}x + \int_{0}^{1} x(1-x)\mathrm{d}x$

$$=\left(\frac{1}{2}x^2+\frac{1}{3}x^3\right)\Big|_{-1}^{0}+\left(\frac{1}{2}x^2-\frac{1}{3}x^3\right)\Big|_{0}^{1}=-\frac{1}{2}+\frac{1}{3}+\frac{1}{2}-\frac{1}{3}=0.$$

3. 数学期望的性质

随机变量的数学期望有以下性质：

性质 1　常数的数学期望等于该常数，即

$$E(C)=C(C\text{ 为常数}).$$

性质 2　常数与随机变量乘积的数学期望等于该常数与随机变量数学期望的乘积，即

$$E(C\xi)=CE(\xi)(C\text{ 为常数}).$$

性质 3　两个随机变量之和的数学期望等于它们的数学期望的和，即

$$E(\xi+\eta)=E(\xi)+E(\eta).$$

性质 4　两个相互独立的随机变量乘积的数学期望等于它们的数学期望的乘积，即

$$E(\xi\eta)=E(\xi)\cdot E(\eta).$$

其中，性质3、性质4可推广到有限个随机变量的情形.

例 4　设 $\xi\sim B(n,\ p)$，求 $E(\xi)$.

解　ξ 表示 n 重贝努利试验中"成功"的次数. 若设

$$\xi_i=\begin{cases}1, & \text{如第 } i \text{ 次试验成功},\\ 0, & \text{如第 } i \text{ 次试验失败},\end{cases}\quad i=1,\ 2,\ \cdots,\ n,$$

则 $\xi=\sum\limits_{i=1}^{n}\xi_i$ 是 n 次试验中"成功"的次数，且 ξ_i 服从 0 - 1 分布，

$$E(\xi_i)=P(\xi_i=1)=p,$$

根据数学期望的性质

$$E(\xi)=E\left(\sum_{i=1}^{n}\xi_i\right)=\sum_{i=1}^{n}E(\xi_i)=np.$$

可见，服从参数为 n 和 p 的二项分布的随机变量 ξ 的数学期望是 np.

12.7.2　随机变量的方差

随机变量的数学期望描述了其取值的平均状况，但这只是问题的一个方面，在某些场合下，我们还需要知道随机变量在其均值附近是如何变化的，其分散程度如何，这时我们有必要研究随机变量的方差.

1. 离散型随机变量的方差

首先来看一个实际问题：

例 5　甲乙两个工厂生产同一种设备，其使用寿命(单位：小时)的概率分布如表 12 - 7 - 2 所示.

表　12 - 7 - 2

$\xi,\ \eta$	800	900	1000	1100	1200
$P(\xi=k)$	0.1	0.2	0.4	0.2	0.1
$P(\eta=k)$	0.2	0.2	0.2	0.2	0.2

试比较两厂的产品质量.

解 $E(\xi)=800\times0.1+900\times0.2+1000\times0.4+1100\times0.2+1200\times0.1=1000$,

$E(\eta)=800\times0.2+900\times0.2+1000\times0.2+1100\times0.2+1200\times0.2=1000$.

很显然，从计算出的数学期望数值看出，甲乙两厂生产的设备使用寿命的均值是相等的. 但从分布列中我们很明显看出，甲厂产品的使用寿命比较集中在 1000 小时左右，而乙厂产品的使用寿命却比较分散，这说明乙厂产品质量的稳定性比较差.

在概率中，我们通常用“方差”来描述随机变量的分散程度，衡量其平均偏离程度.

对于给定的一组数据 x_1, x_2, $\cdots$, x_n, 通常用 $\frac{1}{n}\sum_{k=1}^{n}(x_k-\overline{X})^2$（其中 $\overline{X}=\frac{1}{n}\sum_{k=1}^{n}x_k$ 是该组数据的平均值）来刻画这组数据的分散程度. 对于随机变量同样有类似的问题，常用 $[\xi-E(\xi)]^2$ 的期望来衡量其分散的程度.

定义 3 若离散型随机变量 ξ 的分布列为

$$P(\xi=x_k)=p_k(k=1,\ 2,\ \cdots,\ n),$$

则 $E[\xi-E(\xi)]^2=\sum_{k=1}^{n}[x_k-E(\xi)]^2\cdot p_k$ 称为随机变量 ξ 的**方差**，记为 $D(\xi)$，即

$$D(\xi)=E[\xi-E(\xi)]^2=\sum_{k=1}^{n}[x_k-E(\xi)]^2\cdot p_k.$$

而 $\sqrt{D(\xi)}$ 称为 ξ 的**标准差**或（**均方差**）.

方差是描述随机变量取值集中或分散程度的一个数字特征. 方差小，取值集中；方差大，取值分散.

例 6 为评价甲、乙的射击技术，随机观察他们的 10 次射击，命中环数分别用 ξ, η 表示，分布列如下表所示.

ξ	8	9	10
P	0.2	0.5	0.3
η	8	9	10
P	0.3	0.3	0.4

问谁的射击技术较好?

解 $E(\xi)=8\times0.2+9\times0.5+10\times0.3=9.1$, $E(\eta)=8\times0.3+9\times0.3+10\times0.4=9.1$,

由于 $E(\xi)=E(\eta)$，所以两人的射击技术差不多，但是

$D(\xi)=E[\xi-E(\xi)]^2=(8-9.1)^2\times0.2+(9-9.1)^2\times0.5+(10-9.1)^2\times0.3=0.49$,

$D(\eta)=E[\eta-E(\eta)]^2=(8-9.1)^2\times0.3+(9-9.1)^2\times0.3+(10-9.1)^2\times0.4=0.69$,

因为 $D(\xi)<D(\eta)$，表明甲的射击较集中，从而甲的射击技术较好.

为了简化方差的计算，有以下的关系式

$$D(\xi)=E(\xi^2)-E^2(\xi).$$

2. 连续型随机变量的方差

定义 4 若连续型随机变量 ξ 的密度函数为 $f(x)$，且 $E(\xi)$ 存在，则把

$$E[\xi-E(\xi)]^2=\int_{-\infty}^{+\infty}[x-E(\xi)]^2f(x)\,\mathrm{d}x$$

称为随机变量 ξ 的**方差**，记为 $D(\xi)$，即

$$D(\xi)=E[\xi-E(\xi)]^2=\int_{-\infty}^{+\infty}[x-E(\xi)]^2f(x)\mathrm{d}x.$$

$\sqrt{D(\xi)}$ 称为随机变量 ξ 的**标准差**(或**均方差**).

例 7　设 ξ 在区间 $[a,b]$ 上服从均匀分布，其概率密度为

$$f(x)=\begin{cases}\dfrac{1}{b-a}, & x\in[a,b]\\ 0, & x\in(-\infty,a)\cup(b,+\infty)\end{cases}$$

求 ξ 的方差.

解　前面已经计算出 $E(\xi)=\dfrac{a+b}{2}$，因此得

$$D(\xi)=\int_{-\infty}^{+\infty}[x-E(\xi)]^2f(x)\mathrm{d}x=\int_a^b\left(x-\frac{a+b}{2}\right)^2\frac{1}{b-a}\mathrm{d}x,$$

$$=\frac{1}{b-a}\int_a^b\left(x-\frac{a+b}{2}\right)^2\mathrm{d}x=\frac{1}{3(b-a)}\cdot\left(x-\frac{a+b}{2}\right)^3\Bigg|_a^b=\frac{(b-a)^2}{12}.$$

例 8　设 $\xi\sim N(0,1)$，求 ξ 的期望与方差.

解　因为 $\xi\sim N(0,1)$，于是

$$E(\xi)=\int_{-\infty}^{+\infty}x\cdot\frac{1}{\sqrt{2\pi}}\mathrm{e}^{-\frac{x^2}{2}}\mathrm{d}x,$$

由于被积函数为奇函数，故积分为零，即 $E(\xi)=0$.

$$E(\xi^2)=\int_{-\infty}^{+\infty}x^2\cdot\frac{1}{\sqrt{2\pi}}\mathrm{e}^{-\frac{x^2}{2}}\mathrm{d}x$$

$$=\int_{-\infty}^{+\infty}x\cdot\mathrm{d}\left(-\frac{1}{\sqrt{2\pi}}\mathrm{e}^{-\frac{x^2}{2}}\right)$$

$$=-x\cdot\frac{1}{\sqrt{2\pi}}\mathrm{e}^{-\frac{x^2}{2}}\Bigg|_{-\infty}^{+\infty}+\int_{-\infty}^{+\infty}\frac{1}{\sqrt{2\pi}}\mathrm{e}^{-\frac{x^2}{2}}\mathrm{d}x=0+1=1.$$

于是

$$D(\xi)=E(\xi^2)-E^2(\xi)=1-0=1.$$

3. 方差的性质

随机变量的方差有以下性质：

性质 1　设 C 为常数，则 $D(C)=0$.

性质 2　设 ξ 为随机变量，若 k 为常数，则 $D(k\xi)=k^2D(\xi)$.

性质 3　设 ξ，η 为两个相互独立的随机变量，则 $D(\xi+\eta)=D(\xi)+D(\eta)$.
其中，性质 3 可推广到有限个的情形.

例 9　设 $\xi\sim B(n,p)$，求 $D(\xi)$.

解　由本节例 4 可知，$\xi=\sum\limits_{i=1}^{n}\xi_i$ 是 n 次试验中“成功”的次数，ξ_i 服从 0 - 1 分布，

$$E(\xi_i)=P(\xi_i=1)=p,\ E(\xi_i{}^2)=p,$$

故
$$D(\xi_i)=E(\xi_i{}^2)-[E(\xi_i)]^2=p-p^2=p(1-p),\ i=1,2,\cdots,n.$$

由于 ξ_1，ξ_2，$\cdots$，ξ_n 相互独立，根据方差的性质

$$D(\xi)=D\left(\sum_{i=1}^{n}\xi_i\right)=\sum_{i=1}^{n}D(\xi_i)=np(1-p).$$

可见，服从参数为 n 和 p 的二项分布的随机变量 ξ 的方差是 $np(1-p)$.

例 10　设 $X\sim N(\mu,\sigma^2)$，求 $E(X)$，$D(X)$.

解　先求标准正态变量 $Z=\dfrac{X-\mu}{\sigma}$的数学期望和方差.

因为 Z 的概率密度为

$$\varphi(t)=\frac{1}{\sqrt{2\pi}}e^{-\frac{t^2}{2}}(-\infty<t<+\infty),$$

所以

$$E(Z)=\frac{1}{\sqrt{2\pi}}\int_{-\infty}^{+\infty}te^{-\frac{t^2}{2}}dt=\frac{1}{\sqrt{2\pi}}e^{-\frac{t^2}{2}}\Big|_{-\infty}^{+\infty}=0,$$

$$D(Z)=E(Z^2)-[E(Z)]^2=\frac{1}{\sqrt{2\pi}}\int_{-\infty}^{+\infty}t^2e^{-\frac{t^2}{2}}dt=-\frac{1}{\sqrt{2\pi}}\int_{-\infty}^{+\infty}td(e^{-\frac{t^2}{2}})$$

$$=\frac{-t}{\sqrt{2\pi}}e^{-\frac{t^2}{2}}\Big|_{-\infty}^{+\infty}+\frac{1}{\sqrt{2\pi}}\int_{-\infty}^{+\infty}e^{-\frac{t^2}{2}}dt=\frac{1}{\sqrt{\pi}}\int_{-\infty}^{+\infty}e^{-\frac{t^2}{2}}d\left(\frac{t}{\sqrt{2}}\right)=\frac{1}{\sqrt{\pi}}\cdot\sqrt{\pi}=1.$$

因为 $X=\mu+\sigma Z$，即得

$$E(X)=E(\mu+\sigma Z)=\mu,$$

$$D(X)=D(\mu+\sigma Z)=D(\mu)+D(\sigma Z)=\sigma^2D(Z)=\sigma^2.$$

这就是说，正态分布的概率密度中的两个参数 μ 和 σ 分别就是该分布的数学期望和方差，因而正态分布完全可以由它的数学期望和方差所确定.

为了便于查阅，现将常用的随机变量的分布及数字特征列表如表 12-7-3 所示：

表　12-7-3

分布名称	分布列或密度函数	数学期望	方差
两点分布 $\xi\sim(0,1)$	ξ: 0, 1 P_k: $1-p$, p	p	$p(1-p)$
二项分布 $\xi\sim B(n,p)$	$P(\xi=k)=C_n^kp^kq^{n-k}$ $(k=0,1,2,\cdots,n)$，$q=1-p$	np	npq
泊松分布 $\xi\sim P(\lambda)$	$P(\xi=k)=\dfrac{\lambda^k}{k!}e^{-\lambda}$ $(k=0,1,2,\cdots,n)$，$\lambda>0$	λ	λ
均匀分布 $\xi\sim U[a,b]$	$f(x)=\begin{cases}\dfrac{1}{b-a}, & x\in[a,b]\\ 0, & x\in(-\infty,a)\cup(b,+\infty)\end{cases}$	$\dfrac{a+b}{2}$	$\dfrac{(b-a)^2}{12}$
正态分布 $\xi\sim N(\mu,\sigma^2)$	$f(x)=\dfrac{1}{\sigma\sqrt{2\pi}}e^{-\frac{(x-\mu)^2}{2\sigma^2}}$	μ	σ^2

习题 12.7

1. 篮球运动员在比赛中每次罚球命中得 1 分，罚不中得 0 分，已知他命中的概率为 0.7，

求他罚球一次得分 ξ 的期望.

2. 随机地抛掷一个骰子，求所得骰子的点数 ξ 的数学期望.

3. 有一批数量很大的产品，其次品率是15%，对这批产品进行抽查，每次抽取1件，如果抽出次品，则抽查终止，否则继续抽查，直到抽出次品为止，但抽查次数不超过10次. 求抽查次数 ξ 的期望(结果保留三个有效数字).

4. 两台机床同时生产直径是40mm的零件. 为了检验产品质量，从产品中抽出10件进行测量，结果如下表所示(单位：mm)：

机床甲	40	39.8	40.1	40.2	39.9	40	40.2	39.8	40.2	39.8
机床乙	40	40	39.9	40	39.9	40.2	40	40.1	40	39.9

问哪一台机床生产的零件质量较好？

5. 设 ξ_1，ξ_2 分别表示甲、乙手表的日走时误差，则其概率密度分别为：$p_1(x)=\begin{cases}\frac{1}{20}, & -10<x<10,\\ 0, & 其他,\end{cases}$ $p_2(x)=\begin{cases}\frac{1}{40}, & -20<x<20-4,\\ 0, & 其他,\end{cases}$ 判断哪只手表走得好.

6. 已知随机变量 ξ，η 的分布列如下表所示：

ξ	0	1	2	3
P	0.3	0.1	0.2	0.4
η	0	1	2	3
P	0.6	0.1	0.2	0.1

其中 ξ，η 相互独立. 求 $E(3\xi-5\eta)$，$D(3\xi-5\eta)$.

7. 设随机变量 ξ 的概率密度为 $f(x)=\frac{1}{2}e^{-|x|}(-\infty<x<+\infty)$，求 $E(\xi)$ 和 $D(\xi)$.

8. 已知随机变量 ξ 服从二项分布 $B(n, p)$，已知 $E(\xi)=16$，$D(\xi)=12$，求 n，p.

本章小结

一、随机现象与随机事件

1. 随机现象

在一定条件下，具有多种可能结果，哪一种结果将会发生，事先不能确定的现象称为随机现象. 随机现象的特点是：一方面，事先不能预言其结果，具有偶然性；另一方面，在相同的条件下进行大量的重复试验，会呈现出某种统计规律性.

2. 随机试验

把对随机现象所进行的一次观察叫作一次试验. 如果试验具备以下条件：

1)允许在相同的条件下重复进行；

2)每次试验结果不一定相同；

3)试验之前不会知道出现哪种结果，但一切可能的结果都是已知的，每次试验有且仅有一个结果出现，那么该试验就叫作随机试验，简称试验.

3. 随机事件

在一定条件下，对随机现象进行试验的每一可能的结果称为随机事件，简称事件.

在随机试验中，不能再分解的事件称为基本事件. 一个随机试验的全体基本事件组成的集合称为样本空间，每个基本事件称为样本点.

4. 事件间的关系和运算

事件间的关系有包含关系、相等关系、互不相容事件和对立事件.

事件间的运算包括事件的和、事件的差、事件的积.

二、概率

1. 概率的统计定义

在不变的条件下，重复进行 n 次试验，如果事件 A 发生频率总是在某个常数 p 附近摆动，则称常数 p 为事件 A 的概率，记为 $P(A)$.

2. 古典概型

如果随机试验具有以下特点：

1) 全部基本事件的个数是有限的；

2) 每一个基本事件发生的可能性是相等的.

那么称此随机试验为古典型随机试验，简称为古典概型.

3. 概率的计算

在古典概型中，如果试验的基本事件总数是 n，事件 A 包含其中 m 个基本事件，那么事件 A 发生的概率为 $P(A)=\dfrac{m}{n}$.

加法公式：对任意两个事件 A，B 有 $P(A+B)=P(A)+P(B)-P(AB)$.

特别的，当事件 A、B 互不相容时，有 $P(A+B)=P(A)+P(B)$，可推广.

乘法公式：对任意两个事件 A，B 有 $P(AB)=P(A)P(B\mid A)=P(B)P(A\mid B)$.

特别的，当事件 A、B 相互独立时，有 $P(AB)=P(A)P(B)$，可推广.

全概率公式：如果事件 B_1，B_2，…，B_n 是一完备事件组，那么对任意一个事件 A，有 $P(A)=\sum\limits_{i=1}^{n}P(AB_i)=\sum\limits_{i=1}^{n}P(B_i)P(A\mid B_i)$.

贝叶斯公式：如果事件 A 和 B_1，B_2，…，B_n 满足全概率公式的条件，且 $P(A)>0$，那么就有 $P(B_j\mid A)=\dfrac{P(B_j)P(A\mid B_j)}{\sum\limits_{i=1}^{n}P(B_i)P(A\mid B_i)}(j=1,2,\cdots,n)$.

n 重贝努利试验：$P_n(k)=\mathrm{C}_n^k p^k q^{n-k}(k=0,\ 1,\ 2,\ \cdots,\ n;\ q=1-p)$.

三、随机变量及其分布函数

1. 随机变量

用来描述随机试验的变量称为随机变量，通常用字母 ξ、η 或 X、Y、Z 等表示.

随机变量按其取值情况可分为离散型随机变量和连续型随机变量两类.

2. 离散型随机变量的分布列

设 $x_k(k=1,2,\cdots)$ 为离散型随机变量 ξ 的所有可能取值，由 $P(\xi=x_k)=p_k(k=1,2,\cdots)$ 确定的概率称为离散型随机变量的分布列.

3. 概率密度函数

对于随机变量 ξ，若存在非负可积函数 $f(x)(-\infty<x<+\infty)$，使 ξ 在任一区间 $[a,b]$ 内取值的概率都有 $P(a\leqslant\xi\leqslant b)=\int_a^b f(x)\mathrm{d}x$，称 $f(x)$ 为 ξ 的概率密度函数，简称为密度函数.

4. 概率分布函数

设 ξ 为一随机变量，则把函数 $F(x)=P(\xi<x)(-\infty<x<+\infty)$ 称为随机变量 ξ 的概率分布函数，简称分布函数.

5. 常见的概率分布

常见的概率分布有两点分布、二项分布、泊松分布、均匀分布、正态分布.

四、随机变量的数字特征

1. 数学期望

数学期望是反映随机变量取值的平均状况的一个数字特征.

若离散型随机变量 ξ 的分布列为 $P(\xi=x_k)=p_k(k=1,2,\cdots,n)$，则称 $\sum\limits_{k=1}^{n}x_kp_k$ 为随机变量 ξ 的数学期望(或均值). 若连续型随机变量 ξ 具有密度函数 $f(x)$，且 $\int_{-\infty}^{+\infty}|x|f(x)\mathrm{d}x$ 存在，则称 $\int_{-\infty}^{+\infty}xf(x)\mathrm{d}x$ 为连续型随机变量 ξ 的数学期望. 数学期望用 $E(\xi)$ 表示.

2. 方差

方差是描述随机变量取值集中或分散程度的一个数字特征.

若离散型随机变量 ξ 的分布列为 $P(\xi=x_k)=p_k(k=1,2,\cdots,n)$，则称 $E[\xi-E(\xi)]^2=\sum\limits_{k=1}^{n}[x_k-E(\xi)]^2\cdot p_k$ 为随机变量 ξ 的方差. 若连续型随机变量 ξ 的密度函数为 $f(x)$，且 $E(\xi)$ 存在，则把 $E[\xi-E(\xi)]^2=\int_{-\infty}^{+\infty}[x-E(\xi)]^2f(x)\mathrm{d}x$ 称为连续型随机变量 ξ 的方差. 方差用 $D(\xi)$ 表示.

复习题 12

1. 填空题.

(1)甲、乙、丙三人各射一次靶，记 $A=\{$甲中靶$\}$，$B=\{$乙中靶$\}$，$C=\{$丙中靶$\}$，则可用上述三个事件的运算分别表示：“三人中恰有两人中靶”__________，“三人中至少一人中靶”__________.

(2)一个家庭有两个小孩，则所有可能的基本事件为__________.

(3)已知事件 A，B 有概率 $P(A)=0.6$，$P(B)=0.8$，条件概率 $P(B|A)=0.9$，则

$P(A+B)=$________.

(4)某射手向一目标射击 3 次，每次射击命中的概率为 0.6，则 3 次射击至少命中 1 次的概率为________.

(5)某人射击，命中的概率为 0.8，现独立射击 5 次，ξ 为命中的次数，则 ξ 服从______分布，$P(\xi=k)=$________，$E(\xi)=$________，$D(\xi)=$________.

(6)设随机变量 ξ 服从二项分布 $B(n, p)$，已知 $E(\xi)=2.4$，$D(\xi)=1.44$，则 $n=$____，$p=$________.

(7)将一枚骰子先后掷 2 次，至少出现一次 6 点向上的概率是________.

(8)设随机变量 ξ 的概率密度为 $f(x)=\begin{cases} A\sin x, & 0<x<\dfrac{\pi}{2}, \\ 0, & 其他, \end{cases}$ 则 $A=$________.

2. 选择题.

(1)下列事件中不是随机事件的是(　　).

A. 某班有 5 人的出生年月日全部相同

B. 某人上街看到的汽车车牌号全部是奇数号

C. 在未来的一周内每天中午 12 点都见不到太阳

D. 将 3 只鸽子放进两个鸽笼，有一只鸽笼至少放两只鸽子

(2)6 位同学参加百米决赛，赛场共有 6 条跑道，其中甲同学恰好被排在第四道，乙同学恰好被排第五道的概率是(　　).

A. $\dfrac{1}{30}$　　B. $\dfrac{1}{20}$　　C. $\dfrac{2}{3}$　　D. $\dfrac{1}{3}$

(3)从一批羽毛球产品中任取一个，如果质量小于 4.8g 的概率是 0.3，质量不小于 4.85g 的概率是 0.32，那么质量在[4.8, 4.85)g 范围内的概率是(　　).

A. 0.62　　B. 0.38　　C. 0.7　　D. 0.68

(4)从 1，2，3，…，9 中任取两数，其中：①恰有 1 个是奇数和恰有 1 个是偶数；②至少有 1 个是奇数和两个都是奇数；③至少有 1 个不是奇数和两个都是奇数；④至少有 1 个奇数和至少有 1 个是偶数. 上述事件中，是对立事件的是(　　).

A. ①　　B. ②④　　C. ③　　D. ①③

(5)掷两粒骰子，所得的两个点数中，一个恰是另一个的两倍的概率为(　　).

A. $\dfrac{1}{6}$　　B. $\dfrac{1}{8}$　　C. $\dfrac{1}{9}$　　D. $\dfrac{1}{12}$

(6)把红、黑、蓝、白 4 张牌随机地分发给甲、乙、丙、丁四人，每人分得 1 张，事件“甲分得红牌”与“乙分得红牌”是(　　).

A. 对立事件　　B. 不可能事件　　C. 互斥但不对立事件　　D. 以上都不对

(7)在所有的两位数(10 ~ 99)中任取一个数，则这个数能被 2 或 3 整除的概率是(　　).

A. $\dfrac{5}{6}$　　B. $\dfrac{4}{5}$　　C. $\dfrac{2}{3}$　　D. $\dfrac{1}{2}$

(8)袋中有红、黄、白色球各一个，每次任取一个，有放回地抽取 3 次，则下列事件中概率是 $\dfrac{8}{9}$ 的是(　　).

A. 颜色全相同　　B. 颜色不全相同　　C. 颜色全不相同　　D. 无红颜色球

(9)下列函数为随机变量的密度函数的是(　　).

A. $f(x)=\begin{cases}\sin x, & 0<x<\frac{\pi}{2},\\ 0, & 其他\end{cases}$　　B. $f(x)=\begin{cases}\sin x, & 0<x<\frac{3\pi}{2},\\ 0, & 其他\end{cases}$

C. $f(x)=\begin{cases}\sin x, & 0<x<\pi,\\ 0, & 其他\end{cases}$　　D. $f(x)=\begin{cases}\sin x, & 0<x<2\pi,\\ 0, & 其他\end{cases}$

(10)设 ξ 服从 $N(0,4)$，则 $E[\xi(\xi-2)]=($　　$)$.

A. 2　　B. 4　　C. 0　　D. 1

3. 从 0，1，2，…，9 这十个数字中任取 3 个不同的数字，试求下列事件的概率.

(1)三个数字中不含 0 和 3；

(2)三个数字中不含 0 或 3.

4. 某班委会由 3 名男生与 2 名女生组成，现从中选出 2 人担任正副班长，其中至少有 1 名女生当选的概率是__________.

5. 袋中装有 1 张伍元纸币、2 张贰元纸币和 2 张壹元纸币，从中任取 3 张，求总数超过 6 元的概率.

6. 由经验得知，在某商场付款处排队等候付款的人数及其概率如下：

排队人数	0	1	2	3	4	5 人以上
概率	0.1	0.16	0.3	0.3	0.1	0.04

求：(1)至多 2 人排队的概率；(2)至少 2 人排队的概率.

7. 设某光学仪器厂制造的透镜，第一次落下时打破的概率为 $\frac{1}{2}$；若第一次落下时未打破，第二次落下时打破的概率为 $\frac{7}{10}$；若前两次未打破，第三次落下时打破的概率为 $\frac{9}{10}$. 试求透镜落下三次而未打破的概率.

8. 两台车床加工同样的零件，第一台出现废品的概率为 0.03，第二台出现废品的概率为 0.02，两台车床加工的零件放在一起，并且已知第一台加工的零件比第二台零件多一倍，求：

(1)任取一个零件是合格品的概率；

(2)如果取出的零件是废品，求是第二台加工的概率.

9. 一大楼装有 5 个同类型的供水设备，调查表明在任一时刻 t 每个设备使用的概率为 0.1，问在同一时刻

(1)恰有 2 个设备被使用的概率是多少？

(2)至少有 3 个设备被使用的概率是多少？

(3)至多有 3 个设备被使用的概率是多少？

(4)至少有 1 个设备被使用的概率是多少？

10. 有一批棉花种子，其出苗率为 0.67，现每穴种 4 粒种子，求：

(1)恰有 k 粒出苗的概率$(0\leqslant k\leqslant 4)$；

(2)至少有两粒出苗的概率.

11. 设随机变量 ξ 的分布函数为

$$F(x)=\begin{cases}0, & x\leqslant 0,\\ A+B\mathrm{e}^{-\frac{x^2}{2}}, & x>0,\end{cases}$$

求：(1) A，B 的值；(2) $P(1<\xi<2)$；(3) ξ 的密度函数.

12. 某人从广州去天津，其乘火车、乘船、乘汽车、乘飞机的概率分别是 0.3，0.2，0.1 和 0.4，已知乘火车、乘船、乘汽车而迟到的概率分别是 0.25，0.3，0.1，而乘飞机不会迟到. 问这个人迟到的可能性有多大?

13. 某印刷厂的出版物每页码上错别字的数目 ξ 服从 $\lambda=3$ 的泊松分布，今任意抽取一页码，求：

(1)该页码上无错别字的概率；

(2)有 2 至 3 个错别字的概率.

14. 已知某车间工人完成某道工序的时间 X 服从正态分布 $N(10,3^2)$，问：

(1)从该车间工人中任选一人，其完成该道工序的时间不到 7 分钟的概率；

(2)为了保证生产连续进行，要求以 95% 的概率保证该道工序上工人完成工作时间不多于 15 分钟，这一要求能否得到保证?

习题参考答案

第7章

习题7.1

1. (1)1阶，否；(2)2阶，是；(3)1阶，否；
   (4)2阶，是；(5)3阶，是；(6)4阶，否.
2. (1)是；(2)是；(3)是；(4)是；(5)不是.
3. (1)$y=\frac{3}{2}x^2+C$； (2)$y=-\cos x+C_1x+C_2$； (3)$y=-\frac{1}{\omega}\cos\omega t+\frac{1}{\omega}$；
   (4)$y=\ln|x|-1$； (5)$y=x^3+2x$.
4. $y=x^2-x-1$.

习题7.2

1. (1)$y=Ce^{-\frac{1}{2}x^2}$； (2)$y=e^{Cx}$； (3)$e^{-y}=\cos x+C$；
   (4)$y^2=\sin x+C$； (5)$\sin 2y=\frac{2}{3}x^3+C$； (6)$y=\frac{1}{3}x^3-\frac{1}{3}x^2+C$；
   (7)$\sin\frac{y}{x}=Cx$； (8)$y=Ce^{\frac{y}{2x}}$.
2. (1)$y=2e^{x^2}$；(2)$\ln y=\csc x-\cot x$；(3)$y=\frac{4}{x^2}$；(4)$\cos y=\frac{\sqrt{2}}{2}\cos x$.
3. (1)$y=e^{-x}(x+C)$；(2)$y=e^{-\sin x}(x+C)$；(3)$y=\sin x+C\cdot\cos x$.

习题7.3

1. $y=x^2+x+1$.
2. $v=\frac{1}{m}\left(\frac{1}{2}Bt^2+At\right)$.
3. 60.
4. 1.
5. $U_C=U_0e^{\frac{t}{-RC}}$.

习题7.4

1. (1)$y=C_1+C_2e^{-9x}$；(2)$y=(C_1+C_2x)e^{-3x}$；(3)$y=C_1e^x+C_2e^{-2x}$；
   (4)$y=C_1\cos 2x+C_2\sin 2x$；(5)$y=e^x(C_1\cos x+C_2\sin x)$；
   (6)$y=e^{-3x}(C_1\cos 2x+C_2\sin 2x)$.
2. (1)$y=4e^x+2e^{3x}$；(2)$y=-e^{4x}+e^{-x}$；(3)$y=(2+x)e^{-\frac{1}{2}x}$.

习题 7.5

1. (1) $y_p=2x^2-7$,　(2) $y_p=-\frac{3}{4}x^2-\frac{5}{4}x$,

(3) $y_p=-\frac{1}{2}e^{-x}$,　(4) $y_p=x^2e^x$.

2. (1) $y=C_1e^{2x}+C_2e^{-2x}-\frac{1}{2}x-\frac{1}{4}$,　(2) $y=C_1e^x+C_2e^{-3x}+\frac{1}{2}xe^x$,

(3) $y=C_1+C_2e^{3x}+\frac{1}{2}x^2e^{3x}$,　(4) $y=-\frac{2}{5}\cos x-\frac{4}{5}\sin x+C_1e^x+C_2e^{-3x}$.

复习题 7

1. (1) $y=\pm\sqrt{x+C}$;　(2) $y=e^{-\frac{1}{3}x^3}$;　(3) $y=e^{Cx}$;

(4) $y=(C_1+Cx)e^{-x}$;　(5) $y_p=Ax^2e^{-3x}$;　(6) $y=x^2+1$.

2. (1) A; (2) B; (3) D; (4) A.

3. (1) $x^2+y^2=C$;　(2) $y=x^3+C$;

(3) $y=\frac{C}{x}+3$;　(4) $y=-\frac{1}{3}e^{3x}+Ce^{6x}$;

(5) $y=C_1\cos x+C_2\sin x$;　(6) $y=e^{-x}(C_1\cos\sqrt{2}x+C_2\sin\sqrt{2}x)$;

(7) $y=-1+C_1e^x+C_2e^{-x}$;　(8) $y=-2x+4+C_1\cos x+C_2\sin x$;

(9) $y=e^x+C_1e^{-x}+C_2e^{\frac{1}{2}x}$;　(10) $y=\left(\frac{1}{2}x+\frac{1}{2}\right)e^x+e^x(C_1\cos\sqrt{2}x+C_2\sin\sqrt{2}x)$;

(11) $y=\frac{1}{3}x^3e^x+(C_1+C_2x)e^x$;　(12) $y=C_1e^{-x}+C_2e^{-2x}-\frac{1}{2}\cos 2x+\frac{3}{2}\sin 2x$.

4. (1) $y=\frac{4}{x^2}$;　(2) $y=-1+2e^{x^2}$;

(3) $y=\frac{1}{x}e^x$;　(4) $y=\frac{x}{\cos x}$;

(5) $y=(-6x+4)e^x$;　(6) $y=2-e^{-3x}$;

(7) $y=-\frac{5}{4}x+\frac{5}{16}e^{4x}+\frac{11}{16}$;　(8) $y=-x-\frac{1}{2}-\frac{7}{6}e^{-2x}+\frac{5}{3}e^x$.

5. $s=25e^{\frac{\ln 2t}{5}}=25\times(2)^{\frac{t}{5}}$.

6. $T=17e^{\frac{1}{3}\ln\frac{11}{17}t}+20$.

第 8 章

习题 8.1

1. *A* Ⅳ; *B* Ⅴ; *C* Ⅷ; *D* Ⅲ; *E* Ⅵ; *F* Ⅱ.

2. *A* 在 xOz 平面; *B* 在 xOy 平面; *C* 在 yOz 平面; *D* 在 x 轴上; *E* 在 y 轴上; *F* 在 z 轴上.

3. (1) xOy 平面 $(1, 2, -3)$, xOz 平面 $(1, -2, 3)$, yOz 平面 $(-1, 2, 3)$;

(2) x 轴 $(1, -2, -3)$, y 轴 $(-1, 2, -3)$, z 轴 $(-1, -2, 3)$;

(3)原点$(-1, -2, -3)$.

4. 平行于y轴：(x_0, y, z_0)；平行于xOz平面：(x, y_0, z).

5. $(0, 0, 2\sqrt{2})$，$(0, 2\sqrt{2}, 0)$，$(0, 0, -2\sqrt{2})$，$(0, -2\sqrt{2}, 0)$，$(4, 0, 2\sqrt{2})$，$(4, 2\sqrt{2}, 0)$，$(4, 0, -2\sqrt{2})$，$(4, -2\sqrt{2}, 0)$.

6. (1)$3\sqrt{6}$；　(2)$3\sqrt{3}$；　(3)$\sqrt{6}$.

7. x轴$2\sqrt{10}$；y轴$3\sqrt{5}$；z轴$\sqrt{13}$.

8. (1)$(-2, 0, 0)$；　(2)$\left(-\dfrac{9}{2}, -6, 0\right)$.

9. $|\overrightarrow{AB}| = |\overrightarrow{AC}| = 7$.

10. (1) $\overrightarrow{M_1M_2} = \{-3, -1, 8\}$，$-2\overrightarrow{M_1M_2} = \{6, 2, -16\}$；

(2)$\{1, 3, -5\}$；　(3) $5\boldsymbol{a} - 11\boldsymbol{b} + 7\boldsymbol{c}$；

(4)$\boldsymbol{a}^0 = \pm\dfrac{\sqrt{35}}{35}\{1, -3, 5\}$；　(5)$\overrightarrow{AB}^0 = \dfrac{\sqrt{14}}{14}\{3, 1, -2\}$.

11. (1) $|\boldsymbol{a}| = 2$，$\alpha = \dfrac{\pi}{3}$，$\beta = \dfrac{3\pi}{4}$，$\gamma = \dfrac{\pi}{3}$；

(2) $|\overrightarrow{M_1M_2}| = 2\sqrt{6}$，$\cos\alpha = \dfrac{\sqrt{6}}{6}$，$\cos\beta = \dfrac{\sqrt{6}}{3}$，$\cos\gamma = -\dfrac{\sqrt{6}}{6}$，$\alpha = \arccos\dfrac{\sqrt{6}}{6}$，

$\beta = \arccos\dfrac{\sqrt{6}}{3}$，$\gamma = \pi - \arccos\dfrac{\sqrt{6}}{6}$.

12. (1) $\boldsymbol{a}\cdot\boldsymbol{b} = 2$，$\boldsymbol{a}\times\boldsymbol{b} = \{3, -1, 6\}$；

(2) $2\boldsymbol{a}\cdot(-\boldsymbol{b}) = -12$，$3\boldsymbol{a}\times 5\boldsymbol{b} = 15\{16, -10, -63\}$；

(3) $(\boldsymbol{a}\cdot\boldsymbol{b})\boldsymbol{c} - (\boldsymbol{a}\cdot\boldsymbol{c})\boldsymbol{b} = \{25, 21, -27\}$，$(\boldsymbol{a}+\boldsymbol{b})\times(\boldsymbol{b}+\boldsymbol{c}) = \{12, 13, -2\}$.

13. $-300g$.

14. $S_{\triangle OAB} = \dfrac{\sqrt{21}}{2}$.

15. $\pm\dfrac{1}{\sqrt{355}}\{9, 15, 7\}$.

16. (1) $\cos(\vec{a}, \hat{\ } \vec{b}) = \dfrac{4}{39}\sqrt{78}$；　(2)垂直；　(3)平行.

习题 8.2

1. (1)$2x + 2y + 3z - 7 = 0$；　(2)$x - 2y + 2z - 8 = 0$；

(3) $5x + 4y - 5z + 2 = 0$；　(4)$3x + 7y - 5z - 83 = 0$；

(5)$x - 3y + z - 11 = 0$；　(6)$z = -2$；

(7)$4x - 3z = 0$；　(8) $7x - 2y - 4 = 0$；

(9)$3x - 3y - 2z - 15 = 0$；　(10) $7x + 9y + 4z - 11 = 0$.

2. 略.

3. xOy平面$\dfrac{7}{\sqrt{62}}$；xOz平面$\dfrac{2}{\sqrt{62}}$；yOz平面$\dfrac{3}{\sqrt{62}}$.

4. $\frac{23}{38}\sqrt{38}$.

5. (1) $\frac{x-1}{3}=\frac{y-1}{-2}=\frac{z+2}{5}$; (2) $\frac{x-2}{3}=\frac{y}{-1}=\frac{z-1}{2}$;

(3) $\begin{cases}x-1=\frac{z}{-2},\\ y=3,\end{cases}$ (4) $\frac{x+2}{-3}=\frac{y-1}{3}=\frac{z-3}{2}$;

(5) $\frac{x-2}{3}=\frac{y-3}{-1}=\frac{z+4}{1}$.

6. $\frac{x-1}{5}=\frac{y}{-7}=\frac{z}{-11}$, $\begin{cases}x=5t+1,\\ y=-7t,\\ z=-11t.\end{cases}$

7. $\frac{\pi}{2}$.

8. 提示：证明两条直线的方向向量平行.

9. $\arcsin\frac{1}{3}$.

10. (1)平行； (2)垂直； (3)垂直.

11. $\left(\frac{9}{7}, \frac{1}{14}, -\frac{5}{14}\right)$.

12. $\frac{\sqrt{1746}}{6}$.

习题 8.3

1. (1) $6x+7y+3z-82=0$;
(2) $(x+2)^2+(y-1)^2+(z-2)^2=9$;
(3) $(x-3)^2+(y-2)^2+(z+1)^2=14$.
2. 球面：$(x+3)^2+(y-2)^2+(z+1)^2=14$.
3. (1)绕 x 轴：$x^2=4(y^2+z^2)$，绕 z 轴：$x^2+y^2=4z^2$;
(2) $y=3(x^2+z^2)^2$;
(3) 绕 x 轴：$x^2-4(y^2+z^2)=36$，绕 y 轴：$x^2+z^2-4y^2=36$.
4. 略.
5. (1) 椭球面； (2) 圆柱面 (3) 双曲抛物面； (4) 双叶双曲面.
6. 略.

复习题 8

1. (1) D; (2) B; (3) A; (4) C; (5) C;
(6) A; (7) D; (8) D; (9) B; (10) D.

2. (1) $p-q$, $p+q$; (2) $8\frac{\sqrt{861}}{41}$; (3) 5;

(4) 6; (5) $\sqrt{70}$; (6) 1/3;

(7) -1;　(8) $x-y+2z-1=0$;　(9) $\sqrt{117}$;

(10) $z=x^2+4$.

3. (1) -7;　(2) $15y-8z=0$;　(3) $\frac{x}{1}=\frac{y}{1}=\frac{z}{0}$;

(4) $-2x+y+3z+5=0$;　(5) $x-z-1=0$;　(6) $5x-5y+2z+2=0$;

(7) $x^2+y^2+8x-6y=0$.

第9章

习题9.1

1. (1) $f(tx, ty)=t^2f(x, y)=t^2\left(x^2+y^2-xy\sin\frac{x}{y}\right)$;

(2) $f(x+y, x-y)=(x+y)^{x-y}+(x-y)^{x+y}$;

(3) $f(x, y)=x^2-2y$.

2. (1) $\{(x, y)|x^2-3y^2>0\}$;　(2) $\{(x, y, z)|9<x^2+y^2+z^2\leqslant 16\}$.

3. (1) ∞;　(2) 1;　(3) 10;　(4) $e^{\frac{1}{3}}$;　(5) $-\frac{1}{4}$.

习题9.2

1. (1) $\frac{\partial z}{\partial x}=3x^2-6xy+y^2$, $\frac{\partial z}{\partial y}=-3x^2+2xy+3y^2$;

(2) $\frac{\partial z}{\partial x}=\left(\frac{y}{x+y}\right)^2$, $\frac{\partial z}{\partial y}=\left(\frac{x}{x+y}\right)^2$;

(3) $\frac{\partial z}{\partial x}=2xy\cos(x^2y)-y^2\sin(xy^2)$, $\frac{\partial z}{\partial y}=x^2\cos(x^2y)-2xy\sin(xy^2)$;

(4) $\frac{\partial z}{\partial x}=\frac{2\csc\frac{2x}{y}}{y}$, $\frac{\partial z}{\partial y}=-\frac{2x\csc\frac{2x}{y}}{y^2}$;

(5) $\frac{\partial z}{\partial x}=y(x+y)^{y-1}$, $\frac{\partial z}{\partial y}=\left[\ln(x+y)+\frac{y}{x+y}\right](x+y)^y$;

(6) $\frac{\partial u}{\partial x}=(y^2+z^2)x^{(y^2+z^2-1)}$, $\frac{\partial u}{\partial y}=2yx^{(y^2+z^2)}\ln x$, $\frac{\partial u}{\partial z}=2zx^{(y^2+z^2)}\ln x$.

2. 提示: $\frac{\partial z}{\partial x}=\frac{1}{x^2}e^{-\frac{1}{x}+\frac{1}{y}}$, $\frac{\partial z}{\partial y}=\frac{1}{y^2}e^{-\frac{1}{x}+\frac{1}{y}}$.

3. (1) $\frac{\partial^2 z}{\partial x^2}=y^x(\ln y)^2$, $\frac{\partial^2 z}{\partial x\partial y}=\frac{\partial^2 z}{\partial y\partial x}=y^{x-1}(x\ln y+1)$, $\frac{\partial^2 z}{\partial y^2}=x(x-1)y^{x-2}$;

(2) $\frac{\partial^2 z}{\partial x^2}=-\frac{2xy}{(x^2+y^2)^2}$, $\frac{\partial^2 z}{\partial x\partial y}=\frac{\partial^2 z}{\partial y\partial x}=\frac{x^2-y^2}{(x^2+y^2)^2}$, $\frac{\partial^2 z}{\partial y^2}=\frac{2xy}{(x^2+y^2)^2}$;

(3) $\frac{\partial^2 z}{\partial x^2}=6x+16y^2$, $\frac{\partial^2 z}{\partial x\partial y}=\frac{\partial^2 z}{\partial y\partial x}=32xy$, $\frac{\partial^2 z}{\partial y^2}=-6y+16x^2$.

4. $f'_x(1, 1, 1)=4$, $f'_y(2, 1, 0)=6$, $f'_z(-1, 3, 1)=-19$, $f''_{xy}(0, 2, 0)=12$, $f''_{yz}(-1, 0, 0)=0$, $f'''_{xyz}(1, 2, 3)=0$.

5. 提示：$\frac{\partial^2 r}{\partial x^2}=\frac{y^2+z^2}{(x^2+y^2+z^2)^{\frac{3}{2}}}$，$\frac{\partial^2 r}{\partial y^2}=\frac{x^2+z^2}{(x^2+y^2+z^2)^{\frac{3}{2}}}$，$\frac{\partial^2 r}{\partial z^2}=\frac{x^2+y^2}{(x^2+y^2+z^2)^{\frac{3}{2}}}$.

6. (1) $\frac{\partial z}{\partial x}=10x$，$\frac{\partial z}{\partial y}=10y$；

(2) $\frac{\partial z}{\partial x}=\frac{x^2}{y^3}[3\ln(2xy)+1]$，$\frac{\partial z}{\partial y}=-\frac{x^3}{y^4}[3\ln(2xy)-1]$；

(3) $\frac{dz}{dt}=(\cos t+3t^2)e^{\sin t+t^3}$；

(4) $\frac{dz}{dt}=-\frac{16t^3}{\sqrt{1-16t^8}}$；

(5) $\frac{dz}{dx}=2x(x+1)e^{2x}\cos(x^2y)$；

(6) $\frac{\partial u}{\partial x}=xy(x+2y)^{xy-1}+y(x+2y)^{xy}\ln(x+2y)$，

$\frac{\partial u}{\partial y}=2xy(x+2y)^{xy-1}+x(x+2y)^{xy}\ln(x+2y)$.

7. (1) $\frac{\partial z}{\partial x}=-\frac{2y}{x^3}f'\left(\frac{y}{x^2}\right)$，$\frac{\partial z}{\partial y}=\frac{1}{x^2}f'\left(\frac{y}{x^2}\right)$；

(2) $\frac{\partial z}{\partial x}=f_1'+f_2'$，$\frac{\partial z}{\partial y}=f_1'-f_2'$；

(3) $\frac{\partial u}{\partial x}=f_1'+yf_2'+yzf_3'$，$\frac{\partial u}{\partial y}=xf_2'+xzf_3'$，$\frac{\partial u}{\partial z}=xyf_3'$.

8. (1) $\frac{dy}{dx}=\frac{3x^2-4xy^2}{4x^2y-3y^2}$；

(2) $\frac{\partial z}{\partial x}=\frac{2xe^{x^2+y^2+z^2}}{1-2ze^{x^2+y^2+z^2}}$，$\frac{\partial z}{\partial y}=\frac{2ye^{x^2+y^2+z^2}}{1-2ze^{x^2+y^2+z^2}}$；

(3) $\frac{\partial z}{\partial x}=-\frac{1+\sin(x+y+z)}{3+\sin(x+y+z)}$，$\frac{\partial z}{\partial y}=-\frac{2+\sin(x+y+z)}{3+\sin(x+y+z)}$；

(4) $\frac{\partial z}{\partial x}=\frac{z^2}{2-xz}$，$\frac{\partial z}{\partial y}=\frac{z}{y(2-xz)}$.

习题 9.3

1. (1) $dz=(2xy+y^2)dx+(x^2+2xy)dy$；

(2) $dz=\frac{1}{y^2}e^{\frac{x}{y}}(ydx-xdy)$；

(3) $dz=2(xdx+ydy)\cos(x^2+y^2)$；

(4) $du=(yz^{xy}\ln z)dx+(xz^{xy}\ln z)dy+xyz^{xy-1}dz$.

2. $dz=\frac{6}{11}dx+\frac{2}{11}dy$.

3. (1) 2.975；　(2) 2.04.

4. $-\frac{3\sqrt{89}}{1780}$.

5. $491\pi\ (\text{cm})^3$.

习题 9.4

1. (1)$f_{极小}=f(2,\ -1)=6$；　(2)$f_{极大}=f(2,\ 4)=64$；　(3)$f_{极小}=f(1,\ 1)=-\mathrm{e}$.

2. $f_{极大}=f(1,\ 1)=2$.

3. (1)$x=y=\dfrac{\sqrt{2}}{2}a$；　(2)$x=\dfrac{4}{3}p$，$y=\dfrac{2}{3}p$；　(3)长、宽为$\sqrt[3]{2k}$，高为$\dfrac{\sqrt[3]{2k}}{2}$.

复习题 9

1. (1)$3x-y$；　(2)$f(x,\ y)=\dfrac{x^2+y^2}{2}$.

2. (1)$\{(x,\ y)\mid x+y>0,\ x-y>0\}$；　(2)$\{(x,\ y)\mid 2x-3y>0\}$.

3. (1)2；　(2)e^{-1}.

4. (1)$\dfrac{\partial z}{\partial x}=-\dfrac{y}{x^2}+\dfrac{1}{y}$，$\dfrac{\partial z}{\partial y}=\dfrac{1}{x}-\dfrac{x}{y^2}$；

(2)$\dfrac{\partial z}{\partial x}=\dfrac{1}{\sqrt{x^2+y^2}}$，$\dfrac{\partial z}{\partial y}=\dfrac{y}{(x+\sqrt{x^2+y^2})\sqrt{x^2+y^2}}$；

(3)$\dfrac{\partial z}{\partial x}=-\dfrac{y^2}{x^2}\mathrm{e}^{\frac{y^2}{x}}$，$\dfrac{\partial z}{\partial y}=\dfrac{2y}{x}\mathrm{e}^{\frac{y^2}{x}}$；

(4)$\dfrac{\partial u}{\partial x}=z\,(x-y)^{z-1}\cos\,(x-y)^z$，$\dfrac{\partial u}{\partial y}=-z\,(x-y)^{z-1}\cos\,(x-y)^z$，

$\dfrac{\partial u}{\partial z}=(x-y)^z[\ln(x-y)]\cos\,(x-y)^z$.

5. (1)$-2\cos(2x+4y)$；　(2)$2y\mathrm{e}^{xy^2}(1+xy^2)$；

(3)$(1+x+2y+3z+2xy+3xz+6yz+6xyz)\mathrm{e}^{x+2y+3z}$.

6. 提示：$\dfrac{\partial^2 z}{\partial x^2}=-\dfrac{2xy}{(x^2+y^2)^2}$，$\dfrac{\partial^2 z}{\partial y^2}=\dfrac{2xy}{(x^2+y^2)^2}$.

7. (1)$\dfrac{\mathrm{d}z}{\mathrm{d}x}=\dfrac{2\mathrm{e}^x-\sin 2x}{\mathrm{e}^{2x}+\cos^2 x}$；

(2)$\dfrac{\partial z}{\partial r}=\dfrac{3}{2}r^2[\sin(2\theta)](\cos\theta-\sin\theta)$，$\dfrac{\partial z}{\partial \theta}=r^3(\sin\theta+\cos\theta)(\sin^2\theta-3\sin\theta\cos\theta+\cos^2\theta)$；

(3)$\dfrac{\mathrm{d}z}{\mathrm{d}x}=\dfrac{1+\ln x}{1+x^2\ln^2 x}$；

(4)$\dfrac{\partial u}{\partial x}=\left(\dfrac{3y^3}{x^4}-1\right)\sin\left(x+y^2+\dfrac{y^3}{x^3}\right)$，$\dfrac{\partial u}{\partial y}=\left(-\dfrac{3y^2}{x^3}-2y\right)\sin\left(x+y^2+\dfrac{y^3}{x^3}\right)$.

8. (1)$\dfrac{\partial z}{\partial x}=-\dfrac{y}{x^2}f'\left(\dfrac{y}{x}\right)+y\varphi'(xy)$，$\dfrac{\partial z}{\partial y}=\dfrac{1}{x}f'\left(\dfrac{y}{x}\right)+x\varphi'(xy)$；

(2)$\dfrac{\partial z}{\partial x}=f'_1\cos x$，$\dfrac{\partial z}{\partial y}=f'_2\mathrm{e}^y$；

(3)$\dfrac{\partial u}{\partial x}=f'_1+\mathrm{e}^y f'_3$，$\dfrac{\partial u}{\partial y}=f'_2+x\mathrm{e}^y f'_3$.

9. (1) $\frac{x+y}{x-y}$;

(2) $\frac{\partial z}{\partial x}=\frac{2xz\sin z}{\sqrt{y}-x^2z\cos z}$, $\frac{\partial z}{\partial y}=\frac{z\ln z}{2\sqrt{y}(x^2z\cos z-\sqrt{y})}$.

10. (1) $dz=\left(ye^{xy}\ln x+\frac{e^{xy}}{x}\right)dx+xe^{xy}\ln x dy$;

(2) $du=\sin yz dx+xz\cos yz dy+xy\cos yz dz$.

11. (1) $f_{极小}=f(2,2)=-3$; (2) $f_{极小}=f\left(\frac{1}{2},-1\right)=-\frac{e}{2}$.

12. $x=y=z=\frac{2}{3}\sqrt{3}r$, $V=\frac{8}{9}\sqrt{3}r^3$.

13. $x=\pm\frac{\sqrt{3}}{3}$, $y=\pm\frac{2\sqrt{3}}{3}$.

第 10 章

习题 10.1

1. $\frac{2}{3}$.

2. (1) $\int_0^4 dx\int_{\frac{x}{2}}^{\sqrt{x}}f(x,y)dy$; (2) $\int_{-1}^{1}dx\int_0^{\sqrt{1-x^2}}f(x,y)dy$.

3. (1) $\frac{1}{40}$; (2) $9(e-1)$; (3) $\frac{3}{2}\ln 2$; (4) $\pi\left(1-\frac{1}{e}\right)$.

习题 10.2

1. 51. 2. $\frac{32}{3}a^3\left(\frac{\pi}{2}-\frac{2}{3}\right)$. 3. $\frac{2}{3}\pi(2\sqrt{2}-1)$. 4. $4a^2\arcsin\frac{b}{a}$.

复习题 10

1. (1) 2; (2) $(1-x)f(x)$; (3) π;

(4) $\iint\limits_{\substack{x^2+y^2\leqslant 1\\ x+y\leqslant 1}}|1-x-y|dxdy$; (5) $2\iint\limits_{\frac{x^2}{2}+y^2\leqslant 1}\frac{\sqrt{2}}{\sqrt{2-x^2-y^2}}dxdy$.

2. (1) D; (2) B; (3) B; (4) C; (5) A.

3. (1) $\int_0^1 dx\int_x^1 f(x,y)dy$; (2) $\int_0^1 dy\int_{-\sqrt{1-y^2}}^{\sqrt{1-y^2}}f(x,y)dx$; (3) $\int_0^1 dy\int_{e^y}^{1}f(x,y)dx$;

(4) $\int_{-1}^{0}dy\int_{-y}^{1}f(x,y)dx+\int_0^1 dy\int_{\sqrt{y}}^{1}f(x,y)dx$.

4. (1) 1; (2) $\frac{9}{8}$; (3) $\frac{1}{2}\left(1-\frac{1}{e}\right)$; (4) $-\frac{3}{2}\pi$;

(5) $\sqrt{2}-1$; (6) $\frac{\pi}{8}(e^4-1)$; (7) π; (8) $\frac{32a^4}{105}$.

5. $\frac{16}{3}R^3$.

6. 6.

7. $4\pi a^2$.

第 11 章

习题 11.1

1. (1)14；　(2)$2(a^2+b^2)$；　(3)61；　(4)$2abc$；　(5)210.

2. (1)143；(2)ab；　(3)-11.

3. 略.　4. $x=-\frac{12}{13}$.

5. (1) $x=1$，$y=2$，$z=-2$；　(2)$x_1=\frac{13}{4}$，$x_2=\frac{3}{4}$，$x_3=\frac{1}{4}$，$x_4=\frac{1}{4}$.

6. 2，$2\pm\sqrt{2}$.

习题 11.2

1. (1)错；　(2)错；　(3)错；　(4)错；　(5)错；　(6)对；　(7)错.

2. (1)m，n，行，列；　(2) $a=3$，$b=-2$，$c=-1$；　(3)对角；　(4)对称，a_{ji}；
   (5) 至少有一个为0；　(6)行数、列数对应相同；　(7) 每一个元素；
   (8) A 的列数与 B 的行数相同；　(9) $m\times5$，$\sum_{k=1}^{n}a_{ik}b_{kj}$；(10) 下三角，上三角.

3. (1)$\begin{pmatrix}6&-9&3&9\\6&13&-21&-12\\-15&23&9&-17\end{pmatrix}$；　(2)$\begin{pmatrix}-7&5&2&-5\\4&-6&19&36\\12&-14&-27&7\end{pmatrix}$；

   (3)$\begin{pmatrix}-4&5&-1&-5\\-2&-7&13&12\\9&-13&-9&9\end{pmatrix}$.

4. (1)$\begin{pmatrix}3&2\\5&6\end{pmatrix}$；　(2)$\begin{bmatrix}-1&0\\0&-1\end{bmatrix}$.

5. 略.　6. 略.

习题 11.3

1. $\begin{pmatrix}\frac{2}{3}&-\frac{1}{3}\\-\frac{1}{3}&\frac{2}{3}\end{pmatrix}$.

2. (1) $\begin{pmatrix}-11&7\\8&-5\end{pmatrix}$；　(2)$\begin{pmatrix}2&-1&-1\\-1&3&-2\\3&1&1\end{pmatrix}$.

3. (1) $\begin{pmatrix} 18 & -32 \\ 5 & -8 \end{pmatrix}$；　　(2) $\begin{pmatrix} 1 & 2 \\ 3 & 4 \end{pmatrix}$.

4. $x_1=1$, $x_2=3$, $x_3=2$.

5. $r_A=2$.

6. (1) $r=2$；　(2) $r=2$.

习题 11.4

1. (1) $x_1=4$, $x_2=3$, $x_3=2$；　(2)无解；　(3) $x_1=2$, $x_2=-1$, $x_3=1$, $x_4=-3$.

2. $\lambda=1$ 或 $\lambda=-2$ 时无解；$\lambda\neq1$ 且 $\lambda\neq-2$ 时有唯一解.

3. (1)唯一解；　(2)无穷多组解；　(3)无解.

4. (1) $m=7$ 或 $m=-2$ 时有非零解；$m=7$ 时，$x_1=2x_3-2x_2$（x_3, x_2 为自由未知量）；

　$m=-2$ 时，$x_1=-\frac{1}{2}x_3$, $x_2=-x_3$（x_3 为自由未知量）.

　(2) $m=0$ 时有非零解；$x_1=-x_3$, $x_2=-x_3$（x_3 为自由未知量）.

复习题 11

1. (1)A；　(2) B；　(3) D.

2. (1) $2abcdf(c+e)$；　(2) $(x-b)(x-a)(x-c)$；　(3)169；　(4)1.

3. 略.

4. (1) $\begin{pmatrix} \frac{1}{2} & 0 & 0 & 0 \\ 0 & 1 & 4 & -\frac{4}{9} \\ 0 & 0 & -1 & \frac{1}{9} \\ 0 & 0 & 0 & \frac{1}{9} \end{pmatrix}$.　(2) $\begin{pmatrix} -2 & 0 & 2 & 1 \\ -4 & 1 & 3 & 2 \\ -2 & 1 & 2 & 1 \\ 1 & 0 & -1 & 0 \end{pmatrix}$.

5. (1) $\lambda\neq0$, ±1；　(2) $\lambda=0$；　(3) $\lambda=\pm1$.

6. (1) $x_1=5$, $x_2=-2$, $x_3=1$；

　(2) $x_1=-\frac{3}{2}x_3-x_4$, $x_2=\frac{7}{2}x_3-2x_4$（x_3, x_4 为自由未知量）.

第 12 章

习题 12.1

1. (1)随机事件；(2)不可能事件；(3)随机事件；(4)随机事件；(5)必然事件.

2. (1) $A\overline{B}\,\overline{C}$；(2) $AB\overline{C}$；(3) ABC；(4) $A+B+C$；(5) $AB+AC+BC$；(6) $\overline{A}\,\overline{B}\,\overline{C}$.

3. $A-B=\{$出现点数恰为5$\}$.

4. (1) $\Omega=\{2, 3, 4, 5, 6, 7, 8, 9, 10, 11, 12\}$,

　(2) $\Omega=\{2, 3, 4, 5, 6, 7, 8\}$.

习题 12.2

1. (1)$\frac{15}{28}$；(2)$\frac{9}{14}$.　　2. $\frac{2}{9}$.　　3. $\frac{364}{365}$.

4. (1)$\frac{69}{4900}$；(2)$\frac{759}{980}$；(3)$\frac{221}{980}$.　　5. $\frac{19}{28}$.　　6. $\frac{22}{25}$，$\frac{3}{25}$.

习题 12.3

1. (1)$P(A|B)=\frac{1}{3}$，$P(\overline{AB})=0.5$，$P(\overline{A}|\overline{B})=\frac{10}{11}$；

   (2)$P(A\overline{B})=0.05$，$P(\overline{A}B)=0.3$，$P(\overline{A}|B)=\frac{2}{3}$.

2. (1)$\frac{48}{1225}$；(2)$\frac{1128}{1225}$；(3)$\frac{96}{1225}$.

3. $\frac{7}{12}$.

4. 0.4825.

5. (1)0.0125；(2)最有可能出自第二个厂家.

习题 12.4

1. (1)0.41；(2)0.91.

2. $\frac{7}{12}$.　　3. (1)0.94；(2)0.38.　　4. 0.91.

习题 12.5

1. (1)0.1；(2)0.6；(3)0.9.

2.

ξ	1	2	3	4
P	$\frac{3}{4}$	$\frac{9}{44}$	$\frac{9}{220}$	$\frac{1}{220}$

3.

ξ	1	0
P	0.95	0.05

4. (1)0.1239；　(2)0.0498；　(3)0.9915.

5. 0.9826.

6. 0.27067，0.27067，0.18045.

7. (1)$\frac{1}{2}$；　(2)$\frac{1}{2}$.

8. (1)2；　(2)0.25；　(3)$\frac{15}{16}$.

9. $f(x)=\begin{cases}\dfrac{1}{200}, & x\in[900,\ 1100],\\ 0, & x\in(-\infty,\ 900)\cup(1100,\ +\infty),\end{cases}$ $P(950<\xi<1050)=0.5$.

习题 12.6

1. (1) $F(x)=\begin{cases}0, & x\leqslant -1,\\ \dfrac{1}{2}, & -1<x\leqslant 1,\\ \dfrac{5}{6}, & 1<x\leqslant 2,\\ 1, & x>2;\end{cases}$ (2) $\dfrac{1}{2}$, $\dfrac{1}{3}$.

2. (1) $F(x)=\begin{cases}0, & x\leqslant 0,\\ \dfrac{1}{2}x^2, & 0<x\leqslant 1,\\ -\dfrac{1}{2}x^2+2x-1, & 1<x\leqslant 2,\\ 1, & x>2;\end{cases}$ (2) $\dfrac{1}{8}$, 0.245, 0.66.

3. (1) $f(x)=\begin{cases}xe^{-x}, & x\geqslant 0,\\ 0, & x<0;\end{cases}$ (2) $1-\dfrac{2}{e}$.

4.

X	-1	2	4
P	0.2	0.5	0.3

5. (1) 0.8413; (2) 0.0107; (3) 0.0668; (4) 0.7960.
6. (1) 0.8413; (2) 0.6247.
7. 30.85%.
8. 0.6826, 0.9974.

习题 12.7

1. 0.7.
2. 3.5.
3. 5.35.
4. 乙.
5. 甲.
6. 1.1, 43.49.
7. 0, 2.
8. 64, $\dfrac{1}{4}$.

复习题 12

1. (1) $AB\overline{C}+A\overline{B}C+\overline{A}BC$, $A+B+C$;

(2){男，男}、{男，女}、{女，男}、{女，女}；

(3)0.86；(4)0.936；(5)$B(5, 0.8)$；$C_5^k \cdot 0.8^k \cdot 0.2^{5-k}$，4，0.8；

(6)6，0.4；(7)$\frac{11}{36}$；(8)1.

2. (1)D；(2)A；(3)B；(4)C；(5)A；(6)C；(7)C；(8)B；(9)A；(10)B.

3. $\frac{7}{15}$；$\frac{14}{15}$.

4. $\frac{7}{10}$.

5. $\frac{3}{5}$.

6. (1)0.56；(2)0.74.

7. $\frac{3}{200}$.

8. (1)0.9733；(2)0.25.

9. (1)0.0729；(2)0.00856；(3)0.9995；(4)0.40951.

10. (1)$C_4^k \cdot 0.67^k \cdot 0.33^{4-k}$；(2)0.89183.

11. (1)$A=1$，$B=-1$；(2)0.47084；(3)$f(x)=\begin{cases} xe^{-\frac{x^2}{2}}, & x>0, \\ 0, & x\leqslant 0. \end{cases}$

12. 0.145.

13. (1)0.1498；(2)0.4481.

14. (1)0.1587；(2)能得到保证.

参考文献

[1] 黎诣远. 经济数学基础[M]. 2版. 北京：高等教育出版社，2002.

[2] 侯风波. 经济数学[M]. 沈阳：辽宁大学出版社，2006.

[3] 马智杰. 高等数学达标教程[M]. 北京：中国电力出版社，2006.

[4] 郝军. 高等数学(文科)[M]. 西安：西北大学出版社，2003.

[5] 曾庆柏. 大学数学应用基础：下册[M]. 长沙：湖南教育出版社，2009.

[6] 毛京中. 高等数学竞赛与提高[M]. 2版. 北京：北京理工大学出版社，2004.

[7] 黄英娴. 应用数学基础[M]. 南京：东南大学出版社，1995.

[8] 李瑞. 高等数学分层教学教程[M]. 西安：西北工业大学出版社，2004.

[9] 张月梅，王安平，都俊杰. 高等数学[M]. 武汉：华中科技大学出版社，2018.

参考文献